国家社科基金
后期资助项目
GUOJIA SHEKE JIJIN HOUQI ZIZHU XIANGMU

水资源会计理论与实践

陈波　著

社会科学文献出版社
SOCIAL SCIENCES ACADEMIC PRESS (CHINA)

图书在版编目（CIP）数据

水资源会计理论与实践 / 陈波著 . --北京：社会
科学文献出版社，2024.12. --ISBN 978-7-5228-4513
-5

Ⅰ. TV213.4

中国国家版本馆 CIP 数据核字第 2024LE7236 号

国家社科基金后期资助项目

水资源会计理论与实践

著　　者 / 陈　波

出 版 人 / 冀祥德
责任编辑 / 史晓琳　陈　青
责任印制 / 王京美

出　　版 / 社会科学文献出版社·经济与管理分社（010）59367226
　　　　　　地址：北京市北三环中路甲 29 号院华龙大厦　邮编：100029
　　　　　　网址：www.ssap.com.cn
发　　行 / 社会科学文献出版社（010）59367028
印　　装 / 三河市龙林印务有限公司

规　　格 / 开　本：787mm×1092mm　1/16
　　　　　　印　张：19.25　字　数：302 千字
版　　次 / 2024 年 12 月第 1 版　2024 年 12 月第 1 次印刷
书　　号 / ISBN 978-7-5228-4513-5
定　　价 / 138.00 元

读者服务电话：4008918866

国家社科基金后期资助项目
出版说明

  后期资助项目是国家社科基金设立的一类重要项目，旨在鼓励广大社科研究者潜心治学，支持基础研究多出优秀成果。它是经过严格评审，从接近完成的科研成果中遴选立项的。为扩大后期资助项目的影响，更好地推动学术发展，促进成果转化，全国哲学社会科学工作办公室按照"统一设计、统一标识、统一版式、形成系列"的总体要求，组织出版国家社科基金后期资助项目成果。

全国哲学社会科学工作办公室

序

"板凳要坐十年冷",这是认真做学问的人必须做到的。如果从 2013 年陈波到首都经济贸易大学会计学院攻读博士学位,开始进入水资源核算研究领域算起,她研究水资源会计已十年有余。摆在读者眼前的这本《水资源会计理论与实践》,是她十余年来研究水资源会计成果的集中体现。

在研究水资源会计的过程中,陈波不甘于坐在书斋里看材料,她经常走出校门,到水资源管理的第一线去调研、去考察甚至参与实践,所以她才敢在书名上写出"理论与实践"的字样。在此期间,她参加了国家社会科学基金重大项目"基于自然资源资产负债表系统的环境责任审计研究"、国家社会科学基金重点项目"国土资源资产负债表编制及其运行机制研究"、中国会计学会重点科研课题"自然资源资产负债表编制与审计问题研究"的研究工作,主持了国家社会科学基金项目"水资源会计理论与实践研究"、北京市哲学社会科学基金项目"京津冀水资源会计核算体系构建与运行机制研究"和北京市教委项目"北京市水资源会计核算体系构建与政策应用研究"。此外,她还到北京市海淀区水务局挂职,担任局长助理;到北京市密云水库管理处、中国水权交易所、北京市房山区河北镇、北京市自来水集团、内蒙古河套灌区管理总局、云南省普洱市水务局和水文站、山东青岛水务管理局等水资源管理一线单位进行调研。

对于人类,水是须臾不可或缺的自然资源,是生命之源。我国的水资源总量虽然不少,但是分布极不均衡,总体呈现南多北少、西南多西北少的状况,人均水资源拥有量只相当于世界平均水平的 1/4。水资源稀缺已成为制约我国经济社会发展的短板。不仅如此,水体质量尤其是城市地下水的质量不容乐观。

党的十八大开启了我国生态文明建设的新征程,水资源管理和水环境治理也受到了社会各界的空前关注。十余年来,我国水资源利用和水环境治理成效显著,"绿水青山就是金山银山"的理念深入人心。但是,距离生态平衡、水资源合理利用和水环境质量根本提升的目标还有相当长的一段路。在实现该目标的过程中，对水资源分布、流向、耗用以及污染、治理等信息的采集与核算，对于水资源管理以及各涉水单位的资源环境管理来说日益重要。

陈波教授撰写的《水资源会计理论与实践》一书，基于中国水资源管理实践，借鉴澳大利亚水会计准则，结合我国水资源管理现状和社会对水信息需求的变化，在探索水资源管理与核算理论方法的基础上，成体系地构建出较为完整的水资源会计核算系统。该核算系统创造性地提出了三张水资源会计报表——水资产和水负债表、水资产和水负债变动表、水流量表，分别以"水资产－水负债＝净水资产""水资产增加＋水负债减少－水资产减少－水负债增加＝净水资产变动＋未说明的差异""水流入量－水流出量＝净蓄水量变动＋未说明差异"三个公式为基础来构建核算系统。以这三张报表为统领的水资源会计核算系统能够全面反映核算主体涉及的水资源存量及其变动，为我国相关实务部门开展水资源核算提供了参考。

难能可贵的是，陈波教授通过实地调研，收集了五种类型涉水单位的一手资料，开展了对水库、灌区、城市供水系统、高校、用水企业的案例研究，将自己创立的核算系统应用于五种类型的水核算主体的水资源会计报表编制。

陈波教授对水资源资产负债表及其平衡关系的探索以及对水资源会计的研究也许并不权威，只是"百花齐放"中一朵艳丽鲜花，但是她执着的探索精神和务实的工作态度值得学习。

是以为序。

2024 年 5 月 12 日

前　言

自 21 世纪初许家林先生在其著作《资源会计研究》和《资源会计学的基本理论问题研究》中创立中国资源会计学以来，还没有人系统、完整地研究具体的某种自然资源的会计核算、信息披露与审计的理论及实践应用。党的十八届三中全会提出了要探索编制自然资源资产负债表，对领导干部实行自然资源资产离任审计。党和国家极其重视自然资源的核算和监督，全国掀起了研究自然资源核算的高潮，对以"会计路径"或"统计路径"编制自然资源资产负债表进行了热烈讨论，使自然资源会计理论和实践研究史无前例地成为会计研究的重要内容，对传统会计理论仅核算微观经济活动形成挑战，产生了创新成果，但学者们对自然资源资产和自然资源负债的认识不统一，还没有形成系统科学的自然资源会计核算体系。2020 年，习近平主席在第七十五届联合国大会上提出了"碳达峰""碳中和"目标。实现低碳循环需要高效水循环的辅助和支撑。水资源事关我国资源利用效率和生态系统碳汇能力、能源结构转型升级、经济发展路径优化等"双碳"目标关键问题。面对我国水资源紧缺和分布不均问题，科学建立资源激励与约束机制，并构建与之相适应的水资源分配与使用情况的核算和监督制度，促进经济社会高质量发展，是完成"双碳"目标、实现国家能源结构转型和可持续发展的必由之路。2022 年 8 月，水利部、国家发展改革委、财政部发布了《关于推进用水权改革的指导意见》；2023 年 4 月，水利部印发《关于全面加强水资源节约高效利用工作的意见》，要求建立健全用水权市场化交易相关制度，完善用水权交易机制，推进统一的全国用水权交易系统应用，推动各类用水权市场化交易。随着水权制度的完善和水权交易的快速发展，用会计理论来反映和监督水和水权的变动的研究已迫在眉睫。

本书结合我国水资源管理制度和实践，分析最严格水资源管理制度的性质、水权制度改革的阶段和计划用水管理制度的内容，挖掘我国水资源管理和水资源核算（简称水核算）中存在的不足，借鉴国内外有关水资源管理制度改革的成功经验，提出完善水权制度、跨期持续履行水资源的权利和义务、以权责发生制为基础核算水资源和水权变动等建议。在此基础上，研究水资源会计（简称水会计）理论与实践应用，构建以微观供用水单位为核算主体，采用会计学和水文学结合的方法，以体积为计量属性，核算水资源和水权及其变动，编制包括水资产和水负债表、水资产和水负债变动表、水流量表在内的水会计报告，反映水资源和水权变动的过程和结果，并经独立第三方审计后对外披露的水资源会计理论和方法，建立标准化的水资源核算、报告与审计体系，并以五个供用水单位为核算主体，进行实地调查和案例研究，编制水会计报告，验证水会计理论，进而提出我国建立通用的水资源会计的相关政策建议。

本书的创新主要体现在如下三点。第一，研究视角创新。基于我国水权制度改革的视角，讨论最严格水资源管理制度和水权交易制度之间相互制约和相互联系的关系。将计划用水管理制度与水权制度相结合，提出开展长期稳定的水量分配计划，通过水权制度促使水资源使用者长期持续行使和履行水资源相关权利和义务，进而提出以权责发生制来核算和管理水资源和水权，为建立水资源会计核算体系奠定了现实基础，深化了水资源会计的国际发展潜力研究。第二，研究内容创新。借鉴澳大利亚水会计准则及其经验，结合我国的实际情况，系统梳理、总结和论证了水资源会计核算、报告和审计理论体系。尤其是创造性地提出，针对水资源具有流动性和不确定性的特点，对不同类型的水资源制定征收率，用水户节余的用水指标在扣除征收量之后，可结转至下期继续使用，从而优化了权责发生制在水资源会计中的应用。第三，研究方法创新。课题组与水文学、水利工程专业的专家组成团队，深入水权改革试点地区，调查了解水权改革的实施情况。到供用水单位和水资源管理部门进行实地调研和访谈，收集到五种类型的涉水单位的一手资料，开展了水库、灌区、城市供水系统、高校、用水企业的多案例研究，以实地实验展示水资源会计的优越性和科学性。

本书深化了我国资源会计学的分支——水资源会计学的研究，针对水资源和水权变动的过程和结果，构建了全面、连续、系统、综合的核算、信息披露和审计理论与方法体系，为水资源管理提供了更好的决策支持工具，也为开创其他类型的自然资源会计学提供了可借鉴的初步理论框架。尤其是，将会计学理论中的权责发生制贯穿制度分析、理论构建与案例研究。考虑到水资源的流动性和不确定性的特点，没有将本期节约的用水指标全部结转到下期，而是扣除一部分后再结转，拓展了会计理论。在水会计报告中，基于某地域的水量平衡关系计算出的整体误差，在客观上能促进水资源管理效率提升，而且提供了改进财务会计报表的思路。

本书分为九章，具体安排如下。第一章，水资源会计概述，介绍本书的现实背景和理论背景，明确本书的研究内容、研究方法和研究创新，并阐述了水资源会计与财务会计、水资源统计的联系与区别。第二章，理论基础与文献综述，从资源经济学和可持续发展视角深入分析水资源会计的理论基础，梳理国内外水核算领域的相关研究，指出其对本研究的启示。第三章，我国水资源管理与水核算改革，讨论我国实施的各项水资源管理制度和水核算实践，探究我国水权制度和水核算改革的方向，提出完善水权制度，以权责发生制为基础来管理和核算水资源。第四章，水资源会计准则，重点探讨水资源会计制度设计和运行机制问题。第五章，水资源会计核算基础，研究水资源会计核算的基本概念和方法。第六章，水资源会计报告，研究水资源会计报告的结构和内容，主要包括三张水会计报表——水资产和水负债表、水资产和水负债变动表、水流量表。第七章，水资源会计报告鉴证，研究水资源会计报告鉴证理论和方法体系。第八章，水资源会计实践案例，通过案例研究检验基于理论研究和制度分析构建的水资源会计核算体系的科学性，揭示我国建立水资源会计制度的必要性以及发挥水资源会计优势的方法途径。第九章，研究结论与展望，对本书的内容进行总结讨论，提出本书的研究贡献和管理启示，针对研究局限提出未来研究方向。

由于多学科理论与方法交融的复杂性及作者学术背景的局限性，书中难免有错漏之处，敬请读者批评指正。

目　录

第一章 水资源会计概述

第一节 缘起

一、现实背景

（一）水管理方式的转变使水核算变得日益重要

水是人类生存和可持续发展最基本的资源，具有有限性和不可替代性。随着社会经济发展，农业、工业、能源、人类生活、生态环境对水的需求不断增大，各经济主体对水资源的竞争愈演愈烈，甚至阻碍了社会经济的发展。人类怎样管理有限的水资源成为经济增长和社会发展的关键，并随着水的日益紧缺而变得越来越重要。

由于存在水循环，水具有时间和空间上的移动性。"水管理"这个术语包括了许多活动和规则。广义地说，它可以分为以下三种类型：水资源管理、水服务管理和水交易管理。水资源管理主要是管理河流、湖泊和地下水，包括水资源的分配、评估、污染控制、环境保护和质量。各种自然的和人造的水利设施主要用于分配和储藏水资源。水服务管理包括通过管网系统提供水，满足水用户的需求，并收集废水进行加工处理。水交易管理是基于社会经济利益而进行的水权分配的管理活动。

20 世纪的水资源管理通常以建设巨大的水利设施项目（如大坝、沟渠）来进行，这被称为硬性水管理方式（Hard Path Approach）（Wolff and Gleick, 2002），这些项目主要用于突破缺水和丰水的制约，即通过建造水利设施或开发自然的水系统，使枯水期蓄水、丰水期节排水。但这种方式没有遵循大自然的可持续发展方式，也就是说，伴随农业生产发展、城市化、工业化等人类社会经济的持续增长，在很多地方，水资源可持续发展遭到了破坏。城市、农业、工业、生态对水资源的需求之间发生了冲突，需要通过水交易来满足需求，有限的水资源逐渐限制着人类社会经济的发展。

人们曾认为，水利设施建设能满足人类的各种需要（Allan，2000），但随着时间的推移，硬性水管理方式的局限性越来越明显。例如，科学家们普遍认为堤坝的持续加高会对生态造成破坏，是不可持续的。此外，硬性水管理措施需花费高昂的水利设施维护成本，存在年久失修、性能退化的风险，而且减少水利设施负面影响的成本也是高昂的。

在破除以物理设施为基础的硬导向的管理方式的局限性的过程中，人类逐渐转向通过制定政策来实施制度改革、激励和行为调整的软性管理方式（Soft Path Approach）。这种方式追求减少不确定性和管理风险。水管理的角色转变为为政策制定提供信息，它主要包括改变人们的用水行为、修订水管理过程和体系，采取一系列互补的措施，如文化价值、水价改革、水保护、水量分配、经济刺激和水资源确权等来减少缺水地区的水使用量。软性水管理措施利用预测和建模来提高风险评估的准确度，为那些受水资源管理影响的用水户和投资者提供对决策有用的信息。

执行软性水管理制度要求有较强的运行能力，且投资较少。相对于硬导向措施，软性措施通常更容易修改，结束时不需要额外的投资，弹性好，将日益增长的需求矛盾置于对政治领导和不同利益集团之间交易的管理上。

用制度来有效地管理不同利益集团之间的需求矛盾，需要有准确的数据信息。水资源管理意味着通过对与水相关的活动的监管来获取需要的数据，加工生成管理部门需要的信息。数据积累得足够充分时，就有可能被综合概括为指示器，满足特定领域的需要。许多国家为了保卫水安全，都希望获得有关水资源及其使用和管理情况的客观、真实的信息。一些国际组织（如OECD、EU）的政策目标包括环境目标，其中监管水使用趋势成为这些目标的重要部分。许多大公司关心水的可得性和公司运行对资源质量的影响，如果没有相关的、可靠的信息，它们的投资决策就会受到影响，甚至出现运行缩减现象。

当水信息需求被以不同的方式、不同的学科基础感知到时，各种计量和报告水信息的核算体系就如雨后春笋般涌现出来。例如，水环境-经济核算体系（System of Environmental-Economic Accounting for Water，

SEEAW)、水足迹核算（Water Footprint Accounting，WFA）、中国水核算体系、通用目的水会计（General Purpose Water Accounting，GPWA）。下面具体比较这几种水核算体系。

（二）不同水核算体系的比较

1. SEEAW

联合国统计局联合伦敦环境核算组开发了"水环境经济核算体系"（System of Environmental-Economic Accounting for Water，SEEAW）。该体系是为组织使用与国民经济核算账户一致的概念、定义和分类来描述与水相关的物理和经济信息而制定的概念框架（UN，2007），是对"环境-经济核算体系"的细化，用类似于许多国家核算经济交易信息的国民账户来核算环境和社会经济信息。它主要基于政策分析者和研究者等受众群体的信息需求而提供报告。

SEEAW 在 44 个国家执行，各个国家负责编制 SEEAW 账户的机构不同（UN，2009），大多数国家由国家统计局来编制。类似地，水会计报告的空间层面在不同的国家也不相同，有的核算国家层面，有的核算行政区域层面。SEEAW 报告主要提供政策制定、水资源管理、向国际机构报告、研究和建模用的数据（UN，2009）。这些数据被用于国家水政策的发展、水价、水量分配、提高水使用效率、预算和设计水项目、预测未来水的需求和水权改革、输入-输出分析、洪涝灾害预测、气候变化建模分析研究（UN，2007）。

2. WFA

WFA 指的是一个国家、一个地区或一个人，在一定时间内消费的所有产品和服务所需要的水资源数量，形象地说，就是水在生产和消费过程中踏过的脚印。"水足迹"这个概念最早由荷兰学者阿尔杰恩·胡克斯特拉（Arjen Y. Hoekstra）在 2002 年提出。它是一种衡量用水量的指标，不仅包括消费者或生产者的直接用水量，也包括间接用水量。水足迹可以看作水资源占用的综合评价指标，有别于传统且作用有限的取水指标。一种产品的水足迹指用于生产该产品的整个生产供应链中的用水量之和，是一个体现消耗的水量、水资源类型以及污染量、污染类型的多层面的指标。水足迹的所有组成部分都明确了其发生的时间和地点（Hoekstra et al.，2011）。水足迹分析包括蓝水、绿水和灰水。蓝水足迹指产品在其供应链中对蓝水（地表水和地下水）资源的消耗，即它计量在特定时间和特定地点，产品在生产、加工、消费过程中所消耗的地表水和地下水的数量。绿水足迹是指产品生产和消费过程中所消耗的绿水（不会成为径流的雨水）的数量，主要与农林产品相关。灰水足迹是与污染有关的指标，定义为以自然本底浓度和现有的环境水质标准为基准，将一定的污染物负荷吸收同化所需的淡水的体积。水足迹为理解消费者和生产者与淡水系统之间的关系提供了更加合理和广阔的视角，为讨论可持续和公平用水提供了素材，也为当地环境、社会和经济影响评价奠定了基础。

3. 中国水统计

我国水统计以流域和行政区域的供用水宏观统计为主。从 1997 年开始，由县、市、省级政府水行政主管部门收集水资源信息，逐级汇总上报，由水利部编制《中国水资源公报》和各省份编制区域水资源公报，反映地区水资源量、蓄水动态、水资源开发利用和水质等情况，为各级政府部门、流域管理部门制定水资源政策、计划和实施水量分配方案等提供依据。从 2020 年开始，我国用水统计从水资源公报形式转变为用水统计调查制度，各用水户通过水利部开发的"用水统计调查直报管理系统"填报水资源使用信息，由上级水行政主管部门审核、汇总和上报，最终纳入社会统计。

4. GPWA

GPWA 起源于 21 世纪初的澳大利亚水政策改革，是为满足公司外部的决策者、委托人、股东、公众等利益相关者的信息需求，采用统一的会计准则、会计报告和报告编制技术来编制一致的、可比的 GPWA 报告，并根据统一的鉴证准则对 GPWA 报告进行审计或审阅，堪称标准化水会计。GPWA 准则规定的水会计报告主体（供用水户、水资源管理部门、水产业经营者等，也称水会计主体）需依据公认的 GPWA 准则定期编制具有严密且稳定的基本结构的水会计报告，并且经过独立于水核算主体之外的审计人员鉴证其真实性和公允性，对外公布水会计报告和审计报告，为报告使用者提供与决策相关的信息。在澳大利亚推广实施 GPWA 之后，西班牙和南非也相继选择部分地区建立试点，探索 GPWA 的优劣势，分析开展通用目的水会计存在的问题。

　　上述几种水核算体系基于不同的学科背景，有不同的目标，反映不同的内容，它们之间的区别如表1-1所示。

表1-1　SEEAW、WFA、中国水统计、GPWA的区别

水核算体系	创始者	学科背景	水会计报告编制者	受众	目的	内容
SEEAW	联合国统计局	经济学和统计学	大多数国家由国家统计局编制	政策分析者和研究者	为宏观的政策制定提供需要的信息	用与国民经济核算账户一致的概念、定义和分类来描述与水相关的物理和经济信息
WFA	阿尔杰恩·胡克斯特拉	过程工程学	研究者可用相关理论、基础数据计算得出	政府、认证机构、企业人员和公众	从供应链整体出发全面理解水资源短缺和水污染	一个国家、一个地区或一个人，在一定时间内消费的所有产品和服务所需要的水资源总量
中国水统计	中国水利部门	统计学	各级水行政主管部门	政府、企业、研究者和公众	为各级政府做出水资源宏观决策提供依据	自下而上由政府水行政主管部门逐级汇总水信息，最终反映在社会统计中，揭示地区供水和用水情况
GPWA	澳大利亚政府推动创建	财务会计	GPWA准则规定的水会计报告主体（供用水户、水资源管理部门等）	外部的利益相关者	为报告的外部使用者提供水和水权方面的信息	主要由三张水会计报表反映水及水权变动的来龙去脉

　　资料来源：联合国统计局、Hoekstra等（2011）、中国水利部门、GPWA准则。

　　表1-1显示，SEEAW起源于经济学和统计学，是为了评估与水服务、水产品和环境成本相关的成本而聚焦于水使用与经济之间的关系，提供了为研究目的而使用的、宏观层面的政策制定需要的信息，同时也

加强了包括国家、水系、行业或公司等不同层面的分析。国内外对它的研究已很深入（Ward and Pulido-Velazquez，2009；甘泓、高敏雪，2008；何康洁、何文豪，2017；刘亚灵、周申蓓，2017）。而WFA则反映了过程工程学的背景，致力于提供关于产品在生产和消费过程中消耗的水量方面的信息。Hoekstra等（2011）在该领域的研究不断深化。我国也有不少学者应用水足迹理论对各地水资源利用时空状况进行了分析与评价（宋继鹏等，2022；刘宁等，2022）。

中国水统计是政府各级水管理部门采用统计学的方法，逐级汇总水使用信息，反映地区水资源状况和供水、用水等经济体的活动，缺乏基于某个地区的涵盖管理因素和非管理因素在内的总体水量平衡的核算和反映，也没有披露水量分配和使用细节，无法反映水资源管理责任的履行情况。水核算成为一种行政手段，仅由各级水行政主管部门内部收集信息、加工处理，只有使用者掌握数据及其缺陷，外部监督较薄弱，而且计量基础薄弱、计量率低，水信息可靠性存疑。微观供用水户没有参与核算和管理水资源，对水核算不重视，对水资源的保护和节约使用观念薄弱，难以做到精细化管理（李维明、谷树忠，2019）。由于水核算存在上述不足，水资源信息决策有用性较差，影响了各级部门监督和评价水资源政策的执行情况，不利于水资源精细化管理，容易出现使用或调配不合理的情况，偷挖盗采的现象仍然十分严重，这使得水资源浪费禁而不止。

GPWA与上述三种水核算体系的区别如下。首先，GPWA主要来源于财务会计，它聚焦于GPWA报告的外部使用者对水会计报告主体行使或履行水或水权、转移水或水权的责任和义务的信息需求，因此，GPWA对水权和其他对水的要求权的核算，具体地反映了诸如报告什么、怎样报告和披露什么信息对广泛意义上的经济、生态、社会、政治决策有用等内容。其次，相较于SEEAW、WFA和中国水统计，GPWA的突出特点是它为利益相关者提供对决策有用的信息，这些信息包括但不限于水资源的分配和使用情况，这帮助他们做出资源分配的决策（Tello et al.，2010；Chalmers et al.，2012；Momblanch et al.，2014；张林涵，2014）。资源分配决策包括但不限于对水资源的管理和由此带来的经济、环境和社会资源分配方面的责任和义务的评估（WASB，2009）。最后，GPWA的水会计主体是微观涉水主体，凡是有水流入或水流出、拥有水或水权、有管理水的责任，并有水信息使用者的需求的单位，都应当成为水会计主体，且依据统一的水会计准则编制水会计报告并经过独立第三方审计，对外披露水会计报告和审计报告，这种水核算体系使得编制主体微观化，权利与责任具体化和对象化，水信息具有可比性、可靠性和透明性，弥补了中国水统计的不足，能为精细化管理水资源提供坚实的基础。

（三）中国水资源管理制度改革迫切需要研究水资源会计及其应用

我国是一个严重缺水的国家，人均占有水量 2 000 m³ 左右，约为世界人均水量的 1/4，在全球 192 个国家中排第 127 位（夏军、石卫，2016）。据世界银行测算，中国每年因干旱缺水造成的损失约为 350 亿美元。此外，农村有超 2 400 万人饮水困难（谷树忠等，2010）；在全国 600 多个城市中有 400 多个城市缺水，其中近 110 个城市严重缺水（梅冠群，2016）。我国年缺水量达 530 多亿 m³，其中国民经济缺水 400 多亿 m³，挤占河道内的生态用水量 130 多亿 m³（夏军、石卫，2016）。北方地区缺水问题更为突出，水资源利用量占水资源总量的比例达 51.3%，超过比例为 40% 的国际公认警戒线。华北地区地下水大量超采，西北地区生态用水被严重挤占，水资源开发超出当地承载能力（梅冠群，2016）。河流断流时有发生，区域之间水资源分配的竞争愈演愈烈。

党中央高度重视水利基础设施建设、水利制度改革和水资源会计核算体系建设。2014 年全国水利建设投资 4 881 亿元，其中中央投资 1 627 亿元，分别较 2013 年增长 11%、15.6%。中央连续三年出台水利改革方面的政策措施。2010 年 12 月，中共中央、国务院出台了《关于加快水利改革发展的决定》，提出了新形势下水利改革发展的指导思想、目标任务、基本原则和政策措施等，其中提出了要实行最严格的水资源管理制度，建立用水总量控制制度、用水效率控制制度、水功能区限制纳污制度。为了实行最严格水资源管理制度，政府明确指出要建立水资源管理责任和考核制度。2012 年 1 月，国务院专门发布了《关于实行最严格水资源管理制度的意见》，对最严格水资源管理制度做出了更具体、更明晰的规定，提出了加强水资源管理，提高用水效率，限制污水排放等具体目标，规定建立水资源管理和责任考核制度，将水资源开发、利用、节约和保护的主要指标纳入地方经济社会发展综合评价体系，县级以上地方人民政府主要负责人对本行政区域水资源管理和保护工作负总责，并强调抓紧制定水资源监测、用水计量与核算等管理办法，健全相关技术标准体系。它明确了水资源核算在水资源管理中作为一种有效的工具，要为支持决策和管理责任的考核提供基本的信息。为了贯彻落实最严格水资源管理制度，2013 年 1 月，国务院出台了《实行最严格水资源管理制度考核办法》，明确了各省、自治区、直辖市实行最严格水资源管理制度的主要目标，各省、自治区、直辖市人民政府是实行最严格水资源管理制度的责任主体，政府主要负责人对本行政区域水资源管理和保护工作负总责。这些政策的颁布实施使全国建立了取用水总量控制、权责明晰的水资源管理制度。

如今，全国已建立了覆盖流域和省、市、县、乡四级行政区域的取用水总量控制指标体系，各地区、各用水户按用水指标取水用水。然而，我国在核算体系或技术标准方面尚未取得明显进展。实行最严格水资源管理制度，不仅要严格分配取用水总量，使各级用水控制指标具有刚性约束，而且要严格计量和核算实际取用水量，并且能够有效地监督取用水量，这是事关最严格水资源管理制度能否贯彻落实的关键问题。如果能够全面、详细地核算各供用水户从何种渠道取了多少水、用在了哪些方面，并且使这些与水的来源和使用相关的要素在一定区域内建立起水量平衡关系，并按特定的格式报告出来，不仅能为报告使用者提供与决策相关的信息，而且能反映水资源管理者的受托管理责任，更好地监督各单位取水和用水，这将有力地促进最严格水资源管理制度的贯彻执行和监督考核。因此，建立一套系统的水核算标准，让各供用水户按照标准核算和报告水资源的分配和使用情况，提供一致的、可比的、公开透明的水信息，具有重要的理论和现实意义。

随着最严格水资源管理制度的贯彻落实，水权制度改革应运而生。2013 年 11 月，党的十八届三中全会通过的《中共中央关于全面深化改革若干重大问题的决定》，将水资源管理、水环境保护、水生态修复、水价改革、水权交易等纳入生态文明制度建设的重要内容，并指出要探索编制自然资源资产负债表，对领导干部实行自然资源资产离任审计。其中，将水权交易纳入生态文明制度建设的重要内容是一个非常重要的改革，核心就是要开展水资源使用权确权登记，探索水权流转实现形式，构建水权交易制度，建立反映水资源稀缺程度和供水成本的价格机制，强化水资源用途管制，提高水资源利用效率与效益。这将使我国的水资源配置从政府的计划调配转为以市场配置为主，充分发挥政府的宏观调控作用，使政府和市场"两只手"相辅相成，相得益彰。

2014年3月，习近平总书记提出了"节水优先、空间均衡、系统治理、两手发力"的新时代治水方针，体现了我党对水利事业认识的又一次重大飞跃，对统一全党思想、形成全民共识、凝聚全社会力量、加快水利改革发展，起到了空前巨大的推动作用，产生了极其深远的历史影响。这实际上提出了水资源治理现代化的目标和手段。"节水优先、空间均衡"既是目标，也是出发点，说明水资源治理现代化要以建立节约用水体制机制和实现水资源配置空间均衡为宗旨。"系统治理、两手发力"是实现水资源国家治理现代化的手段，即秉持民主、法治、科学的价值观，修订或完善一系列水资源管理制度，使我国从以政府为主体的水资源行政管理体系转向政府、市场、社会组织等多元主体共同治理的格局，采用法治化的治理手段和民主化的治理方式，最终实现治理能力高效化。其基本原则是政府负责初始水权的分配和交易规则的制定，由市场机制对水权进行二次分配，充分发挥政府和市场两种手段的调节作用，进而大大提高用水户节约用水的积极性，实现水资源配置空间均衡。

在新时代治水方针的指导下，2014年7月，水利部大力开展7省区的水权交易试点工作，为下一步在全国推广水权制度建设提供经验借鉴，这标志着我国水权交易工作的全面展开，是对党的十八届三中全会决议的落实。2017年底，7个水权交易试点省区基本完成试点任务，试点形成的经验得以进一步在更大的范围内推广。其间，我国于2016年颁布实施《水权交易管理暂行办法》，对区域水权交易、灌溉用水户水权交易和取水权交易三种类型的水权交易进行规范。同年6月，我国水权交易所在北京开业，水权交易的发展进入规范化阶段。水权交易是一项非常重大的改革，它使我国水资源从单一的政府计划配置转变为在发挥政府宏观调控作用的同时，依据市场供求关系来配置水资源。水权交易的市场化迫切需要有一套公认、一致、科学的水核算标准来规范涉水企业或水管理部门的水核算行为，确保生成公开透明、高质量的水核算信息，促进涉水企业投融资活动和可持续发展，落实水会计主体的水资源开发利用和环境保护责任，深化生态文明制度建设。水权交易的发展一方面需要尽可能减少政府对市场的直接干预，另一方面又需要政府承担更多的公共责任，对市场行为和市场经济秩序进行恰当、必要的监管。建立高质量的通用目的水会计准则，体现了决策有用观在水资源管理活动中的应用，不仅可以为政府监管部门和水管理部门提供更加科学有效的评判标准，而且有利于提高整个水管理工作的质量和效率。

随着水权制度改革的深入发展，以及自然资源资产负债表的编制和对领导干部实行自然资源资产离任审计工作的推进①，2019 年 4 月，中共中央办公厅、国务院办公厅印发《关于统筹推进自然资源资产产权制度改革的指导意见》，明确指出自然资源资产产权制度是加强生态保护、促进生态文明建设的重要基础性制度，要健全自然资源资产产权体系，明确产权主体，开展统一调查监测评价，加快统一确权登记，强化整体保护，落实监管责任，完善法律法规，注重改革创新，促进自然资源集约开发利用和生态保护修复。基于产权保护导向的自然资源管理制度改革上升为国家战略。社会各界对保护水资产和水权益的核算需求日益旺盛，借鉴财务会计理论和制度，学习国际上水资源会计核算方法和经验，开展由微观水会计主体采用统一的水会计准则和报告编制技术，定期编制水会计报告，经独立第三方依据水审计准则审计后，对外披露可靠的、可比的水资源活动信息的通用目的水会计（General Purpose Water Accounting，GPWA），这对水资源管理和治理具有重要意义。第一，政府水资源管理部门可及时掌握单个个体对水资源资产的占有、使用、消耗和恢复的动态变化信息，为了解宏观层面的水资源状况奠定基础，以使对水资源的计划和管理实现微观和宏观相生相长。第二，借鉴会计理论核算水资产、水负债和水权益的状况及其变动，有利于明确单个供用水户取用水许可量或权益，促进水权制度建设和水权交易发展，提高自然资源、经济资源和社会资源配置效率。第三，通过水会计主体对管辖范围内的各种水资源分配和使用情况的核算，有利于水资源管理部门评估水会计主体对各项水资源管理政策的执行情况，进而评价水资源管理者的受托管理责任的

---

① 国务院办公厅 2015 年发布了《编制自然资源资产负债表试点方案的通知》，2017 年发布了《领导干部自然资源资产离任审计规定（试行）》，全国各地开展了自然资源资产负债表编制及对领导干部实行自然资源资产离任审计工作。

履行情况，促进领导干部任中、离任审计考核。第四，借鉴会计制度设计标准化水核算、报告和审计监督制度规则，有助于实现水资源管理科学化和规范化，进而实现资源可持续利用。

2020 年，习近平总书记在第 75 届联合国大会上郑重宣布：我国二氧化碳排放力争于 2030 年前达到峰值，努力争取 2060 年前实现碳中和（简称"双碳"目标）。2021 年 9 月，中共中央、国务院出台了《关于完整准确全面贯彻新发展理念做好碳达峰碳中和工作的意见》，提出了坚定不移地走生态优先、绿色低碳的高质量发展道路。在"双碳"目标的约束下，如何在确保水安全的同时提升水系统效率、推动水能协同优化与碳减排，是当前待解决的重大现实问题。科学建立水资源使用激励与约束机制，构建与之相适应的水资源分配与使用情况的核算和监督制度，是实现"双碳"目标和可持续发展的必由之路。

2022 年 8 月，水利部、国家发展改革委、财政部发布了《关于推进用水权改革的指导意见》，对新时期推进用水权改革做出总体部署，提出了用水权改革的总体要求，在加快用水权初始分配和明晰、推进多种形式用水权市场化交易、完善水权交易平台、强化监测计量和监管以及组织保障等方面做出具体部署，明确提出探索推进区域水权交易、取水权交易、灌溉用水户水权交易、公共供水管网用户的用水权交易等多种交易形式。2023 年 4 月，水利部印发《关于全面加强水资源节约高效利用工作的意见》，进一步明确年度用水权改革任务，要求建立健全用水权市场化交易相关制度，完善水权交易机制，推进统一的全国用水权交易系统应用，推动各类用水权市场化交易，鼓励通过用水权回购、收储等方式促进用水权交易。在中央和水利部等部委的推动下，全国各地逐渐兴起用水权改革。宁夏率先制定出台用水权收储交易管理办法、价值基准、交易规则等 23 项配套制度，建立改革制度体系"四梁八柱"。截至 2024 年 7 月，宁夏共完成用水权交易 339 笔，交易水量 2.53 亿立方米，金额达 5.02 亿元。水权市场活跃度、交易量等均居全国第一方阵。其中，宁夏与四川完成全国第一单跨地区水权交易，被水利部部长称赞"足以写入中国治水史"。随着水权制度改革和水权交易发展驶入快车道，对水资源和水权的确认、计量和报告将成为现实的需求，用会计理论来核算水资源的研究正当其时。

二、理论背景

(一) 会计核算领域的变革

许多研究认为，在组织和社会的功能中，会计作为一种干预手段，是一种社会和组织的实践活动 (Hines, 1992; Miller, 1994)。会计的属性是以可量化的方式来计量经济活动和过程，以此来管理组织和社会。会计的计量活动，就好像采用了特殊的眼镜，能帮助人们了解个人活动和组织成果，这些计量活动反过来又提供了管理人、过程、组织和社会的基础。基于会计的这种能力，人们普遍认为会计在管理组织和社会安排方面是有影响的 (Burchell et al., 1980; Hopwood, 1990; McSweeney, 1994; Miller, 1994)。谢志华 (2014) 指出，一方面，经济的发展必然导致会计的发展；另一方面，会计对经济具有推动作用，主要表现为七大效应，即政策工具效应、资源配置效应、交易费用效应、分工效应、治理效应、理性人效应和风险防范效应。

在当今世界，水资源越来越珍贵，它早已不是一种取之不尽、用之不竭的自然资源，而是一种非常重要的稀缺的经济资源，我们应当像管理经济那样严格地管理我们的水资源，用会计理论和方法系统地反映和监督水资源的状况及变动，让会计的七大效应在水资源管理中充分发挥作用，降低交易成本，促进社会资源、经济资源和生态环境资源的高效配置和可持续利用，为水资源管理政策制定和执行情况的评估提供可靠的工具，有效应对水资源短缺、水生态脆弱、水环境负荷较重等挑战。

把会计视为一种社会和机构的实践活动，需要理解会计实践应用领域是怎样构建并随时间重构的 (Miller, 1994)，会计领域的构建和重构反过来又促进了两方面的研究，即对会计领域发生变化的过程进行考察，以及这些变化对组织和个人来说的含义。水资源会计与财务会计报告的原理和实践相一致，这个领域是崭新的，随着我们研究的开展而演变。因此，关于水资源会计发展的现实或潜在意义的任何考虑在本质上注定是探索性的。

聚焦于会计变化过程的研究者通常断言这个过程是动态的、复杂的，而且极少是单个个人或群体的行为结果。这个领域的一般的调查研究结果显示，会计领域的变化极有可能以一种无意识的方式发生，并且未必受到具体学科领域专业知识的驱动（Miller, 1991；O'Dwyer, 2010；Power, 1991, 1996；Young, 1994, 1996）。

会计领域的重大变革蕴涵于新的会计实践活动的发展，例如标准成本核算、预算和公允价值计量等的诞生和发展。同时，会计领域的重大变革会随着会计实践主体或部分实践活动、方法被应用到新的领域而渐进式地发生变化（Young, 1994）。在日益推进生态文明建设、提出"双碳"目标并逐渐探索的过程中，随着水资源短缺加剧，社会对水资源和水权的保护和有效利用的呼声日益高涨。水资源会计的诞生和发展是社会发展的产物。

（二）水资源会计理论和应用有待深入

尽管澳大利亚政府已颁布了通用目的水会计概念框架、GPWA 准则第 1 号和 GPWA 准则第 2 号，它们都是水会计报告编制和审计的实务指导，但缺乏系统归纳 GPWA 理论体系的研究，尤其缺乏从产权理论的角度深入探讨 GPWA 本质的研究，以揭示水资源会计核算的重要功能——水资源产权界定与保护，以及动态反映产权变动的过程和结果。现有文献主要集中于探讨 GPWA 的发展历程（Godfrey, 2011）、GPWA 实施中存在的问题及解决办法（Lowe et al., 2006；Cordery et al., 2007；Kirby et al., 2008；Melendez and Hazelton, 2009）、GPWA 的作用和未来展望（Chalmers et al., 2012；Godfrey and Chalmers, 2012）、GPWA 与其他水核算体系的区别与联系等（Chalmers et al., 2012）。GPWA 产生于澳大利亚，它是否可以复制到其他国家？如果其他国家要建立 GPWA，需要具备什么条件？尤其是像中国这样的经济转型国家与澳大利亚这样的发达资本主义国家，无论在水资源所有制方面，还是水资源管理体制方面都存在较大差异，前者能否实施 GPWA？关于建立 GPWA 的制度条件的研究是事关 GPWA 未来发展潜力的重要且需深入挖掘的问题。

此外，将 GPWA 理论和技术应用到具体案例点的研究刚刚起步，而且这些研究都是基于资本主义国家，如澳大利亚（Melendez and Hazelton, 2009；Godfrey and Chalmers, 2012）、西班牙（Momblanch et al., 2014）和南非（Hughes et al., 2012），缺乏在经济转型国家进行实地实验、案例分析的研究，更没有文献讨论 GPWA 与经济转型国家现有的水资源核算方法的区别与联系，剖析 GPWA 在经济转型国家的应用价值。因此，以中国的涉水企业和水资源管理部门为研究对象，选择案例点进行实地调研和案例分析，将丰富和拓展 GPWA 在经济转型国家应用的研究。

总之，系统研究水会计报告编制和应用的相关理论和技术，揭示财务会计理论用于水资源核算和管理的特点及条件，从产权关系的角度分析其对水资源管理责任和义务的划分与追究的影响，讨论 GPWA 在中国这样的经济转型国家社会中应用的制度基础和实施效果，有助于促进 GPWA 理论和应用的相关研究及其在实践中的发展。

第二节　研究内容、研究方法与研究创新

基于上述现实背景和理论背景，不难发现，随着气候变化、社会经济发展，人类面临水资源日益短缺的问题。21 世纪，许多国家逐渐将水资源管理从以修建水利设施为基础的硬导向战略向以制度建设和信息化建设为基础的软导向战略转变。及时提供可比的、可靠的、充分的、与决策相关的水信息是政府制定政策、企业做投资决策、社区维持生活安全的关键因素之一，通过制度建设和信息化建设来化解日益短缺的水资源与日益增长的经济、社会和生态需求之间的矛盾是未来水资源管理的方向。通用目的水会计正是利用财务会计理论和制度来核算和管理水的信息系统，它与国际上通用的采用统计学方法、以经济价值来核算水的方式（如 SEEAW）不同，它采用会计学原理，以微观涉水主体为核算主体，用实物量来计量，在水权明晰的前提下，以权责发生制持续记录和报告水会计主体的水资源状况和与水相关的权利和责任。

一、研究内容

（一）水资源会计理论基础和文献综述

随着水权制度改革和水权交易的发展，水资源会计核算体系因其高质量、透明性、精细化等特征而日渐成为国际上水资源管理的重要手段。本节在分析标准化水会计对我国水资源治理的重要意义的基础上，采用

产权经济学理论和可持续发展观，分析我国建立通用目的水资源会计核算体系的理论基础和现实意义。

（二）我国水资源管理改革和水核算创新研究

在系统研究水资源会计理论的基础上，结合我国水资源核算现状，讨论我国水统计核算的不足和应用水资源会计的条件，分析最严格水资源管理制度的性质，讨论水权制度改革的阶段，分析计划用水管理制度的内容，研究水资源管理的方式及性质，探索在我国建立水资源会计的影响因素，提出改进水资源管理和水核算的方向，为建立以权责发生制为基础的水资源会计理论奠定制度基础。

（三）构建水资源会计核算、报告和审计理论体系

本书在对国内外水资源会计研究进行梳理和归纳总结的基础上，结合水资源管理变革和社会对水信息需求的变化，形成系统的水资源会计核算、报告和审计理论体系，分析各部分的主要内容，论证其原理和技术。重点研究权责发生制在水资源核算和管理中的重要意义和方法应用，并针对水资源的特点和水资源管理的要求，对权责发生制在水核算中的具体应用提出创新性的改进，使之既能汲取会计理论，以权利和义务的归属划分水资产和水负债的变动，又能考虑水资源年度之间变化较大的特点，满足水资源管理的要求。

（四）水资源会计实践研究

理论来源于实践，还要回到实践中去检验。会计是社会和机构的实践活动（Hines，1992；Miller，1994）。本节重点探讨我国水企业和水管理部门如何编制水资源会计报表，并进一步深化对各账户计量方法的研究，检验是否实施权责发生制对编制水会计报告的影响，进一步探索我国水资源管理制度改革的有效路径。本书将选择 5 个具有对比性的水资源管理部门，进行实地实验，收集数据，编制我国现行制度下的水会计报表和假设实施权责发生制核算的情形下的水会计报表，与我国现行的水统计报表进行对比，分析水会计报表的优越性，深化水权制度改革和水资源管理制度改革对建立水资源会计核算体系的影响的研究。

由此，本书的结构框架如图 1-1 所示。

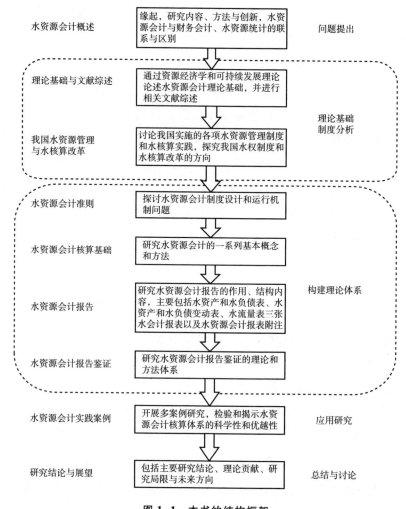

图1-1　本书的结构框架

二、研究方法

本书主要采用以下几种研究方法。

（一）规范研究法

把会计学和水文学结合起来，分析水资源会计对象，讨论水会计要素的分类和定义，根据它们之间的内在联系，推理、构建三个水会计等式，形成以权责发生制和区域水量平衡为基础的三个模型——水资产和水负债模型、水资产和水负债变动模型、水流量模型,构成三张水会计报表的理论基础。

(二) 比较研究法

首先,对中国水权改革试点地区与发达国家进行比较研究,分析二者在水权制度建设方面的异同,归纳出我国水权制度改革和水核算发展的方向;其次,在应用研究部分,对 5 个案例编制水会计报表,进行对比研究,找出不同类型的水会计主体在水会计科目设置、权责发生制的应用、编制报表的方法以及报表反映内容等方面的异同,并揭示水会计的优点。

(三) 案例分析法

课题组与水文学、水利工程专业的专家组成团队,深入水权改革试点地区,调查了解水权改革的实施情况。到供用水单位和水资源管理部门进行实地调研和访谈,收集到五种类型的涉水单位的一手资料,开展水库、灌区、城市供水系统、高校、用水企业的多案例研究,以实地实验展示水资源会计的优越性和科学性。

为了解释我国水资源管理独特的本质,预测我国水核算发展的路径,提出水资源会计理论体系和运行机制。

三、研究创新

世界各国关注全球气候、环境资源利用与社会发展问题的背景,可以为建成我国的环境会计制度奠定理论基础(刘玉廷,2011)。本书在借鉴财务会计理论、资源经济学理论,以及最近 20 年内国内外兴起并发展的水资源会计及其他相关研究成果的基础上,以科学的研究方法梳理、完善和丰富了水资源会计理论,对在中国建立水资源会计的重要作用、关键影响因素、制度基础和有效路径等几个问题进行了深入细致的研究,总体而言,本书在以下方面取得了理论成果。

(一) 突破 "就会计论会计" 的桎梏,从经济学视角研究水资源会计

新中国成立以来,经济建设取得了举世瞩目的伟大成就,但随着经济的发展,我国面临资源趋紧的严峻形势。党和政府采取了一系列应对措施,包括:2012 年,党的十八大报告将 "生态文明" 正式确立为 "五

位一体"的国家发展战略之一；2013 年，党的十八届三中全会提出探索编制自然资源资产负债表；2018 年，国务院首次尝试编制国有自然资源资产专项报告，初步反映了国家自然资源资产整体状况。国内学者立足国情，同时借鉴国际经验和研究成果，踊跃发表论文和出版著作，使得资源核算研究取得了丰硕的研究成果（杨世忠、谭正华，2021）。这些研究中，以论文居多，以应用研究为主，尤其是党的十八届三中全会后，对自然资源资产负债表编制的研究将资源核算研究推向一个新的高潮，然而论文毕竟篇幅有限，学者们往往基于会计理论和方法来讨论自然资源会计，即使有少量的几部隐含着经济学视角的资源核算的专著，但往往是研究综合的自然资源核算，缺乏从经济学视角来研究单一资源的会计核算理论专著。本书突破"就会计论会计"的桎梏，从资源经济学、水资源会计的产权功能、可持续发展观、决策有用观和受托责任观的视角，讨论水资源会计的理论基础，研究水资源分配、水权明晰和水资源可持续使用的内涵，以及它们在水核算和水资源管理中的重要性及应用。

（二）研究我国水资源管理和水核算改革的方向，提出水资源国家治理现代化的路径

中国在许多领域都开展了社会主义市场经济，但在水资源管理制度的改革方面相对滞后。水资源的所有权和经营权都由国家控制，水资源管理主要以行政指令的方式进行，这和水权制度完善、较早开展水权交易的国家截然不同（安新代、殷会娟，2007）。本书深入剖析我国水权制度改革所处的阶段，讨论最严格水资源管理制度的性质，分析《计划用水管理办法》的内容，指出在水权制度尚不健全、以行政手段管理水资源的情形下，水资源使用效率低，水资源会计的发展将遭遇"瓶颈"。并进一步结合国内水权改革试点的经验和国外水权交易发达国家的水资源管理和水核算改革的前沿发展，提出完善水权制度观点，通过法律制度赋予水资源使用者长期持续行使和履行水资源的权利和义务，以权责发生制为基础核算水和水权的变动，保护水资源使用者的权益，提高水资源使用效率。进而，提出我国建立水资源会计的有效路径，深化水资源会计国际发展潜力的研究，同时也为我国水资源治理现代化提供思路。

（三）将水文学和会计学相结合，构建标准化水核算、审计及对外信息披露体系

尽管会计理论研究已源远流长，博大精深，但把会计理论用到水资源的核算和管理上还是人类近20年才开始的一个创新活动，相关研究尚存在较大不足。我国现有相关高级别研究课题多集中在应用研究，针对水资源资产负债表的编制，主要使用水统计方法。现有其他学者的论文虽然已讨论了水资源会计核算的内容，但仅包括水资源使用等水流量信息，未将水资源的分配和水权包含在水资源会计核算中，而且水资源会计和水资源审计是分别实施、分开研究的，二者之间没有建立必要的联系。例如，自然资源资产负债表编制和对领导干部实行自然资源资产离任审计分开进行。而国外大多数研究集中在讨论GPWA的产生过程和特点（Cordery et al.，2007；Melendez and Hazelton，2009；Godfrey and Chalmers，2012；Chalmers et al.，2012），如澳大利亚水会计概念框架、第1号水会计准则和第2号水会计准则（鉴证准则）把这种创新活动进行了总结、升华，上升为一个国家会计标准，使得澳大利亚的水会计实践标准化，但仍缺乏系统的水资源会计理论梳理。本书借鉴澳大利亚水会计的经验，利用严谨科学的研究方法系统研究包括水资源的分配和使用、水量和水权的变动在内的水资源会计核算和报告体系，全面、系统、综合地反映和监督水资源和水权状况及变动，并建立了基于水会计报告的审计理论和方法体系。尤其是完善了权责发生制在水资源会计核算和信息披露中的应用，创造性地针对水资源具有的流动性和不确定性的特点，提出对水资源使用者节余的用水指标，水资源管理部门可依据不同类型水资源的特点，制定不同的征收率，用水户节余的用水指标在扣除征收量之后，可结转至下期继续使用或转让，拓展了会计理论中权责发生制的内涵。在核算体系中，基于某地域的水量平衡计算出的整体误差客观反映了水资源管理水平，提供了改进财务报表的思路。

（四）分类别供用水单位开展案例研究

现有研究已开始采用实验研究法通过案例来检验水资源会计的实际应用、计量及水量平衡关系，但主要应用在资本主义国家，如澳大利亚（Melendez and Hazelton，2009）、西班牙（Momblanch et al.，2014）和南

非（Hughes，2012），缺乏在经济转型国家进行实地调查和案例分析，更没有把水会计主体细分为供水户、用水户分别进行具体研究，或者进行多种类型的涉水单位的多案例研究。这是因为水资源核算的实验研究存在以下几个难点：首先，由于水（特别是饮用水）涉及国计民生，国家对涉水企业的管理通常较严格，再加上知识产权保护，学者们很难收集到涉水企业或水管理部门的相关水数据；其次，水资源会计是会计学和水文学相交叉的学科，只有精通会计学和水文学的相关知识，才能熟练应用于水资源会计报表的编制；最后，经济转型国家（包括中国）水市场发育程度低，对水资源核算不重视，对水信息的需求较小。本书克服了以上重重困难，与水文学、水利工程专业的专家组成团队，深入供用水单位和水资源管理部门，实地调研，收集到五种类型的涉水单位的一手资料，开展了水库、灌区、城市供水系统、高校、高耗水企业的多案例研究，顺利完成了以上五种类型的水会计主体的水会计报表编制研究，就实际案例讨论了水会计报表与我国现行的水统计报表的区别，展示了以权责发生制为基础的水会计报表的优越性，分析了不同类型的水会计主体在科目设置、水信息披露和水资源管理方面的区别，充分检验了水资源会计理论的科学性，并将供水户和用水户、城市和农村、企业和事业单位进行对比，多案例研究增加了研究结论的普适性。

第三节　水资源会计与财务会计、水资源统计的联系与区别

本书把会计理论和水文学结合起来，构建系统的水资源会计核算和报告体系，它和财务会计报告既有联系又有区别，同时与水资源统计相比，水资源会计更胜在既核算水量又反映水权，而且水资源会计报表之间存在本质的勾稽关系。

一、水资源会计与财务会计的联系

（一）遵循的制度和模式相同

水资源会计是为满足外部不特定的人士或组织对水资源管理和使用

信息的需求，采用统一的水资源会计准则、水会计报告和报告编制技术来编制的一致的、可比的报告，并根据统一的鉴证准则对水会计报告进行审计或审阅，堪称标准化水会计。由水资源会计准则规定的水会计主体（供用水户、水资源管理部门、水产业经营者等）依据公认的水资源会计准则定期编制具有比较严密且稳定的基本结构的水会计报告，并且经过独立于水会计主体之外的审计人员鉴证其真实性和公允性，对外公布水会计报告和审计报告，为报告使用者提供与决策相关和有用的信息。这种水会计报告的编制制度和模式与财务会计报告的编制制度和模式相同，能够确保使用一致的、可比的方法来确认、计量、记录和报告水信息，并确保水信息真实、可靠。

（二）水资源会计报告与财务报告的结构类似

水资源会计报告仿照财务会计报告，包括水资产和水负债表、水资产和水负债变动表、水流量表。水资产和水负债表类似于财务会计报表中的资产负债表，它既反映水权和其他对水的要求权，又反映水负债和净水资产状况。水资产和水负债变动表类似于利润表，反映水资产和水负债在报告期间内的变动状况，从本质上反映了水资产和水负债从一个年度到下一个年度的变化。水流量表类似于财务会计报表中的现金流量表，反映水会计主体拥有或控制的水资源在报告期间内的实际流入和流出量。三张报表互相勾稽，互相补充。水会计报告的其他重要内容还包括总体陈述、管理责任声明以及附注。这些都借鉴了财务会计报告的结构。水资源会计报表和财务会计报表的联系（见表1-2）。

表1-2 水资源会计报表和财务会计报表的联系

水资源会计报表	财务会计报表	编制基础
水资产和水负债表	资产负债表	权责发生制
水资产和水负债变动表	利润表	权责发生制
水流量表	现金流量表	收付实现制

（三）报表编制技术相同

财务会计报表以收付实现制和权责发生制为基础进行编制，其中反映现金实际流入流出状况的现金流量表用收付实现制编制，而为了更精确地反映核算期间的财务状况、收支状况与经营成果，资产负债表和利润表采用权责发生制编制。类似地，水资源会计报表中，反映报告期水的实际流入流出量的水流量表也采用收付实现制，而反映水资产、水负债的状况及其变动的水资产和水负债表、水资产和水负债变动表则采用权责发生制。另一项水会计报表编制技术是应用复式记账法。在财务会计中，复式记账法是指对任何一项经济业务，都必须用相等的金额在两个或两个以上的有关账户中相互联系地进行记录，借以反映会计对象具体内容的增减变化（来源与应用）。水资源会计核算也采用了复式记账的方法来记录和报告与水相关的交易或事项。例如，某水库把 1 000 m³ 的水转移到灌区，以实现水量分配计划，则会计分录是"贷"记水资产，表示水库的水资产减少，"借"记水负债，表示应付灌区的水量减少。这样处理可以完整如实地反映水资源和水权在不同主体之间的分配和流转。但是，如果是纯粹的自然现象引起的水资源变动，则可直接登记为水资产增加或水资产减少，如降水、蒸发等。

二、水资源会计与财务会计的区别

（一）核算对象和计量单位不同

财务会计采用货币作为计量属性，计量、记录和报告企业的生产经营活动。这是因为记录经济活动的方式有多种，如实物量度、劳动时间和货币量度，会计要对企业财务状况和经营成果进行全面系统综合反映，以价值形式表示最为恰当，故采用货币作为计量属性。而水资源会计计量、记录和报告的对象仅是水资源（水权）状况及其变动，虽然水资源具有不同的形态（如河水、水库水、湖泊等）和不同的运动（如径流、降水、蒸发等），但它们都可以用体积作为计量属性，例如，以立方米（m³）为单位进行计量，比采用货币计量更加直接和准确，无须考虑价格，就能把各种类型的水资源及其变动进行确认、计量、记录和报告，为报告使用者提供有关水资源分配和使用方面的直接的、准确的信息。因此，水资源会计采用实物计量，以体积为计量属性。

（二）会计要素和会计恒等式有区别

财务会计要素包括资产、负债、所有者权益、收入、费用和利润六大要素，前三个会计要素是静态会计要素，反映企业的财务状况，后三个会计要素是动态会计要素，反映企业的经营成果。而水资源会计要素包括水资产、水负债、净水资产、水资产变动和水负债变动五大要素，前三个会计要素是静态水会计要素，反映水资源的状况，后两个会计要素是动态水会计要素，反映水资源的变动情况，其中水资产变动包括水资产增加和水资产减少两方面，水负债变动包括水负债增加和水负债减少两方面。

财务会计恒等式为：

$$资产 = 负债 + 所有者权益 \qquad (1-1)$$

$$收入 - 费用 = 利润 \qquad (1-2)$$

$$现金流入量 - 现金流出量 = 净现金流量 \qquad (1-3)$$

水资源会计恒等式为：

$$水资产 - 水负债 = 净水资产 \qquad (1-4)$$

$$水资产增加 + 水负债减少 - 水资产减少 - 水负债增加 = \\ 净水资产变动 + 未说明的差异 \qquad (1-5)$$

$$水流入量 - 水流出量 = 净蓄水量变动 + 未说明的差异 \qquad (1-6)$$

三个财务会计恒等式分别是编制三张财务会计报表的基础，三个水资源会计恒等式分别是编制三张水资源会计报表的基础。财务会计中所有者权益包括两部分：投资者投入和留存收益，即投资者投入和企业生产经营活动产生的净利润；而水资源会计中的净水资产仅表示水资产减去水负债的差额，没有投资者投入部分。财务会计中，利润是由各种收入减去各项费用算出来的，收入和费用的种类较多；而水资源会计的净水资产变动则相对简单，由水资产增减变动减去水负债增减变动算出。

类似于财务会计报表，水资源会计的三张报表之间也存在内在的勾稽关系。财务会计报表核算的内容通常直接就能实现报表之间的平衡关系，而水资源会计报表则由于水资源核算有可能遗漏某水资源或存在计量上的误差，三张报表之间的平衡关系通常不能实现，于是在水资产和水负债变动表以及水流量表中加未说明的差异，这样就能实现三张报表之间的平衡关系。这项未说明的差异可以反映水资源核算方面的误差，它客观地揭示了水资源管理和控制水平，未说明的差异越大，表示管理水平越低。水资源会计核算有利于促进水资源管理水平提高。水资源会计报表和财务会计报表的编制基础如表 1-3 所示。

表 1-3　水资源会计报表和财务会计报表的编制基础

报表类型	报表名称	编制基础
财务 会计报表	资产负债表	资产＝负债＋所有者权益
	利润表	收入－费用＝利润
	现金流量表	现金流入量－现金流出量＝净现金流量
水资源 会计报表	水资产和水负债表	水资产－水负债＝净水资产
	水资产和水负债变动表	水资产增加＋水负债减少－水资产减少－水负债增加＝净水资产变动＋未说明的差异
	水流量表	水流入量－水流出量＝净蓄水量变动＋未说明的差异

（三）核算方法不同

财务会计采用七种核算方法，包括：①设置会计科目和账户；②复式记账；③填制和审核会计凭证；④登记会计账簿；⑤成本计算；⑥财产清查；⑦编制会计报告。这七种方法相互联系，密切配合，构成了一个完整的方法体系。这一体系表明，从经济业务发生取得原始凭证到财务会计报告的编制，形成了一个财务会计循环。这个循环是一个周而复始的过程。在这个循环中，处于重要环节的是三种基本方法，即填制和审核会计凭证、登记会计账簿和编制财务会计报告。任何会计期间所发生的经济业务，都要经过这三个环节进行会计处理，最终将大量的经济业务转换为有用的会计信息。会计循环可以描述为：经济业务发生后，经办人员要编制或取得原始凭证，经会计人员审核无误后，按设置的账户，运用复式记账法，编制记账凭证，并据以登记会计账簿；根据凭证和账簿记录对生产经营过程中发生的各项费用进行成本计算，运用财产清查方法对账簿记录加以核实，在保证账实相符的基础上，定期编制财务会计报告。

而水资源会计反映的是水资源变动情况，只有部分管理因素导致的水资源变动才可能会有原始凭证，例如签订水权交易合同或宣告水资源分配计划、下达水资源调度指令等，而非管理因素导致的水资源变动则不会生成原始凭证。因此，并不是每一笔水资源业务都需要填制和审核会计凭证。在水资源会计中，填制和审核会计凭证并非必需的步骤。另外，水资源的变动并不涉及成本计算，所以也没有这个程序。水资源会计核算方法可以归纳为五种：①设置会计科目和账户；②复式记账；③登记会计账簿；④财产清查；⑤编制会计报告。这五种方法也构成一个完整的体系，形成一个水资源会计循环。这个循环可以描述为：水资源业务发生后，会计人员按设置的账户，运用复式记账法，登记账簿；根据相关凭证和账簿记录对水资源变动进行计算，运用财产清查方法对账簿记录加以核实，在保证账实相符的基础上，定期编制水资源会计报告。财务会计和水资源会计的核算方法见表1-4。

表1-4　财务会计和水资源会计的核算方法

核算方法	财务会计	水资源会计
（1）设置会计科目和账户	√	√
（2）复式记账	√	√
（3）填制和审核会计凭证	√	并非必需
（4）登记会计账簿	√	√
（5）成本计算	√	不需要
（6）财产清查	√	√
（7）编制会计报告	√	√

注：√表示需要。

（四）计量方法不同

在财务会计中，填制和审核会计凭证是会计核算工作的起点，是会计核算的基础。企事业单位处理任何一项经济业务都要办理凭证手续，真实、正确地记录和反映经济业务的发生和完成情况，从而保证会计核算真实、准确。会计凭证由执行和完成该项经济业务的有关部门和人员填制取得，记录经济业务的内容、数量和金额，并在凭证上签名或盖章，对业务的合法性、真实性和准确性负责。所有的会计凭证都要由会计部门审核无误后，才能作为经济业务的证明和记账依据。

而在水资源会计中，由于水资源形态各异，并且具有流动性和不确定性，没有凭证能记录水资源的数量，往往只能按照水文水科学的方法测量水资源的存量和流量，通常需要应用模型进行量化评估。而不同形态和性质的水资源计量方法各不相同，并且在计量的过程中由于人为因素或者客观条件限制或者系统性误差等，对水资源的准确计量更加困难。我国颁布实施了《水文测量规范》等相关技术标准，水会计主体应当严格遵循相关规范进行计量。当然，如果开展水资源会计核算，需要对会计人员培训水文知识，或者对水文专业的人员培训会计知识，以便顺利开展水资源会计核算工作。

（五）对权责发生制的使用不同

权责发生制是会计核算的本质特征之一。这是由于企业生产经营活动是连续的，而会计期间是人为划分的，所以难免有一部分收入和费用出现收支期间和应归属期间不一致的情况。企业按照权利和义务的归属期间而不是实际收到或付出款项的时间来核算收入和费用，并且通过应收、应付、预收、预付来反映权利和义务在不同期间的流转，这就是权责发生制。在财务会计核算中，本期未实现的权利和未履行的义务全额结转到下期，但在水资源会计中，因为水资源受到气候、地区等自然因素的影响，水资源的变化比较大，有可能不同年份的降水量、来水量、径流量、蓄水量等存在较大差异，如果未使用的水权全额结转到下期，逐年累积，形成较大的水权指标，到枯水年去大量使用，有可能发生水资源短缺。因此，从谨慎的角度，在水资源会计核算中，对权责发生制核算基础进行改进，水资源管理部门可根据不同地区水资源的性质和特点，制定不同的征收率，用水企业未使用的水权按政府部门的规定扣除征收量后再结转到下期。如第八章中某市属高校案例，假设未使用的自来水用水指标征收率为10%；内蒙古河套灌区案例，假设黄河引水的征收率为15%，地下水的征收率为10%。这样，权利和义务仍然持续核算，既能激励用水单位爱护水资产、节约用水，又能保障水资源的可持续使用。

（六）对受托管理责任履行情况的评价不同

财务会计报表能反映企业受托管理责任的履行情况，例如，利润表不仅能反映企业在一定时期内的经营成果，而且能综合反映企业效益水平。通过利润表可以分析企业利润的构成、利润变动的原因，据此评价企业经营成果的优劣和获利能力的高低，有助于评价管理者的业绩，并预测未来的发展趋势。

通过水资源会计报告来评价水资源管理者的管理责任与通过财务报告来评价企业管理者的管理责任有着很大的差异。在水资源会计中，水资产的增加或减少受气候变化等自然因素的影响很大，因此不能像用净利润来评价管理者的业绩那样，简单地用水资产和水负债变动表中的净水资产来判断管理者的责任。因为净水资产在以下方面不同于净利润：第一，水流入量主要取决于自然因素，如降雨或上游流入量（水管理者有能力从水系统外买水除外），因此变动较大；第二，水流出量主要取决于流入量和用水需求（包括人类和自然因素）。因此，净水资产只是部分取决于管理者的控制（通过水分配计划），它只能部分地代表管理者业绩，很多因素都将决定净水资产是增加、减少还是稳定不变。尽管如此，我们可以通过在水会计报告中披露管理计划来解决该问题，包括管理计划的目标，如配额限制、城镇水供给要求、最小流速等。管理者可以披露他们是否遵守规定，以及没有遵守规定的相应解释等（Melendez and Hazelton，2009）。通过这些方法，我们依然可以根据水会计报告来评价和考核水管理部门或供用水企业的管理责任。

三、水资源会计与水资源统计的联系与区别

（一）水资源会计与水资源统计的联系

传统上，对自然资源的核算采用统计学的方法。我国也开展了水统计核算的理论研究和实务工作，其中具有代表性的是水利部、中国水利水电科学研究院、国家统计局等部门围绕联合国水环境-经济核算体系展开探讨，并研究中国水环境-经济核算体系（甘泓、高敏雪，2008）。这是一个水统计标准，它的宗旨是将水统计融入国民经济统计，记录经济

社会对水资源的供、用、耗、排过程以及同时发生的经济产出和财务支出状况，以完善国民经济核算。此外，我国在党的十八届三中全会后探索编制自然资源资产负债表，出台了《编制自然资源资产负债表试点方案》，其中包括对水资源资产负债表的编制，也是以政府作为会计主体，编制所辖地区的水资源变动表，属于宏观水资源核算和管理，采用的是水统计方法。我国由基层政府编制水资源资产负债表并汇总上报，有利于国家掌握水资源"家底"，可有效保护和持续利用水资源提供信息基础、监测预警和决策支持，但尚未形成统一的报告格式、技术标准和监督体系。水资源资产负债表未实现精细化地反映和监督水资源变动，也未涉及水资源的权属关系和管理关系。下级政府编制的水资源资产负债表由上级主管部门审定，不对外公布，缺少外部监督。从 2018 年开始，在全国范围内实行了领导干部自然资源资产离任审计，但该审计的对象并非自然资源资产负债表，二者在工作目标、工作依据、工作内容、工作程序等方面没有衔接，无法有效地增强水信息的真实性和公允性。

（二）水资源会计与水资源统计的区别

尽管水会计采用了和水统计相似的计量单位——物理单位计量，但水会计和水统计在核算主体、目的、性质、核算方法、工作成果、执行效力和监管力度等方面有诸多不同。水会计可以在以下方面弥补水统计的不足。

第一，水会计的核算主体是微观涉水主体，承担与法律相关联的会计责任，而水统计的核算主体是政府，一般由各行政区的统计局负责核算，供用水或管理水的微观主体的业绩及其委托-代理责任不能得到有效监督和评价，水统计的执行效力和监管力度都明显弱于水会计；由基层政府编制水资源报表，没有调动微观水会计主体参与核算与监督水资源的分配和使用过程，不利于调动公众节约用水的积极性，水资源使用效率低。

第二，水会计的核算主体对水资源的权责明确，跨期持续履行水权或供水义务，以权责发生制为基础核算水权及其变动。水统计不反映水资源的权属关系。

第三，水统计报表不是应用相互联系的方式反映信息，而水资源会计核算则需要编制和报告相互联系的水会计报表，把有意义的信息联系起来，揭示水和水权的来龙去脉，反映水资源管理责任。

第四，水统计不能为水权交易双方或潜在的交易双方提供对决策有用的信息，更不能促进水权交易市场的建设，而水会计能提供与决策相关的信息，有利于水权交易市场的完善。

第五，水资源会计核算需要颁布统一的水会计准则和水鉴证准则，实现水会计报告在水术语、信息内容、披露形式等方面的标准化，能确保同一涉水单位在不同时期编制的水会计报告具有可比性，不同涉水单位在相同的会计期间编制的水会计报告也具有可比性。这能提高制定政策的保障程度和利益相关者对信息可靠性的信心。水资源会计报表需经独立审计后对外披露，进一步增强了水信息的真实性和可靠性。对外公开披露的水会计报告为多方面的水信息使用者服务，如水市场、水量分配决策、内部管理者经营决策、水生态保护、水工程建设等。水资源会计报告不仅提供了期初期末蓄水量状况、会计期间水流入和水流出情况，而且反映了水权、水量分配和限制情况。公司或水资源管理部门通过编制和对外披露一致的、可比的水会计报告，可以让更多的公众理解水资源计划。

第二章 理论基础与文献综述

随着气候变化、人口增长和社会经济发展，有限的水资源与对可用的淡水资源日益增长的需求之间的矛盾加深，对水资源及其管理责任进行核算和监督的需求越来越大，越来越迫切。因此，水资源会计的理论研究和实践活动逐渐兴起。本书的研究主题正是基于这一趋势提出和展开，为了能深刻且全面地反映本书的研究主题，本章从资源经济学、可持续发展观、产权会计、决策有用观和受托责任观的视角，研究社会经济发展对水资源会计的本质需求，探索水资源会计产生的根本原因，并对国外关于通用目的水会计的研究和国内水资源会计的研究文献进行梳理、回顾与评述，为本书进一步深化研究奠定基础。

第一节 水资源会计的理论基础

一、资源经济学与水资源的有效配置

（一）水资源经济学的含义

20 世纪 30 年代，英国经济学家罗宾斯（2000）把"经济学"定义为研究稀缺资源在给定但是有竞争的目的之间的配置的科学。"经济科学研究的是人类行为在配置稀缺资源的手段中所表现的形式。"罗宾斯认为任何只要存在冲突的选择都是经济学研究的对象。同样，萨缪尔森（2012）对经济学的定义是："经济学是研究人和社会是如何进行选择的科学。不管是在现在还是在未来，不管是在何种人和社会群体中，不管是否涉及使用资金，这些选择都是利用有限的可用于不同用途的生产资源，生产不同的商品，并分配给人们消费。"这个定义把绝大多数人类活动纳入了经济学的研究范围。总之，尽管流派不同对经济学的定义有多种，但"经济学是研究稀缺资源配置问题的科学"已成为人们的共识。

资源经济学由一般经济学分立而来，是以经济学理论为基础，通过

经济分析来研究资源的合理配置和最优使用及其与人口、环境的协调和可持续发展等资源经济问题的学科。水资源经济学属于资源经济学的一个组成部分。水资源既是一种自然资源，又是一种行业，所以水资源经济学的研究领域包含这两个方面的内容。在国外，水资源经济学的范畴包括水资源治理（防洪、治涝及河道整治）、利用（工农业及城市供水、水力发电、内河航运等）、保护（污染监测和废污水治理）等过程中各个环节的经济问题。但在中国，当前存在"水利"和"水资源"两种用语，两者之间有所不同。同样，"水利经济"和"水资源经济"的内涵也有所不同，水利经济研究的问题，包括全部水利工作的各个方面的经济和社会效益，这些问题在有些国家被全部列入水资源经济学的范畴。由于我国水利事业综合性很强，水资源作为一种行业的代称，只作为综合水利行业中的一个分支，但在各部门职能有所分工的情况下，又可能超出水利行业的范围而涵盖其他用水的行业。水资源经济学应当是水利经济学中的一个独立分支。水利经济学范畴中除水资源经济外，还包括防洪经济和治涝经济、水工程建设技术经济、工程移民安置中的经济问题等；而水资源经济学则侧重于对水资源规划中的合理分配与调度、水资源管理与资源保护等方面的经济问题（张国兴等，2016）。所以，水资源经济学应当是研究在水资源的开发利用和保护过程中，运用经济学的原理和方法，探讨水资源在不同自然条件下对不同用水部门和地区间的合理调配、综合利用，以及在改善环境中以最小的人力、物力和财力代价，取得在经济、社会和环境方面的综合效益的学科。

（二）水资源的经济特点

1. 稀缺性

水资源虽然是一种可再生资源，但其物质基础数量的有限性决定了其再生数量的有限性。水资源再生受其生长规律的限制，地表水必须随着大气循环，经过水汽上升、冷凝又重新下降到地球表面得以再生，与地下水相比再生时间短，地下水的再生则需要成千上万年才能实现。人们用水的需要是无限的，而水资源在有限期内的储量有限，说明水资源具有稀缺性（许家林、王昌锐等，2008）。

2. 商品性

在商品社会中，由于许多商品的生产过程需要用水，水也就具有了一定的经济价值。为了用水，从开辟水源地到把水以各种方式送到用户手中，都需投入一定的人力、物力和财力，这种将水送到使用者手中的过程也增加了经济价值。在1992年召开的联合国环境与发展大会上通过的《21世纪议程》（*Agenda* 21）中，对水的社会性和商品性做出了如下的说明："水是生态系统的重要组成部分，水是一种自然资源，也是一种社会物品和有价物品。水资源的数量和质量决定了它的用途和性质。为此目的，考虑到水生态系统的运行和水资源的持续性，水资源必须予以保护，以便满足并协调人类活动对水的需求。在开发利用水资源时，必须优先满足人的基本需要和保护生态系统，当需要超过这些基本要求时，就应该向用户适当收取水费。"这表明水有时被视为一种商品，而且是一种具有特殊性质的商品，是人类生存最基本的要求，所以有时又不能完全以商品来对待。因而，在水的分配上，不能完全按经济法则办事。如当洪水泛滥时，水会成为一种有害物，又完全脱离了商品属性。

3. 价值性

水在地球陆面上几乎无处不在，但无论是出于什么目的来利用水，如果不付出任何一点代价（劳动），是不能直接把水送到需要点的。因而，用水要通过人的加工，简单的如到河边提水，复杂点的如要通过泵、管道或渠道把水输送到用户手中，再有就是需要建设蓄、引、提工程、凿井工程等，以及天然水先经过过滤、净化和杀菌后再通过管网等给水设施送到用户手中，如市政公用水。经过这些加工，自然也就增加了水的经济价值，水的价格也会因所采取的工程措施的不同而各异。

4. 不均衡性

水在地球上是可能通过全球水文循环而不断得到更新和补充的资源，但因地球上各地的气候和地理条件不同，可更新的水资源数量在地球上各地的年分布有很大的不均衡性，在年度之间的变化和在一年内各季间的变化也很显著，从而使各地从自然界获得的水资源数量并不能每时每刻保持为一个固定数值，而是呈现空间和时间上的随机性变化。

由于水资源具有上述经济特点，研究水资源配置效率、最优配置和可持续使用三大主题，以及探索水资源的生产、分配、利用、保护与管理四个方面的水资源经济学应运而生。

（三）水资源配置

水资源配置是指把有限的、各种形式的水资源在不同部门、不同用途之间进行分配，分配的对象不仅包括各种用途用水的数量、用水的水源，还包括用水的时间和空间。

水资源优化配置理念开始于20世纪五六十年代，随着相关研究的开展，水资源优化配置理念逐步趋于一致。当前学者普遍认为，水资源配置优化是指利用各种工程措施和非工程措施对一定时空领域内的水资源进行资源整合和技术优化，强调水资源的可持续开发与管理，以及经济、社会、资源与环境的协调发展。水资源配置的优化不仅强调一般水资源配置的平衡约束，处理各种用水之间的时空冲突，而且要使水资源配置方案达到最优或较优。

只有健全水资源配置机制，才能保证水资源配置得合理、高效。因此，建立完善的水资源配置机制一直是各国努力的目标。一般资源配置的政府调节和市场调节相结合的原则，也适合于水资源配置。同时，社会参与在现代民主社会具有越来越重要的意义。因此，现代的水资源配置机制，应该是政府调节、市场调节和社会参与的结合。政府在水资源配置中，起着保障生态需水、基本生活用水的作用，而其他经济活动用水（包括工业用水、农业用水和第三产业用水）可以通过市场调节的方式来分配。在水价制定中，为防止供水垄断弊端，政府应该在供水价格制定方面承担责任；为使水资源配置尽可能符合各方的利益要求，应建立吸收利益相关方参与水资源管理的制度，并尽可能地把基层的水资源配置交由用户协会自主处理。

水资源配置主要包括初始分配和二次分配两种方式。我国《水法》规定，水资源的所有权属于全体人民。初始分配是由水行政主管部门开展区域用水权初始分配，明确区域的最大用水量和权益，体现了区域政府可以分级代理行使水资源全民所有权的权利边界。配合水资源刚性约束制度的建立，实现"政府—取水户—终端用水户"的逐级压力传导，将水资源和相应的水权分配到终端用水户。并从当地地表水、地下水和外调水等不同水源入手，通过江河流域水量分配、地下水取用水总量控制指标分解、调水工程水量分配，实行按水源分配水和控水。水资源和水权通过初始分配抵达终端用水户后，通过开展水权交易实现水资源二次分配，发挥市场机制对水资源的优化配置作用。水权明晰、刚性约束、严格计量和监控、交易渠道畅通是推动水权交易的关键因素，只有同时满足这四项条件，水资源短缺地区或新增用水需求才能通过水权交易得到满足，水资源富裕地区（用水户）也才能通过水权交易获得与水相关的权益。水权交易越充分活跃，由市场供求关系形成的交易价格越能体现水资源的真正价值，从而提高水资源配置的效率，满足市场瞬息万变的需求。

水权制度的建立，是一条加强水资源管理的可行之路。在水利部的推动下，越来越多的地区为保护水资源使用者的权益，建设水权制度，开展水权交易，但水权制度要在中国推广，相较于西方发达国家，还会受到很多因素的影响和制约。

我国水资源管理权归属中央政府，大规模调水工程决策简单且直接。这种体制有利于保障国家安全，中央政府调配能力强，但政府科学决策的保障较差。而水权制度将使中央政府权力受到制约和弱化，水资源将依托市场进行资源配置。政府管理也将由全过程的水资源管理，变为初始水权的分配和交易规则的监管，管理力度明显下降。另外，从现有的水资源管理体系转变为水权体系，调整了水资源管理的目标和职能，改变了管理运作方式，不是"水利行业管理"的简单权力升级，而是公共权力的加强和政府权力的制约和削弱，如取水设施的社会化、水权民主协商机制的引入等，都会对相关的政府部门、事业单位和国有企业的利益分配产生影响（张国兴等，2016）。因此，管理力度的下降和公共权利的加大成为水权制度推进过程中需要克服的首要障碍。

二、水资源会计产权功能

会计发展的历史包含着丰富的产权思想，会计本身特有的方法和程序使会计蕴含着强大的产权功能。水资源会计是使用或管理（管辖）水资源的单位对水资源状况及其变动进行确认、计量、记录和报告的特殊会计，水资源的产权特征使该类会计的产权特征尤为突出。本部分首先回顾会计产权功能的理论研究，其次分析水资源产权的特殊性，以此为基础，对水资源会计产权功能进行论证，最后给出水资源会计产权功能的实现方式。

（一）会计产权功能的理论研究回顾

兴起于 20 世纪 30 年代和六七十年代的契约经济学、产权经济学、新制度经济学、信息经济学及委托-代理理论、博弈理论为会计研究打开了全新的理论之窗，通过这扇全新的理论之窗，学者们开始关注会计产权功能的研究。

在西方会计产权功能的研究者中，较早的是美国会计学者威廉·比弗（William H. Beaver）。比弗在 1981 年《财务呈报：会计革命》中提出，财务报告是一种政治或社会选择程序的结果。当然，比弗没有提出会计产权功能，但政治或社会利益集团事实上是某种资源的产权主体。对会计产权功能的研究具有里程碑意义的学者应为罗斯·瓦茨（Ross L. Watts）和杰罗尔德·齐默尔曼（Jerold L. Zimmerman）。1983 年，他们在论文《代理问题、审计与企业理论：一些证据》中得出一个结论：会计和审计都是产权结构变化的产物，是为监督企业契约签订和执行而产生的。这对会计和审计产权性质的研究产生了深远的影响。另外，瓦茨和齐默尔曼（1986）借助以产权经济学为主的现代经济学理论，对会计信息管制、会计契约论、会计与政治程序、会计政策选择的后果等进行了深入的研究，开辟了利用产权经济学的观点和工具进行会计理论研究的先河。

1997 年，会计学者夏恩·桑德（Shyam Sunder）首次创建了会计契约模型，从微观和宏观两个层面分别揭示了会计的契约功能。契约功能事实上就是会计的产权功能。另外，兴起于 20 世纪 90 年代的社会关联会计（包括环境会计、社会责任会计等）研究也吸收了许多产权经济学的观点和研究方法。社会关联会计共同关注的一个目标——外部性问题，旨在利用会计技术和职能实现外部成本的内部化。

我国学者对会计产权功能的研究始于 20 世纪 90 年代中后期，伍中信（1998）比较全面地分析了会计学与产权理论的关系，指出会计的产权功能在于体现产权结构，反映产权关系，维护产权意志。田昆儒（1999）首次提出"产权会计"的概念和产权会计理论体系，进一步明晰了会计的产权功能是服务于产权界定、产权变动以及产权制度维护的。郭道扬（2004）提出了产权价值运动，认为一个经济体的产权价值运动过程及结果依赖会计全面、系统、恰当和及时的反映和控制。近年来，随着我国经济体制改革的深入发展，在新的经济形势下，学者们把产权会计理论用于研究碳排放权分配、确认与计量（刘会芹，2015），讨论经济体制改革中的产权财务学，开展"财务治理结构"研究和居民财产性收入的财务运作创新研究（伍中信等，2019）。

从产权会计已有的文献来看，研究分为两个侧重点：一是研究会计内生的产权性问题，揭示从会计的发展历程到会计本身的结构与技术隐含着的产权意义；二是利用产权经济学的研究视角和范式重新解构会计理论和会计行为。前者直接揭示了会计的产权功能，后者的前提和结论都强调会计的经济后果性，间接揭示了会计的产权功能。

（二）水资源的产权特征和"公水悲剧"现象

水资源会计产权功能的特殊性来源于水资源会计核算对象——水资源产权的特殊性。水，作为基础性自然资源和战略性经济资源，成为影响区域经济社会发展和民生根基的重要一环，集经济效益、生态效益和社会效益于一体。经济效益是指水资源可用于农业灌溉、工业生产、水能发电、内河航运、水产养殖等，是发展经济不可或缺的要素之一。生态效益是指水资源对植物生长、水土保持、气候调节、生态景观等具有基础作用。社会效益是指水资源是生命之源以及生活和生产必备的资源。民生为上，治水为要。同其他自然资源一样，水资源体现出产权关系模糊和不完整的特点，极容易引发"公水悲剧"问题。

"公水悲剧"是指由于水的公共属性，长期以来水权不清、水价机制缺陷，造成单位和个人过度开发利用水资源、过度排放污染物、过度占用水生态和过度挤占水空间，导致水资源浪费、水环境污染、水生态破坏、水空间萎缩等不良后果，进而动摇流域或区域高质量发展的水资源、水环境、水生态基础，造成经济效益、生态效益和社会效益总体下降。"公水悲剧"由"公地悲剧"延伸而来，属于水领域的"公地悲剧"现象（谷树忠等，2022）。

我国一些流域和地区的"公水悲剧"现象，主要是由长期累积的历史欠账造成的。党的十八大以来，在习近平生态文明思想的指引下，经过大力治理，这些流域和地区的"公水悲剧"现象有所缓解，但仍未根本好转，主要体现在四个方面。

第一，水资源过度取用，而且利用效率低，浪费严重。我国华北、西辽河等地下水严重超采区之所以形成，黄河、黑河等河流在 20 世纪八九十年代之所以严重断流，主要原因就是过度取用水。2023 年，全国年用水量约为 6 000 亿 m^3，正常年份缺水 400 亿~500 亿 m^3，枯水年份缺口更大。2020 年全国人均综合用水量为 412 m^3，农田灌溉水有效利用系数为 0.565，比世界先进水平低 0.1~0.3。

第二，水环境超负荷，水污染严重。近年来，我国地表水环境不断好转但仍未根本扭转。海河等一些流域仍存在"有河皆干、有水皆污"等严重问题。地下水污染等问题也亟待破解，由《全国地下水污染防治规划（2011-2020 年）》分析的地下水污染可知，地下水污染由点状、条带状向面上扩散，由浅层向深层渗透，由城乡向周边蔓延，这些情况在不少地方仍大量存在。

第三，生态水被挤占，水生态退化。全国超过 30% 的河流中下游存在生态水被挤占问题。地下水超采面积约为 25 万 km^2。近年来，全国生态基流达标率虽不断上升，但 2018 年不达标率仍为 37.8%。

第四，水空间被挤占，河湖面积萎缩。中国水利水电科学研究院的一项研究成果显示，近 40 年来有约 1/5 的水域空间被挤占。2018 年全国水域空间整体保留率为 79.6%，其中松花江水域空间保留率仅为 54.5%，有将近一半的天然水域空间被挤占（谷树忠等，2022）。

"公水悲剧"的存在与自然和技术因素密切相关。水具有不确定性，受季风气候等影响，水资源状况年际、季节间变化显著；水具有利害两重性，"水能载舟，亦能覆舟"，决定了人类必须开展各种水活动，以兴水之利、除水之害。特别是水具有流动性、循环性，决定了水活动具有外部性，且负外部性突出，取水、用水、排水等的经济价值由水资源开发利用者独享，但由此造成的水短缺、水污染等外部性问题却由全流域共同承担。加上水还具有难以分割、难以测量、难以预测、难以评估等特性，增加了外部性监管难度，更加剧了"公水悲剧"现象。

"公水悲剧"的产生，更主要的原因在于社会。无论是地表水的过度取引，还是地下水的超采利用，抑或是水环境、水空间、水生态等的过度耗用，根源都在于"权利归属不清条件下的低价使用"。也就是说，当区域或取用水户可以免费或近乎免费地消耗权属不清的水资源，而外部性问题则由全流域或地下含水层的各区域共同承担的时候，就容易产生"公水悲剧"现象。即从水权看，区域用水权归属不清、取用水户水权无偿取得，导致过度用水的责任无法追究，甚至无人追究。从水价看，从城市到农村，从原水到终端用水，普遍存在政策性低价现象，客观上造成"越用水越划算"的不合理现象，不仅缺乏节水动力，而且容易形成资源的过度消耗。因此，由于存在"公水悲剧"和外部性问题，水资源极易发生租值耗散且无效率。

（三）水资源会计产权功能

水资源产权问题引发水资源效率难以实现帕累托最优，说明水资源的产权界定和产权制度非常重要，其也决定了水资源会计特殊的产权功能。总体而言，会计是产权功能的一种具体实现形式——通过界定产权和优化产权配置，形成富有效率的产权制度来实现外部性的内部化激励。因为会计本身的方法和程序能较好地解决"公水悲剧"及外部性问题。具体对水资源会计而言，在界定和保护水资源产权、优化其产权配置及维护其产权制度等方面，水资源会计可以借助会计的计量属性以及强大的核算、监督职能，在操作层面实现水资源会计产权功能，解决由产权模糊带来的租值耗散问题。

1. 静态产权功能：界定水资源产权，反映水资源产权结构

水资源会计具有会计的一般性，会计恒等式"资产＝负债＋所有者权益"不仅反映了企业法人财产权主体和法人财产结构，也反映了企业要素的契约结构——企业缔约方的各产权主体的产权要求。后者也界定了剩余索取权和剩余控制权的配置结构，而前者则是剩余索取权的源泉和剩余控制权的对象。会计恒等式是会计工作的基本原理，它为水资源各产权主体的责权利提供了清晰的界面，也为优化水资源产权配置提供了基本的框架。需要特别指出的是，各种水资源管理部门、用水单位是水资源类企业（或组织）的缔约方，是水资源要素的产权主体，在会计恒等式的左边影响水资源类企业（或组织）的法人财产即资产的结构。具体地说，水资产是指由水会计主体拥有或负责管理，并且预期会给水会计主体或其利益相关者带来未来利益的水、水权或其他关于水的权利。水资产通常包括水管理单位管理的水库、河流、湖泊等积水区里的水，或者是用水户拥有使用权的各种水资源，如用水户拥有的地下水取水指标以及自来水公司管网里、水池里的水资源等。而水负债是指根据水分

配方案或交易合同，水资源产权主体（会计主体）应供给其他单位而尚未供给的水量（水权），它反映了债权人在水会计主体中的权益。所有者权益是水资产扣除水负债的余额，又称净水资产，它反映了水资源产权主体拥有的经济权利。水资源会计的静态等式反映了水资源的产权主体和产权结构，也反映了拥有或管理水资源的单位的剩余索取权或剩余控制权。从会计角度对水资产、水负债和所有者权益进行确认、计量、记录和报告，不仅涉及解决水资源外部性的产权问题，而且是维持会计恒等式完整、平衡的内在要求，这也反映了会计解决外部性问题的特有功能。

核算和监督是水资源会计的两大职能，也是水资源会计在产权界定和保护功能的基本体现。水资源会计核算体系中的会计凭证、会计账簿和会计报告三个主要环节以及设置科目和账户、复式记账两大基本思想，为界定水资源产权和核算水资源产权变动提供了基本依据，会计凭证、会计科目、会计账户与账簿分别是记录水资源产权流动或变动的法定形式与载体。当一项水资源产权交易发生时，会计上要以相等的金额同时在两个或两个以上的相互联系的账户中进行记录，这是现代会计复式记账的基本原理。复式记账可以确定水资源产权交易所涉及的多个产权主体，是构建界面清晰、产权主体多元化的现代水资源产权制度的必要技术条件。会计报告是会计工作的成果，是会计信息披露的载体。会计报告是产权平衡的综合体现。从水资源产权角度来看，水会计报告向所有缔结水资源类契约的产权主体报告契约履行的后果。在水资源会计报告中，对水资产、水负债、净水资产及水资产变动、水负债变动、净水资产变动进行信息披露，正是会计向投资者、债权人、政府、社区等产权主体反映履约后果的具体体现。

会计的监督职能是对水资源产权界定的再认定，为产权主体的利益提供保护机制。具体而言，会计监督可以确定是否按照水资源产权主体缔结的初始契约来界定产权，界定后的产权结构是否遭到了破坏以及利益相关的产权主体责权利是否完整。会计监督的产权功能一方面蕴含在会计工作的程序中，如凭证、账簿、报表的审核程序、财产的清查程序等；另一方面，可借助水资源审计的职能实现产权的再界定和保护。水资源审计是通过对水资源会计核算和会计监督的再鉴定、再审查来实现产权界定和保护功能的。由于审计，特别是社会审计，其身份超脱于任何特定产权主体，具有一定的独立性，审计通过审核会计科目、凭证、账簿、报表等资料发现在产权确认、计量、记录和报告及初步会计监督中可能存在的问题，并予以及时纠正，从而达到产权高层次的保护的目的。因此，作为具有广义会计监督职能的审计，其产权界定和保护功能是高层次的。

2. 动态产权功能：动态反映水资源和水权的变动过程和结果

界定和保护水权是水资源会计静态产权功能的形式，反映和监督水资源（水权）变动过程和结果则是水资源会计动态产权功能的表现。由于水资源会计的产权界定和保护功能提供了界面清晰的水资源产权结构以及责权利明确的水资源产权关系，为水资源产权交易创造了条件，水权流动成为可能。因为如果产权模糊，没有明确的归属，交易本身会因充满不确定性而无法进行，所以建立明确的水权制度，并能界定和保护水权是解决水资源外部性问题和"公水悲剧"的第一步，而通过水资源（水权）的初始分配和二次分配，将水资源产权配置给合适的水资源主体是提高水资源配置效率的核心。水资源会计的动态产权功能就是要核算和监督水资源（水权）的配置（流转）过程和结果，反映水资产与水负债的变动过程及结果。

水资源产权界定和产权配置的直接目标是形成一个有效率的水资源产权制度，产权制度的核心在于界定人如何受益、如何受损。现实中水资源产权制度在水资源产权主体博弈过程中容易遭到破坏，而水资源会计的产权功能可以维护水资源产权制度，制定具有经济后果的水资源会计准则是这一功能的基本原理。水资源会计准则不仅为水资源会计的确认、计量、记录和报告规定技术标准，而且规定水资源会计人员、水资源类企业以及其他水资源相关主体之间缔结的通用契约，是整个产权制度的重要组成部分，是产权制度的实现方式，也是产权制度的履约机制。实际上，水资源会计的产权界定和产权配置功能本身就是对产权制度的一种维护，水资源会计准则的制定则是从框架上保障水资源产权制度的执行和维护。

无论静态产权功能还是动态产权功能，水资源会计作为水资源产权制度的一部分，其意义在于解决水资源产权的特殊问题（突出的外部性问题和"公水悲剧"问题）。由于水资源会计具有上述产权功能，任何时期的水资源会计均是反映该时期的水资源产权结构，体现水资源产权关系，维护水资源产权意志。

（四）水资源会计产权功能的实现方式

水资源会计的产权功能追根溯源在于水资源会计系统内生的产权性。从这个角度看，水资源会计制度属于水资源产权制度的重要组成部分。以产权经济学为代表的现代经济学理论为发掘和强化会计内生的产权功能提供了基本思路。因此，可以因循此思路构建水资源会计产权功能的实现方式，具体如下。

1. 水资源产权核算会计

水资源产权核算会计（简称水资源会计），主要研究内容包括以下四个方面。

一是研究水资产和水负债的会计实现问题，主要指水资产和水负债的会计确认和计量。水资产和水负债的确认标准可以参考传统的资产和负债的确认标准，从法律的角度反映水资源使用者（或经营者）对水资源的权利和义务，但传统资产往往要求产权主体拥有该资产的所有权，或者能对其控制，而由于水资源的公共物品特性，用水单位或水资源管理部门即使只拥有水资源的使用权或管理权，在水资源会计中也确认其为水资产。水资产和水负债的计量属性则对传统的资产和负债的计量属性提出挑战。传统的资产和负债用来核算组织或个人在经济活动中的权利和义务，其种类繁多，形态各异，而且人们容易取得每笔交易或事项的货币价值依据，因而采用货币计量进行价值核算。而水资源会计主要反映拥有或管理水资源的单位对水资源的权利和义务的状况及其变动，它的核算对象比较单一，就是各种类型的水资源，因此水资产和水负债主要以物理计量为基础，即主要以体积为计量属性，例如，以立方米（m^3）为单位，这样既能满足核算单位对拥有或管理水资源的权利和义务的核算需要，又比价值核算更加准确和直接。水资产和水负债的会计确认和计量是水资源资产化的核心问题，也是界定水资源产权的具体手段。

二是研究水资源产权结构的会计反映。水资源产权结构即水资源权益结构，包括水负债和所有者权益。水负债指水会计主体承担的现时义务，对它的履行将导致水会计主体的水资产减少或另一项水负债增加。它通常是因为水分配计划或法律要求或水权交易形成的水会计主体应当履行的供水义务。例如，根据水分配计划，甲水库应当向乙自来水厂供水 10 000 m^3，到期末仍未供水，形成的甲水库的水负债为 10 000 m^3，这是甲水库承担的现时义务，它应当通过供水来履行该义务，这会导致它的水资产减少。在财务会计中，所有者权益是指企业主对企业资产的要求权，它等于资产扣除负债后由所有者享有的剩余权益。企业的所有者（投资者）往往有多个主体，而且形成所有者权益的来源既包括投资者投入的资本，也包括经营活动产生的留存收益。但是，与传统会计不同的是，在水资源会计中，通常拥有或管理水资源的单位（或地区）作为水会计主体，也是唯一拥有剩余权益索取权的所有者，其权益等于全部水资产之和减去全部水负债之和的余额，即净水资产，它反映了水资源拥有者或管理者的经济权利。于是，水资源产权结构的会计反映可以表示为静态恒等式：水资产-水负债=净水资产。该等式反映了水资源静态产权结构和产权关系，构成了水资源会计报表中水资产和水负债表的理论基础。

三是研究水资源产权变动过程的会计反映。核算和监督水资源产权的配置（流转）过程和结果是水资源动态产权功能的体现。由水资源静态恒等式可以看出，水资源产权结构主要包括水资产和水负债两种，水资产是水会计主体拥有的权利，而水负债是水会计主体承担的供水义务。对产权变动的会计反映关键在于用等式来反映水资产和水负债的变动过程和结果。我们可以把水资产的变动分为水资产增加和水资产减少两类，把水负债的变动分为水负债增加和水负债减少两类，根据静态恒等式，可以推理出动态恒等式：

（水资产增加-水资产减少）-（水负债增加-水负债减少）=净水资产变动

(2-1)

整理得出：

水资产增加+水负债减少-水资产减少-水负债增加=净水资产变动　　(2-2)

式（2-2）反映了水资源产权的变化，构成水资源会计报表中的水资产和水负债变动表的理论基础。

四是研究水资源物理流动的会计反映。尽管水资源会计主要研究水资源产权结构和产权配置，但在研究水资源产权结构及其变动的基础上，对水资源实体的流动进行会计反映也是很有必要的，它能反映水资源实体流入和流出的具体情况和结果。从另一个角度对水资源产权结构及其变动进行检验，增加了对水资源产权核算和监督准确性的验证。那么，从水资源流动的客观现象可以推出以下等式：蓄水量的变动＝水流入量－水流出量。这个等式反映了水资源流动的自然现象和客观规律，也是水资源会计报表中水流量表的理论基础。

以上四个方面是水资源会计核算的基本原理。进一步研究三个水资源会计恒等式之间的勾稽关系，结合水资源管理实践和管理要求，是否需要对等式进行调整？如何进行科目和账户设置？如何结合具体的水资源管理活动和水权交易活动进行复式记账？水会计报告的组成以及会计报表的结构和内容是什么？如何填制凭证、登记账簿和编制报表？这一系列问题都将随着本书的研究而展开。

2. 水资源会计准则

水资源会计准则是水资源产权制度的具体安排，是对特定核算对象——水资源产权制度的执行和维护。水资源会计准则制定的规划主要体现在两个方面：准则制定权的配置问题（谁来制定准则）以及准则的产权体现（如何制定准则）。水资源生态效益和社会效益具有公共产品特征，将水资源会计规则制定权配置给政府可以解决公共产品的供给激励问题。但是政府也是一组契约的组合体，具体哪个部门来制定准则直接影响到产权关系和结构。在我国，包括水资源等特殊行业在内的会计准则均由财政部统一制定，在制定准则时与相关部门（如水利部）之间的协调很重要。对特殊行业主管部门而言，除了将会计作为一种国际商业语言，还应关注其产权功能，而后者对水资源这种生态行业和事关国计民生的重要资源而言更为重要。因此，财政部和特殊行业主管部门共同拥有特殊行业会计准则的制定权。

三、水资源持续经营与权责发生制核算

资源、人口、环境与发展，是人类社会可持续发展面临的四大基本难题。近年来，理论学术界围绕可持续发展问题进行了全方位多角度的

研究，但在运行机理和管理政策等宏观层次上取得的成果较多，而从定量定性角度在微观层次上全面研究作为可持续发展核心内容之一的资源核算的问题则较少涉及，特别是对关于资源存量和增量的确认和计量、分配和使用的核算及考核等方面的方法性问题尚未形成统一的认识。目前，整个社会都强调要加强资源的管理和核算，注重资源的开发与节约，在促进人类社会持续稳定发展的经济环境下，以"可持续发展观"为指导，从会计角度系统地研究资源的变动过程和结果的核算问题，应当是会计理论界及会计科学发展面临的一个新课题。

会计核算的一个前提条件就是持续经营，持续经营在某种程度上意味着持续发展，是指在可以预见的将来，作为会计主体的企业将会按既定的发展目标持续经营下去，不会破产清算，也不会大规模削减业务。持续经营假设解决了会计记录稳定性的问题，也是以权责发生制为基础进行会计核算的前提。只有在持续经营的条件下，才能跨期行使和履行使用水资源的权利与义务，也才能持续核算相关的权利与义务。权责发生制是会计核算的基本特点和本质要求。

人类社会可持续发展，必然要求资源可持续利用。水资源可持续利用，从宏观上说，就是水资源的利用既能满足当代经济社会发展需求，又能保证子孙后代经济社会发展需求。从微观上说，就是供用水企业可持续行使和履行使用水资源的权利与义务，即水资源使用者拥有的水权（水资产）是长期、稳定的，由相关法律来规定各种类型的水权期限和权能；水资源使用者承担的义务（水负债）也是长期的、稳定的，本期未履行的供水义务持续到下期或在合同期内履行，或在法律规定的期限内履行。微观主体对水资源的可持续使用，有利于发挥水资源产权的激励和约束机制，使水资源使用者主动节约用水、积极配置水资源到高效率的产业，从而宏观上促进水资源的可持续利用。

微观供用水主体持续使用水资源，必然会出现水资源分配和使用的期间不在同一会计期间情况，必然会出现应供水量、应收水量、预收水量、预供水量等数值，即使用水资源的权利与义务发生的期间与水资源实际流动的期间不同。从产权核算的角度来说，取得的水资源权利，就应当确认为水资产；承担的水资源义务，就应当确认为水负债。再结合会计核算，会计是在会计分期假设的基础上进行核算的，即把企业持续生产经营的过程划分为较短的相对等距的会计期间，分期结算账目，按期编制会计报表，从而及时地向有关方面提供反映财务状况和经营成果的会计信息。于是，企业会计普遍采用权责发生制来核算各种经济活动和经济事项，即以收入的权利和支出的义务是否归属本期作为标准来确认收入和支出，而不是以款项的实际收付来确认。而对于水资源会计来说，为了及时、准确地反映水资源产权的变化，应当以使用水资源的权利和承担水资源的义务是否归属本期作为标准来确认水资产和水负债，而不是按水资源实际转移是否在本期发生来确认，即采用权责发生制来核算使用水资源的权利与义务。那么，这就需要借鉴会计理论和方法来核算水资源和水权的状况及其变动，以便正确地计算本期经营水资源的成果。

采用权责发生制核算水资源比水统计要复杂，但在反映本期水资产的变动与水负债的变动上比较合理、真实。当然，水资源使用者跨期持续行使与履行水资源的权利与义务，需要有完善的水权制度来保障。

我国水权制度不健全，普遍实行最严格水资源管理制度和计划用水管理制度，按年分配用水指标，如果当年有没有用完的用水指标，当年底自动清零，下年再核算用水指标，这种情况不符合持续经营的理念。随着"节水优先、空间均衡、系统治理、两手发力"的新时代治水方针的提出和贯彻，我国逐步开展水权交易试点工作，科学推进农业水价综合改革等，有些改革试点地区已经在完善水权制度，赋予水资源使用者对水资源具有明晰的使用权、转让权、收益权，年底没有使用的水资源指标可结转至下期继续使用或转让给其他的用水户，即贯彻持续经营水资源的理念。这为水资源会计在实践当中的应用和进一步规范发展提供了肥沃的土壤，也为水资源会计理论和实践研究提供了充分的依据和源泉。

四、决策有用观和受托责任观在水资源管理中的应用

关于会计的目标有两种学术观点——决策有用观和受托责任观。它们在水资源会计信息上也有所体现。

（一）决策有用观

决策有用观是指会计的目标就是向信息使用者提供对决策有用的信息。主要包括两方面内容：一是关于企业现金流量的信息；二是关于经济业绩及资源变动的信息。决策有用观适用的经济环境是所有权和经营权分离，并且资源的分配是通过资本市场进行的，也就是说，委托方与受托方的关系不是直接建立起来的，而是通过资本市场建立的，这就导致了委托方与受托方二者关系的模糊。

类似地，在水资源核算方面，如果管理水资源的经济环境是所有权和经营权分离，并且水权市场完善、水权交易发达，水资源的二次分配是通过资本市场进行的，那么利益相关者就需要获得对决策有用的信息，以做出正确的决策。水权交易有效运作的基本前提是对水的供求关系有非常清楚的信息，这样才能促进竞争机制、供求机制和价格机制的形成，降低交易成本，提高资源配置效率。水的供求关系主要表现在交易市场中水资产的数量、质量、位置和价格上，主要包括两方面内容：一是关于水资源状况的信息；二是关于水资源管理业绩及水资源变动的信息。水权交易对象具有单一性和特定性。但由于水具有流动性和流域性、时空变化的不均衡性以及可恢复性和有限性，再加上人类社会的生产活动对它的影响，它的数量、质量和价格处于不断变化之中，这导致交易双方很难利用现有的财务会计核算体系对它进行确认、计量、记录和报告，需要创建独立于现有财务会计体系的、崭新的水核算体系，它用体积来计量，以立方米（m^3）为单位，由水会计主体采用会计方法编制格式一致的、相互之间具有勾稽关系的通用目的水会计报告，反映水资源变动的过程和结果，提供给利益相关者对决策有用的信息。如果水信息是相关的、可靠的，能帮助信息使用者做出投资、贷款等各方面正确的决策，那么它将促进自然资源、经济资源和社会资源的有效配置。

当然，这需要在所有权和经营权相分离的情况下，也因此会产生信息不对称问题，经营管理者管理水资源，掌握水信息，投资者不了解水资源状况，处于信息的劣势，那么可以通过水资源会计信息来解决信息不对称问题。如果所有权和经营权没有分离，由水资源的所有者来经营水资源，这会导致对信息不够重视，水信息的质量需求较弱。我国目前的情况就是水资源的所有权和经营权合二为一，对水信息的要求不高，较低质量的水信息降低了水资源管理决策的科学性。所以，要大力推动水权制度建设，发展水权交易，建成活跃的水权交易市场，这样才能满足对对决策有用的信息的需求，培育水资源会计的沃土。

（二）受托责任观

受托责任观是指会计的目标是向信息使用者提供受托责任相关的信息。受托责任的含义可以从三个方面来解释：①资源的受托方接受委托，管理委托方所交付的资源，受托方承担有效地管理与应用受托资源并使其保值增值的责任；②资源的受托方承担如实向委托方报告受托责任履行过程及其结果的义务；③资源受托方的管理当局负有重要的社会责任，如保持企业所处社区的良好环境等。由此可见，受托责任产生的原因在于所有权与经营权的分离，而且必须有明确的委托受托关系存在。委托方与受托方中任何一方的定位模糊或缺位，都将影响受托责任的履行。因此，要求委托方和受托方处在直接接触的位置上。

在水资源管理和使用过程中，如果水资源的所有权和经营权分离，水资源的所有者委托经营者经营水资源，就会产生委托代理关系，水资源的受托方接受委托，管理委托方交付的水资源，受托方承担有效地管理与应用受托水资源的责任，并承担如实向委托方报告受托责任履行过程及其结果的义务。而且水资源受托方的管理当局负有重要的社会责任，如保持水质、节约用水、保护生态环境等。在这种情况下，需要借鉴会计理论和制度来核算和监督水资源的变动。如财务会计那样，采用标准化的程序，定期收集、加工处理水信息，并按统一的格式对外报告水信息，反映受托责任的履行过程及结果。如果水资源的所有权和经营权没有分离，所有者和经营者都是政府，只是通过中央政府、地方政府和地方水务部门按照"委托方-管理方-代理方"的科层结构运行，则存在地方政府"过度集权"问题和地方水务部门"自己人代理"困境，地方水务部门无须对外报告水资源变动过程及结果，它们收集水信息，加工处理后向上级水资源管理部门报告，上下级水资源管理部门都处于同一个系统，缺乏有效监督，水信息质量较低。

第二节　水资源会计的文献回顾

水资源核算是制定、实施、监督、考核和评价各种水资源管理政策的基础，是合理配置稀缺资源以满足生产、生活和生态环境需要的决策工具。国际组织、政府、企业和公众为了解水资源的状况、可及性和变动情况，开发了几种水资源核算体系，如水环境-经济核算体系、水足迹核算、中国水核算体系、通用目的水会计等。国内外学者从各自的学科视角研究水资源核算，取得了丰硕的研究成果。本书聚焦于水资源会计研究，仅对以现代会计学理论为基础的水资源核算研究进行回顾和梳理。

一、国外水资源会计研究

尽管财务会计理论的研究已较为丰富，但传统上认为它只适用于以货币计量的社会经济活动，将财务会计的理论和技术引入自然资源的核算，则是从澳大利亚政府创新推广通用目的水会计（General Purpose Water Accounting，GPWA）开始的（Melendez and Hazelton，2009；Zhang，2014），它诞生和发展的十余年也是水资源会计研究兴起的阶段。在这十余年中，国外学者们主要从 GPWA 的理论和实践方面展开研究。对国外 GPWA 相关研究的回顾和梳理，有助于明确本书的相关概念和理论基础。

（一）通用目的水会计的理论研究

1. 澳大利亚水会计准则的内容和特点

澳大利亚政府颁布的《对编制和提交通用目的水会计报告的水核算概念框架》（后称水核算概念框架或 WACF）（WASB and ABOM，2009）、《澳大利亚水会计准则第 1 号——编制和提交通用目的水会计报告》（后称水会计准则或 AWAS 1）（WASB and ABOM，2012）、《澳大利亚水会计准则第 2 号——通用目的水会计报告的鉴证准则》（Australian Water Accounting Standard 2 – Assurance Engagements on General Purpose Water Accounting Reports，后称水鉴证准则或 AWAS 2）是 GPWA 发展的重要里程碑，它们共同组成了 GPWA 的国家规范体系，使 GPWA 能发展得更快、更有效、更严格（Chalmers et al.，2012）。本质上，GPWA 不同于以前澳大利亚和国际上使用的水核算方法，因为它主要借鉴了财务会计的理论和实践（Melendez and Hazelton，2009；Godfrey，2011；Zhang，2014），采用统一的会计准则、会计报告和报告编制技术来编制一致的、可比的水核算报告，堪称标准化水核算（Standardised Water Accounting，SWA）（Melendez and Hazelton，2009）。

澳大利亚政府采用了类似于财务会计准则制定的程序来制定水会计概念框架、水会计准则和水鉴证准则，指导水会计主体（如供用水户、水资源管理部门）编制通用目的水会计报告（General Purpose Water Accounting Report，GPWAR），并实施水审计，使水会计报告具有公众可及性（Melendez and Hazelton，2009），为报告使用者提供对决策有用的信息，并反映受托管理责任的履行情况（WASB and ABOM，2009）。GPWAR 仿照财务会计报告，包括水资产和水负债表、水资产和水负债变动表、水流量表。而且编制报告的方法也采用了财务会计报告的编制方法，即复式记账法和权责发生制。水资产和水负债表类似于资产负债表，以权责发生制为基础，既反映水权和其他对水的要求权，又反映水负债，即提供水或水权或其他与水相关的利益给别的主体的现时义务。水资产和水负债变动表类似于利润表，也以权责发生制为基础，反映水资产和水负债在会计期间内的变动。水流量表类似于现金流量表，采用收付实现制反映水会计主体拥有或控制的水在会计期间内的实际流入量和流出量。GPWAR 的其他重要组成部分还包括承前启后的说明、会计责任陈述以及附注（WASB and ABOM，2009；Melendez and Hazelton，2009）。

根据水会计准则第 1 号，GPWA 是一个采用会计学原理，以体积为计量属性，系统地确认、计量、记录和报告有关水、水的权责信息的过程。通用目的水会计的工作成果——通用目的水会计报告在内容和格式方面类似于通用目的的财务报告（GPFR），二者都被设计来为那些不能亲自收集信息的报告使用者提供对决策有用的信息（Godfrey，2011）。

2. 澳大利亚水会计准则的理论价值和实践意义

GPWA 首次用财务会计的方法和格式来编制自然资源报表，它在潜在地增强水资源可持续性方面是一个引领世界的创新，如果它成功了，这种方法可能被其他想要提高水信息质量的国家采用，还可能用于其他环境资源（Melendez and Hazelton，2009）。GPWA 提高了水管理层和水用户之间信息的透明度，提升了水资源管理和治理的效率（Momblanch et al.，2014），使大量的水会计报告主体的信息具有可比性、可理解性，帮助评估水管理政策的执行情况（Hughes et al.，2012），它是适应社会发展需求的崭新的核算制度，能为水资源管理政策的制定和评估提供有用的信息（UNESCO，2012）。GPWAR 是政府对公共需要的反映，其目的是弥补市场失灵，提高资源配置效率，实现社会福利最大化。它能影响环境资源、经济资源和社会资源的分配，具有国际发展潜力（Chalmers et al.，2012；Chalmers et al.，2012)。

Chalmers 等（2012）用规制理论分析了 GPWA 准则制定的过程，检验了在 GPWA 治理下会计职业、水行业和其他利益相关者的角色，并推测在 GPWA 准则制定的过程中不同利益相关者利益产生的可能。在 GPWA 准则制定的早期，水工业可能支配公共利益。此外，此文评论了 GPWA 的国际发展。澳大利亚水会计专家与欧盟、世界气象组织、联合国以及其他一些重要的国际水资源管理或水资源政策制定机构讨论 GPWA，它们表现出对 GPWA 的浓厚兴趣。同时，IASB 的某些成员也意识到 GPWA 准则的发展潜力。2010 年，来自全球的财务会计学者以及水行业政策制定者和顾问聚集在欧洲，讨论 GPWA 在国际上能扮演的重要角色，他们的讨论很可能是建议发展制定国际水核算准则的制度框架。而对 GPWA 最感兴趣的是水资源政策制定机构或水管理部门的人。随着水审计和鉴证准则的实施，会计行业也增加了一个新的业务领域。

3. 澳大利亚水会计准则的产生背景和发展趋势

澳大利亚政府颁布实施 WACF、AWAS 1 和 AWAS 2，建立 GPWA，吸引了很多学者研究 GPWA 的产生背景和未来发展趋势。Slattery 等（2012）详细地分析了澳大利亚的自然气候特征、水资源管理制度和水利改革过程，论证了 GPWA 的产生是适应社会发展需求的创举。当澳大利亚政府察觉到社会对通用目的水会计的需求后，便组建水核算发展委员会来建立标准化水核算制度，并汲取会计理论和制度优势，采用财务会计准则制定的程序来制定颁布实施 GPWA 准则。此外，Chalmers 等（2012）从规制理论的视角探究 GPWA 的建立过程，Melendez 和 Hazelton（2009）阐述了 GPWA 建立的社会背景，Godfrey（2011）和 Chalmers 等（2012）分析了在水文核算中引入会计理论和方法的机遇。

对于 GPWA 的未来发展趋势，有些研究讨论了把 GPWA 应用到除澳大利亚以外的其他国家和其他环境资源的可能性（Melendez and Hazelton，2009），甚至研究了统一的全球水会计准则制定的相关问题和存在的困难（Chalmers et al.，2012）。有些研究认为，决策有用的真正实现和相关证明、成本收益衡量以及水权交易市场发展等因素将影响 GPWA 的未来发展。

4. 澳大利亚水会计准则要求的计量具有复杂性和不精确性

在财务会计中，企业的经济业务用货币计量，而且当经济业务发生时，必须办理凭证手续，由执行或完成该项经济业务的有关人员取得或填制会计凭证，对经济业务的合法性、真实性和准确性负责。所有的会计凭证都要由会计部门审核无误后才能作为记账依据，这为精确计量提供了基础和书面证据，能很方便地记入相关账户。

但通用目的水会计核算的对象是唯一的，就是各种性质和形态的水。澳大利亚水会计准则委员会为了提高记录和报告水信息的质量，同时为了避免潜在的不利后果，即会计责任和业绩要按财务术语重新定义，所以采用了体积计量（Chalmers et al.，2012）。用体积作为计量属性，用升（L）作为计量单位（WASB，2012），核算对象是河流、水库、湖泊等水体的径流量、蓄水量、增加量、减少量等，甚至包括地下水的流入量和流出量这些复杂的信息，没有相关凭证记载其发生，只能应用水利专业模型才能计算得出，因此几乎所有的水计量都是推断得出的。GPWA 计量的特点决定了 GPWA 计量的不精确性。Lowe 等（2006）论证了水核算计量不精确的六个原因：①测量误差（设备或仪器的限制造成的水核算数据的误差）；②系统性误差（有偏误差）；③模型的局限性造成的计算结果的不确定性；④人类对某些领域（如地下蓄水层水流入量等）的知识或理解的局限性造成的不确定性；⑤实务人员在进行水核算时的主观判断；⑥对水术语的不精确使用引起的计量不准确。

在对澳大利亚水数据研究时，Cordery 等（2007）观察到水数据的收集质量、水数据的可及性、数据收集和存档过程的审计等存在问题，他们暗示这些问题由联邦政府、州发起的微观经济改革引起。这些改革使得具有不同工作标准的数据机构受到较少的监管，有些私营企业宣称对数据具有知识产权。Kirby 等（2008）对墨累-达令盆地的研究也证实了上述模型和计量存在的问题。

（二）通用目的水会计的实践研究

1. 澳大利亚试行标准化水会计期间的调查研究

2007~2009 年，水会计发展委员会（简称 WADC）在澳大利亚的 6 个地区建立了 GPWA 试点，试编通用目的水会计报告，这 6 个试点分别是南澳大利亚水系、昆士兰州水系、新南威尔士州水系、维多利亚州的地表水系、西澳大利亚的一条河和地下水系，以及前墨累-达令流域管委会管理的水系，这些试点有不同的水文状况和不同的管理实践。Melendez 和 Hazelton（2009）调查研究了试点地区实施标准化水核算的工作，探讨了标准化水会计实施过程中存在的问题和解决方案，综述如下。

（1）使用者的需求和报告主体

从本质上来说，水会计信息使用者的需求决定了一个水会计主体是否被界定为水会计报告主体，是否被要求编制水会计报告。在财务会计中，因为公司是独立法人，它既是报告的对象，又是报告的编制者，即使由个人签署了财务报告，但他也是代表公司签署的。而在水核算中，报告对象和报告编制者之间的差异更复杂。为了满足不同层级对水会计信息的需求，一个特定的物理水系可能成为不同层级的政府（地方、州）或其他组织编制水会计报告的基础，这可能造成信息交叉重叠，一个水会计报告主体提供的信息成为另一个水会计报告主体的会计信息的一部分，而且合并这样相互重叠的报表是非常困难的。不同的水会计报告编制者虽然不能改变报告的内容，但会成为影响水核算实施的重要方面，而且会影响承担会计责任的能力。

（2）会计责任的评估

通过水会计报告来评价水资源管理者的会计责任与通过财务报告来评价企业管理者的会计责任存在很大的差异。例如，简单地将净利润有助于评价管理者的业绩复制到水核算中，就是水资产和水负债变动表中的净水资产有利于判断管理者的责任。然而，净水资产在以下方面不同于净利润：第一，水流入量主要靠自然，如降雨或上游流入量（水管理者有能力从水系统外买水除外），变动较大；第二，水流出量主要依靠流入量和用水需求（包括人类和自然因素）。因此，净水资产的变动部分取决于管理者的控制（通过水分配计划），它只能是管理者业绩的较弱的代理变量。很多因素都将决定净水资产是增加的、减少的还是稳定的，这些结果中的任何一种都可能与好或坏的决策相联系。因此，与水资产和水负债变动表相伴的水资产和水负债表、水流量表能帮助使用者理解水体的特征，但不能用来评判水资源管理者的责任。

为解决水会计中的责任评估问题，有学者提出在水会计报告中披露管理计划，包括管理计划发展的程度、管理计划的目标，如配额限制、城镇水供给要求、最小流速等。因此，管理者可披露他们是否遵守规定，以及若没有遵守规定的相应解释。尽管披露水管理计划的遵从性看起来是一个评估会计责任的有用办法，但应强调遵从水管理计划并不一定就意味着水管理成功。

（3）计量的复杂性及解决办法

因为几乎所有的水计量都靠推断，所以带来了水计量的不精确性。国家水计划采用各种办法尽力突破这些局限性。例如，2007 年，自然资源管理委员会同意国家计量协会帮助计量专家团体开发非城市地区水计量标准，在实验室采用±2.5%的精确度，在野外采用±5%的精确度。然而，数据的可靠性仍然是未来可预见的一个重要难题。某些人建议在编制水会计报表时采用比例的方式，例如，澳大利亚水资源 2005 年 2 级评估报告呈现七类数据：A（±10%）、B（±25%）、C（±50%）、D（±100%）、E（没有数据）、F（没有现在可得的数据）、G（不可能得到）（National Water Commission，2007）。此外，还可采用以下两种方法：一种是基于每类数据按照一定比例构建综合可靠性指数；另一种是在水会计报表中反映试算平衡误差（不可计量的流量占总流量的比例）。为了实现披露的目的，这些方法可能是有用的，但数据质量差影响了核算的有用性。但即使是企业财务会计，也有一定程度的主观性，财务会计通常把超过 10%的误差认为是重大误差，水会计也可依此类推。另一个更大的问题是关于模型精确性的，在澳大利亚的许多试点中，复杂的模型被广泛用于地表水和（或）地下水的估计，但估计这类模型的置信期间是困难的，这类模型的可靠性可通过披露其他信息（如模型运作的时长、测量政策等）来得到验证。

（4）用复式记账和权责发生制编制水核算报告的局限性

水会计应用了财务会计的两个主要核算技术——复式记账和权责发生制，它们在水核算的应用方面有一定的局限性。

首先，水务工作者要学习会计的复式记账有一定的难度，但好在有现成的会计软件可以利用，在标准化水会计试点应用了会计软件来核算水。另外，应开发国家核算系统来提高编制合并报表的便利性。如果在全国范围内使用复式记账，则需投入巨大的资金来进行水会计培训。

其次，权责发生制报告通过计入现实归属账户的数量来调整未来的流入量和流出量，但对于特定的科目，如水库的备用库存量，应属于资产还是负债引起了相当多的讨论。而且，如果报告年度和水分配年度一致，则不存在负债。只有当管理层允许将未用完的水计划量在下一年度执行，或者报告主体与其他水会计主体有长期的水交易时，权责发生制的问题才存在，这意味着用权责发生制编制水会计报告有局限性。

2. 通用目的水会计报告潜在使用者的意愿调查研究

Melendez 和 Hazelton（2010）认为，一些实务工作者不确信 GPWAR 是否能满足使用者的需求，因而也不确信编制 GPWAR 的收益是否大于成本。此外，尽管采用财务报告的技术在某些方面是有用的，但报告编制者在不同程度上怀疑 GPWAR 能促进水管理者履行受托管理责任。

为了探究这些问题以及以前研究中与 GPWAR 使用者相关的更细节的问题，Tello 等（2011）于 2010 年末到 2011 年初在悉尼和墨尔本，针对 GPWAR 潜在使用者对 SWA 的意愿进行问卷调查，向 5 个与水相关的论坛的参会者发放问卷，完成 36 份有效问卷，占参会人数的 21%。问卷调查结果显示，83% 的受访者认可政府采用国家标准来指导编制 GPWAR 的做法，超过半数的受访者认为 GPWAR 对水行业政策制定者、政府水管理者和水企业投资者是"非常有用"的，但大多数受访者认为城镇水使用者不关心 GPWAR。超过 50% 的受访者认为编制 GPWAR 的收益大于成本，约 53% 的受访者不确定 GPWAR 是否是一个促进水管理者履行受托管理责任的有效工具，这印证了以前的研究结论。另外，大多数受访者支持使用复式记账和权责发生制来编制 GPWAR。总之，大多数 GPWAR 的潜在使用者认为 SWA 是有用的，但不确定 GPWAR 对评估水管理者受托责任的履行情况的有效性。对此，Tello 等（2011）认为，因为许多利益相关者没有意识到 SWA 的发展，所以需要更多地了解 SWA 的优点。

3. 通用目的水会计报告的实地案例研究

Andreu 等（2012）分析了西班牙以及国际上使用的几种水核算工具，并把它们与通用目的水会计进行对比，分析它们与 GPWA 之间的联系，并报告了西班牙东部地区对 Jucar 水系试点实施 GPWA 的情况，论证了在世界上实行的几种水资源核算制度中 GPWA 是一种能有效改善水管理的工具，它提高了水管理的透明度，然而如果在全国范围内推行GPWA，则可能存在困难，因为大量的术语或相对较高的不确定性可能会降低核算的准确度。另外，一些水会计报告主体由于缺少可靠的数据，没有能力实施GPWA，这意味着水会计报告主体需要付出巨大的努力去建立收集信息的制度来编制GPWA报告。为了促进GPWA的实施，该文提出了减少GPWA核算项目，以实现最大化核算要素与核算的准确性之间的平衡。

西班牙学者Momblanch等（2014）认为，澳大利亚水核算的思想来源于财务会计，财务会计处理一种简单的计量单位：货币。AWAS详尽地核算水会计报告主体所有的水储存量和水流量，试图涵盖水文循环的所有因素，但这并不是水管理报告的通常实践。当把水核算看作一种提高水管理的透明度和促进监督的支持工具时，把它应用到具体的地区和水文循环系统具有不确定性。实际上，为了做出决策或判断水管理者的管理行为，水资源使用者的需求是以一种简单、可靠的方式了解水行业上市公司的股票价格趋势以及水分配和运送。因此，需要平衡核算领域相关因素的最小化与会计的严格性。他提出，风景区的蓄水量、河流的蓄水量、运河和沟渠的渗漏水量和蒸发量并非水会计报告使用者关注的地方，但相对于其他核算术语是"大数据"，这些数据5%的误差可能和水需求量一样大。"大数据"的计量提高了"未说明差异"中的误差，影响了其他在数量上较小但对水资源使用者更具有决策作用和水使用者感兴趣的变量。而且，这些数据通常是基于许多假设来估计的。因此，该文提出水核算应只包括那些可管理的、对水资源使用者来说关键的因素，如水库的蓄水量、地下蓄水层的水量和需求量。该文提出了对澳大利亚水核算的修订方案，去除水流量表，通过简化的水资产和水负债表、水资产和水负债变动表来反映水报告使用者决策最相关的信息，并增加一个表反映水的分配、供给、回流和余缺。这种新版的水核算报告用了财务会计的方法，同时更接近水管理的观念。作者团队把这种思路应用到The Jucar Water Resource System进行了案例分析。

Hughes等（2012）分析了南非水资源危机和对一致的、可比的水信息的需求，介绍了南非水资源管理机构尝试把GPWA在南非应用，通过利用GPWA的技术研究Amatole地区的水量平衡，从南非的视角讨论

GPWA 的优势及实施 GPWA 的机会和挑战。该文认为 GPWA 具有以下优势：①标准化水会计方法使不同的积水区之间可进行比较，并可把大范围地区内的许多水会计报告主体的水信息进行合并；②用透明和可理解的方式反映所有的水资产和水负债（包括水权和水义务），描述了蓄水量及其变动；③提供了一种对水资产和水负债及其变动进行精确计量的方法，潜在地改善了南非水核算精确性不足的状况，精确计量可以通过水量平衡反映出来，能对水资源管理者进行直接监督；④它能反映可获得的水资源的临时性变动，从而影响水资源使用行为，且有利于评估水管理政策的执行情况，优化和完善水资源计划和管理。但由于南非不仅水资源短缺，而且水污染严重，对水信息的需求包括水量和水质，GPWA 不能满足其对水质信息的需求。此外，南非的水数据不够精确和可靠，在推行 GPWA 上比较困难。

4. 澳大利亚水会计准则第 1 号的实施效果分析

澳大利亚气象局的独立顾问委员会——水会计准则委员会，是澳大利亚水会计准则第 1 号（AWAS 1）的编制单位之一，它对 AWAS 1 的实施开展了系列调查分析，目的是在可行的范围内确定采用 AWAS 1 的成本和效益。为了达到这一目的，委员会还委托了几项研究，最终于 2016 年在澳大利亚气象局官网上发布了《澳大利亚水会计准则第 1 号实施效果分析》（Analysis of Effects of Adopting Australian Water Accounting Standard 1）。该报告反映了如下内容。

委托项目之一：德勤经济评估部门完成了《采用 AWAS 的影响分析报告》，评估采用 AWAS 1 的成本，估计编制单一通用目的水会计报告的潜在成本为每年 13 000~67 000 美元，具体取决于水会计报告实体的类型。编制一份通用水会计报告的潜在成本可能会随着时间的推移而降低，原因是提高了效率。根据调查结果，水会计报告对编制者和使用者的各种潜在利益包括：①参与者报告显示，采用 AWAS 1 有可能取代现有的报告，报告编制者和报告用户将受益于拥有一致格式的数据；②通用水会计报告可以提高公众对水资源规划的了解，并提供有关水资源管理的更多知识，增强信心，从而改善社区对话；③有独立鉴证的信息可能会增强公众的信心，降低风险，从而改善决策；④采用 AWAS 1 可以提高水资源管理和使用之间的透明度。

委托项目之二：安永会计师事务所出具了《通用目的水会计报告独立鉴证成本估算》，该报告对独立鉴证水会计报告的估计成本进行评估。它估算 GPWAR 鉴证业务的工作量从有限的非复杂的业务到高度复杂的业务所需的时间为 14~69 天，鉴证成本为 20 000~125 000 美元。

委托项目之三：Access MQ 出具了《标准化水会计：效果分析》，剖析了在不同应用情景下采用标准化水会计报告的潜在影响。通过对标准化水会计报告和财务报告、国际财务报告、公共部门权责发生制报告、组织的可持续报告、环境状况报告、污染报告、水足迹报告进行比较，发现标准化水会计报告的采用改变了许多领域的做法，虽然水会计只是致力于加强澳大利亚水资源管理的各种举措之一，但审查表明，它有能力为各级水市场、用水分配决策、管理决策以及基础设施决策提供信息。这项研究还强调对信息的独立鉴证对报告的可信度至关重要。Access MQ 的结论认为，水会计通过水术语、信息内容和信息披露的标准化为澳大利亚水资源报告提供了重要支撑。

此外，澳大利亚气象局也开展了研究，将 22 份现有的可公开获取的水会计报告与 AWAS 1 的要求进行比较，以确定水信息的类型，以及 AWAS 1 是否能提供同等或更广泛的信息。最终澳大利亚气象局完成了《对比 AWAS 1 的水报告差距分析》。该报告指出，各种组织要求已符合 AWAS 1 要求中的一部分，其中州和地区政府编写的大多数水会计报告已经包括了符合相关州要求的信息，近一半的州和地方政府水资源报告根据 AWAS 1 的披露要求，包括有关储水、水流入和水流出的信息，这些报告还提供了关于水权、水分配和限制的信息。城市和农村的供水组织报告了未来用水需求和未来基础设施要求，并提供了高水平的水质报告。该报告还突出了水会计报告方面的信息差距。例如，所审查的报告没有包括上个报告期的可比信息，有没有违规行为、或有水资产、或有水负债以及社会和文化利益用水方面的信息。

《澳大利亚水会计准则第 1 号实施效果分析》的最终结论为：澳大利亚的水管理不善是一个持续存在的问题。2008 年，澳大利亚政府启动了"为未来供水倡议"，这是一项 129 亿美元的投资项目，用于战略方案优化、改善水管理和进行政策改革。为了支持这类重大的投资和政策相关举措，利益相关者和决策者需要更好的信息，采用 AWAS 1 有可能带来这样的效果。2009～2010 年，澳大利亚为发展经济从环境中提取了 64 076 000 mL的水，消耗了 13 476 000 mL 的水，估计国家生产总值为 12 811.8亿美元。如果引入 AWAS 1 则可以通过建立标准化的水核算框架来改进利益相关者的决策，进而有助于每年提高 0.5%的效率，那么实施成本将是合理的。

然而，编写现有水会计报告的实际费用和执行 AWAS 1 的预期费用存在很大的不确定性。水会计准则委员会已确定需要进一步分析发布 AWAS 1 的影响，因为它将使与成本和效益相关的数据变得更加可量化。

由于篇幅限制，本章无法对通用目的水会计的研究观点进行详细的回顾。对澳大利亚水会计研究的梳理，有助于加强对水资源会计的概念内涵和研究意义的了解，为本书探讨水资源会计理论和实践应用提供具有借鉴意义的理论基础和研究视角。为此，本书对通用目的水会计的重要文献进行了系统的梳理，具体见表 2-1。

二、国内水资源会计研究

国内的水资源核算以统计学为基本原理，自下而上汇总数据，编制水资源公报，反映不同地区的水文特征和供用水情况。而从会计学的视角研究水资源核算则起源于 20 世纪末，且随着我国水资源治理改革而发展变化。本书以党的十八届三中全会（2013 年）为临界点，把我国水资源会计研究分为两个阶段，分别概述每个阶段的总体情况和脉络。

（一）我国早期的水资源会计研究

1. 环境资源会计研究启蒙

西方发达资本主义国家因战后重建、迅速发展经济而破坏了生态环境，导致生态危机，从而引发对资源环境价值的核算需求，进而产生了资源环境会计研究。20 世纪 90 年代初西方的资源环境会计开始引入我国（葛家澍、李若山，1992）。

许家林是我国资源会计学的开创者。从 1996 年开始，许家林致力于拓展会计学分支，开创性地构建资源会计学，其成果集中反映在以其博士论文为基础著述的《资源会计研究》和其主持的国家自然科学基金项目"创建资源会计学科的基础理论研究"成果《资源会计学的基本理论问题研究》两本专著中。许家林将可持续发展理论、循环经济理论等与

表2-1 通用目的的水会计的相关研究文献

学者及发表年份	研究类型	研究焦点	数据来源	样本	观点与结论	理论贡献
Melendez and Hazelton, 2009	案例研究	澳大利亚GPWA试点地区存在的问题及解决办法	案例调查	澳大利亚水会计发展委员会的6个试点地区	标准化水会计是把水会计理论和方法应用到了自然资源的核算中。第一次把会计理论建成一门学科，它第一次成功了，如果它成功了，这种方法可能被应用到其他国家改善水信息	首次明确管理责任和权责发生制在水核算中的局限性
Godfrey, 2011	理论研究	GPWA的发展历程、特点和未来研究方向	n. a	n. a	GPWA报告及其鉴证致力于提供高质量的、可比的信息，持续的重要，澳大利亚正领导GPWA的发展	提出为保证GPWA的正确发展需研究的一些重要问题
Tello et al., 2011	实证研究	标准化水会计报告使用者对AWAS 1的认识	问卷调查	向5个与水相关的论坛参会代表进行问卷调查，收回36份有效问卷	用标准化制度编制水核算报告是有用的，但大多数报告者使用者不能意识到它的发展。管理责任报告对评价水管理报告信息有效性，许多利益相关者没有意识到	首次调查标准化水会计报告的潜在报告使用者对该报告的观点
Slattery et al., 2012	理论研究	澳大利亚水会计改革及GPWA的发展历程	n. a	n. a	澳大利亚的自然环境和社会发展创造了会计工作者把他们的学科应用到自然资源管理的机会，这种状况使会计学和水文学相结合	从自然、历史和社会发展的角度剖析了GPWA产生的背景
Hughes et al., 2012	案例研究	南非实施GPWA可能存在的问题	案例调查	对南非Amatole地区试点实施GPWA的情况进行调查	GPWA具有可比性、透明性、可理解性、可直接促进水管理的改善，并有利于评估水政策的执行情况等优点，虽然南非实施GPWA存在计量、监管等方面的问题，但应逐步推广GPWA	从南非的视角研究GPWA的优势和潜在的不足

续表

学者及发表年份	研究类型	研究焦点	数据来源	样本	观点与结论	理论贡献
Andreu et al.，2012	案例研究	西班牙和国际上使用的几种水核算方法，以及GPWA在西班牙的应用	案例调查	对西班牙Jucar水系实施GPWA的调查	GPWA在改善水管理的透明性方面是有效的工具，但在所有地区使用相同的制度结构和报告结构困难，一些水报告由于实施GPWA的数据没能力实施GPWA，需加强水计量，并提出了解决困难的建议措施	提出西班牙实施GPWA存在的困难和解决办法
Chalmers et al.，2012	理论研究	国际上几种水核算制度比较，GPWA的优点	n.a	n.a	起源于不同学科基础的几种水核算制度正在不同的情景下发展，GPWA的优点在于为利益相关者提供水和水权方面决策相关的信息	提出不同的水核算制度满足不同的信息需求
Chalmers et al.，2012	理论研究	用规制理论研究GPWA的历史、现在和未来	n.a	n.a	暗示不同利益群体可能从GPWA的制定过程中获得利益，在早期GPWA制定过程中水工业可能会支配公众利益，被会计或水工业俘房的规制不一定会损害公众利益	首次探索GPWA制定过程的影响
UNESCO，2012	理论研究	GPWA的发展过程	n.a	n.a	介绍GPWA产生的过程，认为其对澳大利亚创建通用目的水会计准则提供了一种崭新的有用的信息，有利于提供对决策有用的信息	强调社会对公开透明的水信息的需求促使GPWA产生
Zhang，2014	理论研究	GPWA与财务会计的异同点，决策有用性理论在水核算中的应用	n.a	n.a	GPWA极大地汲取了财务会计的理论和制度，但存在一些局限性，例如决策有用性、水主体和管理责任的评估，成本收益性等问题需要有更多的理论分析和经验验证数据	提出决策有用性在水核算上的应用不如在财务会计上有效

续表

学者及发表年份	研究类型	研究焦点	数据来源	样本	观点与结论	理论贡献
Momblanch et al., 2014	案例研究	修订澳大利亚创建 GPWA 报告的模式	案例调查	对西班牙 Jucar 水系实施 GPWA 的调查	GPWA 有利于改善水管理者与水用户和其他利益相关者之间的透明性,评价水管理的业绩,促进水报告主体之间的相互配合。但基于水循环的复杂性,对水会计报告提出了一个简化的可理解的修订方案,并把它应用于西班牙 Jucar 水系水核算报表的编制	提出了对 GPWA 报告进行简化编制的替代方案
Water Accounting Standards Board and Australian Government Bureau of Meteorology, 2016	应用研究	澳大利亚水会计准则第 1 号实施效果分析	案例调查 问卷调查	编制水会计报告的组织,使用或曾在使用水会计报告的组织	澳大利亚的水管理是一个持续存在的问题,如果采用 AWAS 1,可以通过建立标准化的水核算框架改善利益相关者的决策,从而使每年提高 0.5% 的效率,那么实施成本将是合理的。然而,编写现有水报告的实际费用存在很大的不确定性。水会计准则委员会已确定需要进一步分析发布 AWAS 1 的影响,因为它将使与成本和效益相关的数据变得更加可量化	对 AWAS 1 的使用进行了深入的调查分析,总结了水会计报告对编制的利益,评估了采用 AWAS 1 的成本和效益

注: n. a 代表无此项内容。

会计学科相衔接，创造性地构建了我国资源会计学的理论与方法体系。2000年，《资源会计研究》被列入"三友会计丛书"，由东北财经大学出版社出版。从此，中国开始研究森林资源会计、矿产资源会计、海洋资源会计、国土资源会计和水资源会计，资源的价值计量成为当时研究的热点。

2. 水资源会计起源

从20世纪90年代末到21世纪初，为应对水资源短缺的挑战，中国水治理模式发生了深刻的变革，从以水利工程建设为重心的硬管理方式向以政策制定和行为改变为中心的软管理方式转变，中国致力于建设节水型社会，开始了一系列水资源管理体制改革。1993年，国务院颁布《取水许可制度实施办法》（由2006年颁布的《取水许可和水资源费征收管理条例》替代），从法律制度上使水资源管理独立于水利工程管理（贾绍凤、张杰，2011），并将水资源的无偿使用转变为有偿使用，开启了水资源管理的新时代。"资源资产"概念的提出，促使国家对水资源实行资产化管理，对水资源的核算从原来的实物量核算转为价值核算。学者们开始探讨水资源价值评估，在水资源定价方法的研究方面，提出了边际成本定价法、影子价格法、成本核算法、供求定价法等（范军，1997；姜文来、王华东，1998；姜文来、武霞，1998；黄廷林、李梅，2002）。有些水利专业和会计专业的学者根据资产的定义和特性，研究水资源的资产特性，建议对水资源进行资产化管理（姜文来，2000；杨美丽等，2002），水资源会计研究开始萌芽。

迈入21世纪后，时任水利部部长的汪恕诚在水利学会年会上提出水权和水市场理论，有力地推动了中国基于水权和水市场理论的水资源管理制度改革的讨论和实践（汪恕诚，2000）。同年，产生了中国第一个水权交易案例——浙江省东阳和义乌的水权交易。2002年，我国修订的《水法》明确了国家对水资源依法实行取水许可制度和有偿使用制度。银川等地开始实施阶梯水价制度，探索构建水市场（赵璧、刘军，2004）。2007年，水利部出台《水量分配暂行办法》，对水资源使用权进行初始分配，把原来笼统地由国家拥有的水资源使用权分配到省（区、市）市、县，为用水管理和水权交易提供了牢固的基础（贾绍凤、张杰，2011）。随着用经济手段配置水资源的观念和实践的深入发展，学者们开始研究构建水资源会计核算的理论框架，主要有以下两种路径。

（1）以价值量核算，编制专门的水资源会计报表，反映水资源开发利用保护情况

杨美丽等（2002）认为，水资源会计是以价值计量，记录、核算和报告有关水资源资产、负债、所有者权益、收入、费用和利润的信息系统。并依据传统会计要素的概念和确认的内涵，发展了水资源资产、水资源负债、水资源资本、水资源收入、水资源费用及利润的内涵和确认条件，利用借贷记账法来设置账户，核算水资源。另外，提出微观会计主体对经营期内水资源使用情况应当定期披露或提供专门的报告，使管理当局和公众清楚国家水资源的开发利用状况和效果。其水资源报告的构想如表2-2所示，建议制定专门的水资源会计准则。

表 2-2　水资源报告

水资源资产	水资源负债	水资源费用	水资源收益
期初存量	应付水资源补偿费	水资源维护建设费	直接水资源收益
本期增加量	应付水资源维建费	水资源降级费用	间接水资源收益
本期折耗量	应付水资源降级费		
本期减少量			
期末存量			

资料来源：杨美丽等（2002）。

沈菊琴等（2005）剖析了中国开展水资源会计研究的必要性，提出了包括水资源会计的目标、对象、基本假设、会计要素、一般原则在内的理论框架，重点论述了水资源资产价值计量的有关问题。沈菊琴和叶慧娜（2005）从开展水资源会计的环境需求的视角，分析了我国发展水资源会计的必要性和可行性。张雪芳等（2006）探讨了水资源会计的理论基础。

（2）利用企业财务报告来反映水资源问题的财务影响

这种路径认为水资源会计信息的披露可以借鉴企业财务报告的思路，利用会计报表、会计报表附注、财务情况说明书来反映水资源问题的财务影响。张雪芳（2007）、许家林和王昌锐等（2008）总结实务操作经

验，通过创建"水资源资产""水资源资产累计折耗""应付水资源补偿费""应付水资源降级费""水污染治理费""排污费""实收资本——水资源资本"等账户将与水相关的一系列经济活动的核算纳入企业财务报告，具体分析水资源权益取得、水资源开发投资、水资源开发成本、水资源费用与开发收入、水资源保护支出和循环利用、水资源使用权转让等经济活动的会计处理。许家林和王昌锐等（2008）深入剖析了水资源开发成本，包括内部成本（供水生产成本）和外部成本（环境补偿成本），提出基于水资源的准公共物品属性以及水资源短缺的现状，应推行完全成本计价，实现水资源综合管理和可持续利用。

（二）党的十八届三中全会将水资源会计研究推向新阶段

2012 年，党的十八大报告将"生态文明建设"正式确立为"五位一体"总体布局之一。在水资源管理方面，我国开始实行最严格水资源管理制度，确立了用水总量控制、用水效率控制、水功能区限制纳污"三条红线"的管理制度。2013 年 11 月，党的十八届三中全会通过《中共中央关于全面深化改革若干重大问题的决定》，明确把水资源确权登记、水权交易制度、探索自然资源资产负债表编制和对领导干部实行自然资源资产离任审计等纳入生态文明制度建设的内容，引发了我国学术界对环境资源会计研究的新热潮。在此阶段，国家开始探索核算自然资源资产、自然资源负债和权益，并将三者有机地统一起来，这是对之前资源核算工作和研究的不断深化和发展（杨世忠等，2020）。其中，针对水资源核算的研究，主要形成了两个领域：一个是水资源资产负债表编制以及以水资源为例研究对领导干部实行自然资源资产离任审计；另一个是通用目的水会计研究。其中，前者是党的十八届三中全会后我国水资源核算研究的主流。下面从这两个方面分别论述党的十八届三中全会后的水资源会计研究。

1. 水资源资产负债表编制及领导干部自然资源资产离任审计

2015 年 9 月，中共中央、国务院发布了《生态文明体制改革总体方案》，明确提出了编制自然资源资产负债表的任务。11 月中旬，国务院办公厅印发《编制自然资源资产负债表试点方案》。11 月 26～27 日，国家统计局组织召开了编制自然资源资产负债表试点工作暨培训会。12 月初，国家统计局等八部门联合发布了《自然资源资产负债表试编制度

（编制指南）》，编制自然资源资产负债表试点工作正式启动。其中包括编制水资源资产负债表。它主要反映地表水资源情况、地下水资源情况、水资源质量等级分布及变化情况。之后，江西、云南等多个省份出台自然资源资产负债表编制制度，要求市、县级人民政府每年定期编制自然资源资产负债表，汇总上报到省级统计局。2017年，中央发布了实施领导干部自然资源资产离任审计相关制度，把水资源列为重点审计的领域之一，强调要对领导干部任职期间管理自然资源和保护生态环境情况实施审计评价，界定领导干部应承担的责任。从2018年开始，该制度在全国范围内全面推行，一项全新的、常规性的审计制度就此建立。

水资源资产负债表由政府部门编制地区范围的水资源资产负债表，汇总到统计局，反映国家或地区水资源的结存及变动情况，以掌握水资源资产的家底，明晰水资源和水环境变化的责任。它属于自然资源资产负债表的重要组成部分之一，是对领导干部实施自然资源资产离任审计和建立生态环境损害责任终身追究制的基础。因水资源资产负债表中含有"资产负债表"这样的会计学概念，因而有大量会计学者抱着"计利当计天下利"的初心（周守华，2015），跳出微观企业层面，将会计基本平衡公式加入宏观国家层面的水资源核算研究。也有大量水利工程和水资源管理学者、统计学者，钻研会计理论，把水文学和会计学、统计学结合起来研究水资源资产负债表，研究的创新点主要体现在"水资源负债"和"水资源权益"等概念的提出和各种诠释，并且尝试在统一的核算框架下确认、计量、报告水资源资产、水资源负债和水资源权益以及其他要素（杨世忠、谭振华，2021）。根据水资源资产负债表编制的平衡公式的不同，可以归纳为三种路径。

（1）只核算自然资源资产平衡的水资产负债表

该路径沿用SNA的国家资产负债表和SEEA的思路，不考虑非金融负债和权益，只认可非金融资产。即在编制自然资源资产负债表时，只认可自然资源资产，这也是我国《自然资源资产负债表试编制度（编制指南）》的思路，在实践中应用较多。有一部分学者认为目前的技术水平无法核算未来要付出的环境成本，而且环境负债没有确定的债权人，因而暂时不确认资源环境负债，建议将自然资源资产负债表更名为"自然资源资产平衡表"（耿建新、唐洁龙，2016）。在这样的思路下，自然资源资产负债表就只核算自然资源资产。自然资源资产的基本核算公式是：期末存量＝期初存量＋本期增加量－本期减少量。该路径及其一整套平衡公式几十年来一直是我国乃至世界资源核算领域的主流形式。甚至国内资源会计学者在核算企业资源性资产时，也首先选用该公式编制单项资源存流量表。耿建新等（2015）认为，我国自然资源资产负债表应当与国际上 SEEA2012 表格的构成内容（包括土地、水资源等）相一致，建议将各类自然资源资产采用 SEEA2012 表格体现出来，构成整个国民经济核算表。该文进一步分析了国家资产负债表和自然资源资产负债表之间的关系，认为国家资产负债表类似于企业的资产负债表，自然资源资产负债表则相当于一组名为"自然资源"的资产总账账户，受国家资产负债表的统驭，水资源、土地等资产账户又是"自然资源"总账账户下的个别账户，受自然资源资产负债表和国家资产负债表的双重统驭。

甘泓等（2014）认为，水资源资产负债表是国家资产负债表的组成部分，与 SEEA 有紧密关系。基于近年来对 SEEAW（水资源环境－经济核算体系）的研究，该文分析了水资源资产负债表编制的统计体系基础，总结归纳了当前国内外环境资源核算研究与实践现状，梳理了开展此项工作需要进行的前期准备，并提出了开展水资源资产负债表编制工作需要解决的基础性问题。王智飞和赫雁翔（2014）也对编制自然资源资产负债表的意义和可能遇到的问题进行了探讨，并在此基础上结合绿色GDP 经验提出编制自然资源资产负债表的建议。田金平等（2018）基于《自然资源资产负债表试编制度（编制指南）》，以宁波市北仑区为对象，利用卫星遥感技术和地理信息技术，采用实地勘查和专家咨询等方法，以全区 2013～2016 年水资源存量及变动量为基础进行表格编制，分析了水资源流入量、流出量、存量等 15 项指标。

（2）以"自然资源净资产＝自然资源资产－自然资源负债"为基础编制水资源资产负债表

这是目前学者研究较多的一条路径，但在实践中还未大范围推广应用。该路径与上条路径的本质区别在于，该路径不仅认同自然资源资产，还认同自然资源负债，认为自然资源负债应反映资源损耗与过度开发利用、环境污染与生态破坏等（高敏雪，2016；封志明等，2015；史丹、张金昌，2014），其基本平衡公式是：自然资源净资产＝自然资源资产－

自然资源负债，即地区或国家拥有的自然资源资产减去资源损耗和环境污染等于其拥有的自然资源净资产。在这种模式下，自然资源净资产仅是由自然资源资产、自然资源负债计算出来的差额，代表扣除资源过度损耗后的资产，相当于把自然资源负债视为"折旧"的性质，是资产的备抵，整个自然资源资产负债表依旧是自然资源资产变动平衡表。它反映了经济体拥有的各类自然资源及人类活动对自然资源和生态环境的过度开发利用，在一定程度上满足了我国"清家底、明责任"的自然资源核算需求，但缺乏对附着在自然资源资产上的权利与权益的核算，从本质上来说不属于会计学方法，而属于经济学和统计学的范畴。朱婷和薛楚江（2018）把水资源负债定义为人类活动对水资源破坏后再恢复为自然状态所产生的费用，按照"净资产＝资产−负债"的平衡公式，分别编制了江苏省2010~2014年包含实物量和价值量核算的水资源资产表、水资源负债表和水资源净资产表。黄晓荣等（2020）依照此平衡公式，编制水资源资产负债表，并通过能值分析方法，把水资源多用途转化为同一标准的能值进行定量化价值研究。杨艳昭等（2020）应用该平衡公式，构建了水资源资产负债表报表体系，编制了湖州市水资源资产负债表。在这样的思路下，学者们编制了河流水资源资产负债表（杨裕恒等，2017）、流域水资源资产负债表（王然等，2021）、冰川水资源资产负债表（孙振亓等，2021）等。

（3）以"自然资源资产＝自然资源负债＋自然资源所有者权益"为基础编制水资源资产负债表

该路径的本质特点是，它不仅认同自然资源资产、自然资源负债，而且认同自然资源所有者权益，即自然资源资产所有者的权力和利益。它依据现代财务会计的平衡公式"资产＝权益"和"权益＝债权人权益＋所有者权益"，创建了自然资源资产负债核算的平衡公式：自然资源资产＝自然资源负债＋自然资源所有者权益。其中，自然资源资产是具备了一定的产权关系的自然资源，"无主"的资源不是资产（杨世忠等，2020）；自然资源负债仍然为会计主体对自然资源的过度开发利用和造成的环境损害责任，可分为应付污染治理成本、应付超载补偿成本、应付生态恢复成本、应付生态维护成本等（张友棠等，2014；工妹娥、程文琪，2014），或者自然资源的耗减和退化（黄溶冰，赵谦 2015）等；自然资源所有者权益则表示拥有自然资源的所有者的权益，它可以细分为国家所有者权益、部门管理者权益和业主经营者权益等（张友棠等，2014）。有学者认为自然资源权益是会计主体拥有的自然资源资产扣除了"自然资源负债"以后的自然资源权属，属于会计主体拥有的权益（杨世忠等，2020；杨世忠、温国勇，2023；杨世忠、顾奋玲，2023；秦长海等，2017）。黄溶冰和赵谦（2015）依照"自然资源资产＝自然资源负债＋自然资源所有者权益"的等式，提出了编制自然资源资产负债表的三个步骤：第一，按照"期初存量＋本期增加量＝本期减少量＋期末存量"的原理编制自然资源资产存量及变化核算表；第二，采用适当的估算方法，核算因政府管理不当或人类活动不当导致的自然资源资产功能下降的价值，这种价值下降侧重于自然资源资产的质量变化，包括耗减和退化两个方面；第三，在前述工作的基础上，按照"资产＝负债＋所有者权益"的原理编制自然资源资产负债表，反映某一时点的自然资源资产负债状况。报表的左边列示自然资源资产，即第一步计算的结果，右边列示自然资源负债和所有者权益。第二步计算出来的各种资源的耗减和退化就是自然资源资产负债表中的负债，权益是政府拥有的各种自然资源资产减去负债的值。

秦长海等（2017）把水负债分为未供应水量、挤占水量、超用水量及其他四种类型，基于会计学原理，设计了水权益实体的水资源资产负债表的表式结构；基于经济学和统计学，设计了国家（地区）水资源资产负债表的表式结构，以核算微观水权益实体和地区的水资源资产和负债的情况。

2. 通用目的水会计研究

党的十八届三中全会后，我国一方面在探索水资源资产负债表的编制，另一方面在推进水权制度改革，这促进了水资源会计研究的发展。2014年，我国开始在7个省区开展水权交易试点。2016年，我国颁布实施《水权交易管理暂行办法》。同年6月，在北京成立了中国水权交易所。随着水权交易的深入发展，用会计理论来确认和计量水权性质和数量，反映水权形态变化，披露水权信息，发挥其对水权界定和保护的作用，维护和保障水权主体的经济利益，促进水权交易健康发展，提高资源配置效率，是一个亟须解决的重要问题。于是，会计学者们进一步研究用会计理论和制度来核算并监督水资源和水权的变动。

2009~2012年，澳大利亚政府颁布了水会计概念框架、水会计准则和水鉴证准则之后，我国一批会计学者开始引进介绍澳大利亚水会计准则颁布实施的过程及其主要内容，分析它对我国建立GPWA的理论和实践启示，倡导在我国研究制定GPWA准则，实施GPWA（陈英新等，2014；陈波、杨世忠，2015；刘汗、张岚，2015；陈波、杨存建，2021）。陈英新等（2014）认为，我国水信息缺乏，影响了水权交易、水价制定、水资源分配，应借鉴澳大利亚以用户需求为导向的水会计相关经验，结合我国实际情况，推进水权交易的发展，尽快制定水会计准则。陈波和杨世忠（2015）论证了澳大利亚采用财务会计原理和制度，通过国家颁布水会计准则，指导水会计报告主体用复式记账法和权责发生制来定期编制标准化水会计报告并实施审计的重大意义和作用，分析了我国若采用GPWAR，将弥补水核算和水统计的不足，加强水资源信息建设，促进水权交易和水资源管理制度发展。刘汗和张岚（2015）认为澳大利亚实施GPWA，提高了水使用效率。在2010~2011年，通过水会计的引入，在水权贸易有所减少的情况下，澳大利亚水资源的配置效率却较2009~2010年的水平提高了40%。而部分学者提出，由于我国实行单一水权制度，并用行政手段管理水资源，若贸然实行GPWA，则难以充分发挥它的优势，建议改革水权制度和水资源管理制度，大力发展水权交易，并用权责发生制核算水资源，建立GPWA，这样才能充分发挥它的优势（陈波等，2017；陈波，2020；陈波、杨存建，2021）。也有部分水资源管理学者在研究水资源资产负债表的编制时，提出借鉴澳大利亚水会计的经验，厘清水资产和水负债的概念、实物量与价值量的计量、水权益主体、核算对象等（甘泓等，2014）。

近年来，部分会计学者和水文水资源管理学者借鉴澳大利亚的经验，研究把会计学和水文学结合起来，构建以微观涉水主体为会计主体、以实物计量为主，依据权责发生制和复式记账法，核算水资源变动过程和结果的水资源会计核算体系，探讨主要概念、制度基础、基本假设、会计要素、会计等式、核算科目等，并设计了几张水会计报表，反映和监督水资源的变动，再进行算例分析。但在核算要素的定义和分类、关键核算技术和水会计报表组成等方面存在较大差异，现分别概述如下。

周普等（2017）把水负债分为超用水量、挤占水量、未供应水量和其他水量，把水权益分为确权式、债务式、无偿使用式和其他四个二级科目，把水权益实体通过取水许可制度获得的年度最大取水量作为确定应属本期的取水许可量或权益，不管其是否发生水资源资产转化，以此作为权责发生制进行核算，编制水资源流量表、水资源权益变动表和水资源资产负债表。

冯丽等（2020）把水负债划分为许可性水负债、借用水负债、环境水负债、生态水负债，把水权益划分为授权式水权益、无偿使用式水权益，编制区域水资产负债表，分析和评价水资产、水负债和水权益的构成。

陈波（2020）从权利和义务的角度划分水资产和水负债，把本期根据水分配计划或水权交易获得的水资源和水权定义为水资产（包括实物性和债权性），把根据水分配计划或交易合同规定的必须履行的供水量作为水负债，把权责发生制定义为年底未完成的供水义务（水负债）或未使用的用水指标（水资产）持续到下年继续履行（或使用），在此核算基础上，通过复式记账，构建水资产和水负债表、水资产和水负债变动表、水流量表，反映水资源和水权的变动。陈波（2022）进一步把微观和宏观相结合，从国家治理现代化的角度，提出构建以水权制度为核心的现代水资源治理体系，通过建设以权责发生制为基础的标准化水核算、报告和审计体系，提高水资源治理能力现代化水平。并以内蒙古河套灌区为例，进行试点研究。在假设水权制度完善、节约的用水指标可结转到下年继续使用的前提下，应用实际水资源数据编制水会计报表，揭示标准化水会计的方法和效果。

第三节　文献评述与启示

本章对国内外水资源会计的相关研究进行梳理，重点对澳大利亚和我国的水资源会计理论和应用文献进行回顾。水资源会计涉及会计和水工业、水资源政策制定、公共利益等各个领域，涵盖了信息、制度、政治、环境、会计及水文技术等多个研究层次，相关研究正在成为新兴的研究主题和热点，越来越多的顶级期刊和研究者开始关注该领域的研究问题。总体而言，水资源会计研究在国外（尤其是澳大利亚）已经取得了较为丰硕的研究成果，但同时迅速增多的研究成果也说明，现有研究存在许多不足，尚有多个关键的研究问题未解决，这为本研究提供了重要的研究思路和有效的理论依据。

一、系统的水资源会计理论研究有待加强

21世纪初，我国学者在水资源资产化管理改革的背景下开始尝试以货币为计量属性，采用复式记账法和权责发生制来编制专门的水资源会计报表，记录和报告水资源价值变动，这与澳大利亚开始水会计研究处于同一时期，表明了我国学者对水资源管理方式变革的敏锐视角、对水资源会计重要性的初步认识以及对用会计方法核算水资源的创新尝试。但当时仅限于研究水资源会计核算的必要性和可行性、水资源会计要素的概念及确认条件、水资源会计等式、会计报表的结构和内容等，并没有深入地分析水资源会计报表体系的组成及相互之间的勾稽关系，缺乏对水资源变动当期平衡和跨期平衡之间的深入研究，也就不能反映水资源变动的具体细节。而且当时的研究仅限于理论上的探讨，缺乏在实践上的应用研究。这也说明我国当时刚刚开始水资源有偿使用和资产化管理，水资源的所有权、经营权和使用权都由国家掌握，由代表国家的水行政主管部门按计划分配水资源，各单位按指标用水，水权交易较少发生，对水资源会计核算的实践需求不足，而且，从价值方面计量水资源变动的平衡关系缺乏公认的标准，难以开展应用研究。

而澳大利亚的水资源管理体制与我国不同，从1983年开始，澳大利亚地方上就出现了未完成的供水义务在年底不清零，可持续到下年继续履行，因而出现了用权责发生制核算水资源的权利与义务，为水资源会计的创建奠定了坚实的实践基础。虽然澳大利亚的水资源管理改革与我国开始的时间差不多，都在20世纪末到21世纪初，但其发展很快，在2009~2012年成功颁布实施了《对编制和提交通用目的水会计报告的水核算概念框架》（WACF）、《澳大利亚水会计准则第1号——编制和提交通用目的水会计报告》（AWAS 1）和《澳大利亚水会计准则第2号——通用目的水会计报告的鉴证准则》（AWAS 2），WACF和AWAS是指导

澳大利亚水会计报告主体编制水会计报告的国家会计标准，也是 GPWA 发展的纲领性文件，说明澳大利亚建立了比较成熟的水会计标准。与中国早期学者研究的水资源会计不同，澳大利亚领导的通用目的水会计将财务会计记录和报告经济活动信息的方法拓展到非财务领域——水的体积，而不是财务价值。并形成了一套系统的确认、计量、记录和报告水及水权变动的具体细节的标准化水会计体系，这说明财务会计理论和方法能够适用于自然资源的记录和报告。

国外学者对 GPWA 的主要内容和方法、理论价值和实践意义以及计量的复杂性都做了较深入的研究，国内学者也持续关注和研究水资源会计核算理论和方法，早期主要研究 AWAS 的发展历程和对我国的启示（陈英新等，2014；陈波、杨世忠，2015；刘汗、张岚，2015）。近年来，也有少数学者尝试借鉴澳大利亚的做法，研究把水文学和会计学结合起来，构建实物计量的水资源会计核算方法体系（陈波，2020；周普等，2017；陈波，2022；冯丽等，2020），但由于学者们对水资产、水负债、水权益以及权责发生制等核心概念的理解不同，核算方法差异较大，水会计报表的组成、结构和内容更是天壤之别，这些都是有待深入研究、系统解决的问题。加之单篇论文的篇幅毕竟有限，难以深入系统地剖析水会计的理论基础，更无法把水会计准则、水会计报告和水会计报告编制技术整合为水资源会计理论体系并进行全面系统的研究。总之，直到现在，国内外仍然缺乏系统归纳、整理水资源会计的理论体系，缺乏对水资源会计相关概念和方法的系统论述，水会计准则、水会计报告、水会计报告编制技术等一系列概念及方法的系统、全面、深入的论述还需完善。

此外，在 21 世纪初，我国学者还讨论了在企业财务会计中如何通过设置水资源相关账户来核算与水资源相关的经济业务，为企业核算与水资源相关的经济业务活动提供了建议。尤其是从财务会计遵循的完全成本法原则来探讨取得、开发、利用、保护、转让水资源等交易行为的会计账务处理，这种方法考虑了环境成本，有利于水资源可持续发展（许家林、王昌锐等，2008）。但它仅限于与水资源问题有关的财务影响研究，而非本书所研究的用会计理论来确认、计量、记录和报告水资源变动的水资源会计。

二、结合水资源管理实践研究建立水资源会计应用的有效路径

不同的国家有不同的水资源情况、水管理制度和水信息采集、利用制度，有不同的经济和政治体制，它们都会影响水资源会计的实施。因此，在不同的国家研究水资源会计具有重要意义，它有利于促进该国水资源会计理论研究和实践应用的发展。自从水资源会计在澳大利亚如火如荼地开展起来后，西班牙、南非也开始把它应用到某些重要的水资源地区，且有相关人士正在发展他们国家的 GPWA 准则（Momblanch et al.，2014；Godfrey and Chalmers，2012；Hughes，et al.，2012）。这些研究发现，各国水资源管理制度不同，会影响水资源会计报表的编制（Momblanch et al.，2014），水数据的精确性和可靠性以及对水信息的需求也会影响水资源会计的应用（Hughes et al.，2012）。

我国已经经历了 30 年的水资源管理制度改革，现在是否适合用会计方法来核算水资源变动？水资源会计在我国应用的有效路径和未来前景如何？我国的水利统计数据是否适合进行水资源会计核算？这些问题都需要结合我国的各项水资源管理制度和实践进行系统分析，并进行大量的实地实验和案例研究。最近几年，国内研究逐渐关注 WACF 和 AWAS，但对它们的一些关键概念的理解和认识不一致，尤其是对水资产、水负债和净水资产等的理解差异较大（陈英新等，2014；甘泓等，2014；陈波、杨世忠，2015），对水资源会计核算框架的构建方法不统一，更缺乏水会计的实践应用研究。大多数学者提倡在我国建立 GPWA，但也有学者认为我国目前的水资源管理制度不适合采用水资源会计核算。这些差异说明需要进一步对我国水资源地区或水管理部门进行调查研究，剖析我国现行的各项水资源管理制度的实施情况，结合水资源会计核算的本质特点和要求，分析水资源会计应用的条件和我国水资源管理的现实情况，开展实地实验和多案例研究，深入了解我国水资源核算现状及需求，系统探讨建立水资源会计的关键影响因素，分析我国水资源产权制度和管理制度，探索在中国这样的经济转型国家建立水资源会计的制度基础和有效路径。

三、自然资源资产负债表与水资源会计整体思路的差异

党的十八届三中全会后，我国开始探索编制自然资源资产负债表，这

突破了之前只核算自然资源资产的局面，开始既要核算自然资源资产，又要核算自然资源负债和权益，并将三者有机地统一起来。这对于我国、对于世界，都是一种创新尝试。许多学者研究联合国组织开发的 SEEA 核算体系，认为 SEEA 报表就是自然资源资产负债表，我国可以借鉴 SEEAW 的经验开展水资源资产负债表的编制。然而，SEEAW 报表是基于经济学和统计学原理编制的，虽然其中也设置了账户进行核算，并且有水资源资产的概念，还有类似于会计中用到的等式："期末资产＝期初资产＋本期增加的资产－本期减少的资产"，但是 SEEAW 报表中并没有水资源负债这个概念（UN，2012），并不是真正意义上的资产负债核算。各国 SEEAW 核算的经验具有借鉴参考价值，国内的研究和实践也为水资源资产负债表的编制提供了数据基础，但由于水资源资产负债表与水环境经济综合核算揭示和反映的重点和目的不同，所以不能简单照搬。

大部分学者借鉴财务会计上的平衡公式"资产＝负债＋所有者权益"，构建自然资源资产负债表的平衡公式"自然资源净资产＝自然资源资产－自然资源负债"或者"自然资源资产＝自然资源负债＋自然资源所有者权益"，反映自然资源资产、负债和权益之间的内在关系。这和本书所研究的用会计理论和方法确认、计量、记录和报告水资源和水权变动的通用目的水会计有本质的区别，主要表现为以下几点。第一，在实践和学术研究中，自然资源资产负债表中的自然资源负债是指对自然资源的过度损耗和生态环境破坏责任，它不同于会计上所指的负债"预期会导致经济利益流出企业的现时义务"。因为自然资源负债既没有特定的债权人、偿债标的物和偿债期间，也没有公认的确认标准，不能被可靠地计量，可操作性较差，直接导致我国试点地区仅仅编制自然资源资产平衡表，而不涉及其他要素。这样，自然资源资产负债表的实质已脱离会计学意义，而是统计学范畴。第二，我国学术界和实务界在编制自然资源资产负债表方面有不少成果，但较少编制核算期间的自然资源资产负债变动表来反映资产、负债及权益的变动情况，无法揭示资源经营管理的业绩和经营者的受托责任。加之编表周期长、数据质量差、目标不明确，导致自然资源资产负债表在实践中既没有大规模应用于领导干部离任审计，也没有与政策决策和资源管理适当结合，编表成效不明显（杨世忠、谭振华，2021）。第三，没有应用权责发生制来核算自然资源资产及其拥有者的相关权利和义务的跨期流动，也没有应用复式记账法来反映各类自然资源资产和负债流动的具体细节，现有研究构建的报表体系缺乏像财务报表那样严密而稳定的勾稽关系，不能反映自然资源资产、负债和权益的存量和流量之间的平衡关系，无法进行试算平衡和检验报表编制的合理性。

自然资源资产负债表的编制实践和科学研究还存在以下问题。第一，由于自然资源包含的种类繁多、性质各异、重要性不同，各种资源实物及其权属的类型和流转方式差异较大，难以纳入同一张表进行核算，国家对入表资源类型没有正式确定，即使确定核算某一类型资源，也难以具体细分明细项目的类别。例如，矿泉水和地下水到底是纳入水资源核算还是纳入矿产资源核算有待商榷。第二，计量属性主要限于实物计量，货币价值计量缺乏统一的计量标准、计算方法和数据来源口径，导致试点地区资源价值评估差距较大，超出了可容忍范围（杨世忠、谭振华，2021）。

综上所述，在我国探索自然资源资产负债表编制遇到诸多困难之时，有必要总结经验和教训，另辟蹊径，尝试以一种事关国计民生的具有重要经济价值和社会价值的自然资源为突破口，采用会计学的概念和方法，以实物计量，编制类似于财务会计中的资产负债表、利润表和现金流量表的三张报表，既能反映静态时点上自然资源资产、负债和净资产之间的内在关系，又能反映跨期自然资源资产、负债、权益变动的原因和结果。而且它们像会计报告那样既有以权责发生制为基础编制的反映报告主体权利与义务的报表，又有以收付实现制为基础编制的反映自然资源实际变动的流量表，且这两种方式编制的报表之间还存在内在的勾稽关系，可以相互稽核。如果能做到那样，就能满足我国对自然资源核算和管理的战略需求，精细化地掌握资源分配和使用、权利与义务变动的过程及结果，反映领导干部对自然资源资产分配、利用的管理行为和受托责任，核算微观主体保护和使用资源的过程和结果，这就是本书研究水资源会计的主要内容和重要意义所在，把财务会计原理巧妙地结合到水资源核算中，充分发挥财务会计的优势。

第三章 我国水资源管理与水核算改革

由水资源分布不均衡、生态环境恶化、管理措施不完善、气候环境变化等造成的水缺乏正在演变成一场全球性的资源危机。加强水资源管理，积极应对水资源的风险性和不确定性，变得日益紧迫。过去那种通过建设水利设施来蓄积、运输、分配、排泄水资源的硬导向水管理方式已经逐渐暴露出成本高、退化性等缺点；21世纪，随着淡水资源变得日益稀缺，全球正悄悄兴起基于制度改革、激励和行为改变等以政策制定为特征的软导向管理方式，加强水资源规划与管理成为抵御水资源危机的重要措施。水核算作为基本的决策支持工具变得越来越重要，研究和开发水资源核算体系是开启水资源规划与管理的钥匙，逐渐受到国际组织和各国的重视。由于各个国家的水资源管理制度和管理实践不同，因此有不同的水核算方式及创新。

随着我国人口增长、工业化进程的迅速发展和城市化率的逐步提高，水资源短缺、水污染严重、水生态环境恶化的问题日益突出，已成为制约经济社会可持续发展的主要矛盾。加强水资源规划和管理已迫在眉睫，而在制定和实施各项水资源管理的政策和措施时，需要有精确的、可靠的、高质量的水信息作为决策的依据。水资源核算和信息披露是各种水政策制度实施的决策支持工具和协同机制，在水资源管理中发挥着基础作用，政策制定者应当高度重视水数据的收集、处理和披露方式的改善，以便加强对水资源及其使用的监管。

第一节 最严格水资源管理制度及水资源统计

一、最严格水资源管理及其考核制度

为了保护环境、公平分配水资源，中国近年来一直把加强水资源管理和改革作为治国安邦的大事。2011年1月，中共中央、国务院出台了

《关于加快水利改革发展的决定》，提出了新形势下水利改革发展的指导思想、目标任务、基本原则和政策措施等。2012 年，国务院出台《关于实行最严格水资源管理制度的意见》，提出了包括加强水资源开发利用控制红线、加强用水效率控制红线以及加强水功能区限制纳污红线的"三条红线"管理制度，标志着实行最严格水资源管理制度已经上升为国家战略（陈雷，2012）。这项制度最重要的内容之一是在全国建立覆盖流域和省市县三级行政区域的取用水总量控制指标体系，各地区取用水总量不得超过"红线"。2013 年 1 月，国务院办公厅发布《关于印发实行最严格水资源管理制度考核办法的通知》，提出了实行最严格水资源管理制度的具体考核办法。之后，实行最严格水资源管理制度被列入各级政府年度考核计划，由水利部组织相关各部门共同开展年度最严格水资源管理制度考核工作并向社会公布结果，推动了地方各级政府整合部门力量，形成合力，推动水资源管理各项政策措施有效落地，促进水资源管理能力有效提升。

水利部发布的 2022 年度实行最严格水资源管理制度考核结果显示，2022 年，31 个省份考核等级均为良好及以上，其中江苏、浙江、重庆、广东、上海、广西、江西、安徽、福建、贵州等 17 个省份考核等级为优秀。全国用水总量为 5 998.2 亿 m³，万元国内生产总值用水量和万元工业增加值用水量较 2020 年分别下降 7.6% 和 17.7%，农田灌溉水有效利用系数提高到 0.572，全国重要江河湖泊水功能区水质达标率达91.9%。[①] 全国各地把"三条红线"控制指标作为约束性指标，纳入科学发展综合考核评价体系，把区域年度用水总量控制指标落实情况作为"一票否决"的内容。当一项项硬指标成为刚性约束，当考核结果与政绩考评正相关，最严格水资源管理制度的倒逼效应开始逐渐显现，用水总量得到有力控制，用水效率得到进一步提高，为经济社会可持续发展提供了坚实的水安全保障。

最严格水资源管理制度的实施是通过从上而下检查、考核来保障执行的，而在考核过程中存在以下问题。①考核模式问题。目前考核主要依靠对各省份自评材料核查和现场检查的方式进行，在前期核查中仅对

---

① 《2022 年度实行最严格水资源管理制度考核结果公布》，中国水利网，2023 年 8 月 10 日，http://www.chinawater.com.cn/newscenter/kx/202308/t20230810_ 800162.html。

提供的材料进行评分，现场检查也仅从取用水户、饮用水水源地、水功能区等几方面进行抽查，不能完全反映各省份在实行最严格水资源管理中的实际情况（尚钊仪等，2014）。目前，水资源论证、取水许可、计划用水等水利部门日常工作主要依靠报送的资料进行行业内评分，未能真正体现各省份日常管理工作情况。②考核责任问题。最严格水资源管理制度考核工作实施方案明确规定将考核结果交由干部主管部门，作为政府主要负责人和领导班子综合考核评价的重要依据。但在实际操作中却出现了考核责任偏弱、规范和约束性不强的现象。且在公布考核结果后，发现考核责任主要落在水行政主管部门具体负责人身上（闫东、孙昱，2016）。③沟通协作问题。最严格水资源管理制度考核涉及 9 个部门，反映出水资源管理职能部门分割、职能交叉等问题。而且部门间关于水资源管理工作欠缺稳定的沟通渠道，没有形成部门联动机制。④能力建设问题。目前各省份水资源监控能力基础薄弱、进展缓慢，与最严格水资源管理考核的要求有一定差距。⑤考核结果问题。虽然考核结果由考核工作组向社会公告并由水利部人事司报中共中央组织部，并以部函的形式要求各省份限期提出改进措施和落实方案，但在实际工作中，部分省份对考核中出现的问题的整改落实方案未全部执行到位，没有相应的惩罚措施。对于报送材料弄虚作假的行为、超过指标红线、未按水资源调度指令调度等情况，缺乏追究责任或一票否决的硬性约束（邓坤等，2020）。⑥工作偏重水利方面。目前，考核工作对地方政府的监督和考核目的尚未完全达到，未能完全体现是否作为政府主要负责人和领导班子综合考核评价的重要依据（孙婷、李昊，2014）。

最严格水资源管理制度执行和考核中存在问题，其根本原因在于，在我国水资源管理中政府既当"教练员"，又当"裁判员"和"运动员"，缺乏公众参与和监督问责机制。

二、我国水资源统计

（一）传统水资源公报形式

自 1997 年以来，水利部依据水利系统各部门逐级上报的水数据编制并发布《中国水资源公报》，逐年统计并发布全国、各流域、各区域和各行业用水量情况。各流域机构和各省级行政区均开展了本流域、本区域年度水资源公报编制工作等,反映区域水资源量、蓄水状况和水资源开发利用情况,为各级政府部门做水资源宏观决策提供依据,也是流域管理部门、各级水行政主管部门实施水资源管理和调度的基本依据,这为实施最严格水资源管理制度提供了基础。

然而,这种管理制度存在以下不足。第一,水资源核算主要用于内部机构管理,由水文、水工程技术人员开发其技术标准,数据收集和处理不透明,只有使用者掌握数据及其缺陷,缺乏公开透明的信息披露及监督机制。第二,统计数据来自不同部门,由于不同部门在统计方法、统计手段和统计口径方面不一致,且既不要求编制者在不同年份按一致的标准编制信息,也不需要不同水管理机构编制的信息可比,再加上有些数据受外界因素影响较大,水资源数据失真的现象严重(张颖等,2011)。第三,用水计量制度不完善,缺乏供、用、耗、排水量有效监控手段,用水计量方法和手段较为原始,以逐级统计上报的方式为主(尤洋等,2015)。每年各县市水务局统计辖区内的水资源,报到省级水务局,省级水务局汇总编制和公布各省份水资源公报,省级水务局将水资源数据报到水利部,水利部汇总编制和公布全国水资源公报。重要江河流域管理委员会编制和公布重要江河流域水资源公报。此外,有些省份每年编制更为详细的水务统计年鉴,供水务系统制定水资源政策、计划和实施水量分配方案等使用,不对外公布,缺乏对水资源分配和使用的监督。

龙秋波等(2016)比较了2011年水资源公报和水利普查两套数据,发现公报和水利普查的数据存在差异,如表3-1所示。

表3-1　2011年不同用水行业数据差异统计

单位:亿 m^3,%

行业用水量	公报数据	普查数据	用水差值	差值比率
总用水	6 107.20	6 213.20	106.00	1.74
农业用水	3 743.60	4 057.80	314.20	8.39
工业用水	1 461.80	1 203.00	−258.80	−17.70
生活用水	789.90	846.10	56.20	7.11
生态环境用水	111.90	106.40	−5.50	−4.92

表 3-1 证实了我国水信息的真实性存疑。这主要因为我国计量基础薄弱、计量率很低和各省份为了争取用水指标而主观上报用水数据等（龙秋波等，2016）。从制度方面说，我国用水数据收集和处理不透明，核算方法和口径不一致，外部监督较薄弱，难以做到可核查、可考核、可操作，难以满足最严格水资源管理的要求和水权交易发展的需要（周普等，2017）。

尤其是长期以来，我国将节水重点放在工业节水和城镇居民节水上，而农村节水管理相对薄弱。水资源被认为是取之不尽、用之不竭的。农民习惯了无偿用水。装上水表后，农民认为政府在监督他们用水，造成水表损坏率高，不能计量或计量较少，甚至有的乡水表未正常使用率高达 100%。① 笔者团队于 2019 年开展的一项调查发现，北京市通州区某乡 2003 年后对 20 个村的村级供水管网进行了改造，仅 3 个村未改造。改造管网的村庄虽已全部安装了入户水表，但由于年久失修，大部分水表损坏而不能正常工作，部分水表已被拆除。未完成改水工程的村庄管网老化严重，未安装入户水表。在实施最严格水资源管理制度的过程中，用水指标分解到村，各村在没有计量的情况下，虚假上报实际用水量，上级管理部门"睁一只眼闭一只眼"，继续汇总上报，缺乏复核与监管机制。表 3-2 和表 3-3 是该乡 2015~2018 年用水指标明细和实际用水量明细。从表中可以看出，用水指标和实际用水量差距很小，尤其是 2015~2017 年总用水量及部分项目的实际使用量和计划指标完全一致，令人难以置信。

表 3-2　北京市通州区某乡 2015~2018 年用水指标明细

单位：万 m³

| 年份 | 总用水量 | 工业 | 建筑业 | 居民家庭 | | 公共服务 | 农村生态 | 再生水 | 农业 |
				城镇居民	农村居民				
2015	3 165	60	22	50	130	130	17	1 600	1 156
2016	3 009	67	22	50	106	112	33	1 521	1 098
2017	2 880	102	26	15	146	73	29	1 521	968
2018	1 681.19	97	25.24	40	160	154.76	30	234.19	940

资料来源：根据 2019 年实地调查和访谈资料整理。

---

① 来自 2019 年笔者在北京市通州区某乡水务所的访谈内容。

表 3-3 北京市通州区某乡 2015~2018 年实际用水量明细

单位：万 m³

年份	总用水量	工业	建筑业	居民家庭		公共服务	农村生态	再生水	农业
				城镇居民	农村居民				
2015	3 160	60	22	50	130	130	12	1 600	1 156
2016	3 008	67	22	50	106	112	33	1 520	1 098
2017	2 879.95	92.69	28	20.5	139.21	78.40	26.73	1 570.99	923.43
2018	1 641	62	7	40	160	89	30	526	727

资料来源：根据 2019 年实地调查和访谈资料整理。

除了水资源计量率很低、水信息不准确，水核算和监督制度不完善，北京郊区农村水资源管理还存在以下问题。①水利设施产权不明、运营管护不足。农田水利设施主要为政府投资，工程建成后移交给当地村集体管理，一般都没有明确产权和使用权，所有村民都可以无偿使用。村集体管理职能较弱，且缺乏必要的责任感和维护资金，水利设施坏了无人管理，造成大量水利工程闲置或运行效率低下。②管水员的职责与能力不平衡。管水员的职责十分宽泛，涵盖了农村水务的方方面面。特别是水务设施检修、突发事件处置等技术性较强的职责，明显超出了一般管水员的能力范围。尤其是，有些乡村管水员老龄化和无证上岗现象突出，极大地降低了水务管理和服务能力。据调研，某乡管水员年龄在 50 岁以下的仅占 23%，50~59 岁的占 19%，60~69 岁的占 46%，70 岁及以上的占 12%。而且，仅有 27% 的人有健康证，62% 的人有电工证。③农业水权制度、精准补贴和节水奖励资金保障制度不完善。农业水价机制要与农业水权制度相配合，与水权流转与交易机制、精准补贴和节水奖励机制相配合，以使农业水价能有效反映水资源的稀缺程度和生态环境成本。然而，目前北京郊区部分乡村水权制度仍不健全，精准补贴和节水奖励资金保障不到位，实施仍有差距。这些困难和问题严重阻碍了最严格水资源管理及考核制度的贯彻落实，造成水资源浪费现象禁而不止，水资源使用粗放，迫切需要研究和建立崭新的水资源管理和核算制度。

（二）新时期用水统计调查制度

2020 年 4 月，为认真落实中共中央办公厅、国务院办公厅《关于深化统计管理体制改革，提高统计数据真实性的意见》和国务院办公厅转发国家统计局《关于加强和完善部门统计工作的意见的通知》精神，切实加强用水统计管理，水利部印发了《用水统计调查制度（试行）》，用水总量统计正式纳入国家统计局的统计体系。

《用水统计调查制度（试行）》是在2014年水利部印发的《用水总量统计方案》的实践基础上形成的一套部门调查制度，用水总量统计方式发生重大变化，由面向水利部门统计转变为面向全社会统计。从原由水利部门上报改为由取用水户直报，采用全面调查和典型调查相结合的方法。例如，对于农业用水量，大中型灌区采用全面调查方法，按季度填报；小型灌区采用典型调查方法，按年度填报。调查内容由灌区管理单位直接通过"用水统计调查直报管理系统"填报。

相比传统的水资源公报形式，《用水统计调查制度（试行）》增强了用水量统计调查工作的科学性和有效性，强化了统计调查对象的统计责任，建立了用水统计责任体系；简化了报表数量及内容，建立了较为完善的用水统计工作流程和相关标准规范；推行直报方式，规范了统计指标数据来源、收集渠道、采集方式、计算方法及审核汇总要求；采用全面调查和典型调查相结合的方式，由点及面，结合推算，相比传统水资源公报定额匡算的方法，数据的科学性和合理性显著增强。随着工作的不断开展，调查对象数量不断增加，统计范围持续扩大，我国建立了方便、快捷的信息管理平台。在水利部开发的"用水统计调查直报管理系统"中，部、流域、省、市、县、灌区等不同层级的技术人员利用统一的技术方法、统一的软件平台开展工作。灌区管理单位技术人员利用平台进行灌区数据填报，县、市、省级水行政主管部门技术人员进行数据复核、核算、汇总和成果的上报，部级技术人员利用平台对各省份上报的成果进行复核与汇总，得到全国各行业用水量数据（张绍强、沈莹莹，2022）。

无论是传统的水资源公报，还是新时期的用水统计调查制度，都以流域和行政区域的用水宏观统计为主，由各级政府水务管理部门负责，通过逐级汇总的方式，核算国家、区域的用水情况。水资源使用者没有参与到水资源的分配和使用的核算和监督过程中，不重视对水资源的保护和节约使用。微观供用水户无须对外披露水量分配和使用信息，缺乏对微观供用水户取水、用水和排水的监测以及信息披露和审计监督制度

（陈波等，2017）。一方面，投资者、公众和其他利益相关者没法获得对决策有用的信息；另一方面，各级水务管理部门也无法精细化地监督和评价水资源政策的执行情况，不利于制定和贯彻执行水管理政策。在我国水资源统计中，只对水资源量（包括降水量、地表水资源量、地下水资源量、水资源总量）、水资源利用（包括供水量和用水量）和水质等进行单项统计，缺乏基于某个地区的包括使用水量在内的总体水量平衡的核算和反映，没有反映基于水量平衡法则的水资源变动的具体细节。我国水资源统计项目比较粗略，缺乏对水资源的蒸发、损耗和渗漏等的统计数据，无法精确地核算水资源增加、减少、使用和损失的类型、渠道和结果，更无法反映这些变动产生的原因和结果之间的内在关系，无法进行稽核与验算。

随着水权制度改革，水资源使用者日益重视对水权和水资源的保护和利用，研究和探索水资源会计的核算方法及信息披露方式具有重要意义。

第二节　水权制度改革与水资源会计探索

一、水权制度改革

（一）我国水权制度改革的历程和重要意义

21世纪初至今，我国水权交易一直在逐步探索和实践中，宁夏、内蒙古、甘肃省张掖市等地开展了水权交易的最初探索，引起社会的广泛关注。国务院2006年发布的《取水许可和水资源费征收管理条例》正式提出了取水权取得、变更和转让的一系列制度。针对水权制度建设中的问题，水利部在2005年1月出台了《水权制度建设框架》和《关于水权转让的若干意见》（李维明、谷树忠，2019）。2014年，水利部选择宁夏、江西、湖北、内蒙古、河南、甘肃、广东7个省区开展全国水权试点工作，试点内容包括水资源使用权确权登记、水权交易流转和开展水权制度建设三项，试点时间为2~3年。山东、河北、山西、新疆等地区按照党的十八届三中全会要求，因地制宜地探索水权确权、水权转让等相关工作，取得了积极成效。水权交易平台建设开始起步，2016年6月

28 日，中国水权交易所在北京开业，标志着中国水权市场的正式形成，意味着我国水权市场改革进入实质性操作阶段。内蒙古在全国率先组建水权收储转让中心，新疆玛纳斯县成立了塔西河灌区水权交易中心等。2016 年，水利部出台了《水权交易管理暂行办法》，规定水权交易的主要形式为区域水权交易、取水权交易、灌溉用水户水权交易，并对各种交易形式进行了规范。水权制度建设和水权交易有四种类型，如表 3-4 所示。

表 3-4　水权交易主要类型

类型	交易主体	交易对象	交易产生条件	案例地区
行政区域间的水权交易	交易双方为地方人民政府	未使用的水资源总量控制指标权利	供水方水资源丰富，除供应本地用水外尚有盈余；买方水资源紧缺，难以满足发展需求	河南南水北调水量交易，广东东江流域区域水权交易
行业间水权交易（主要是农业向工业）	灌区管理单位为卖方，工业企业为买方	农业节水获得的节余水量	区域用水总量达到本地水资源极限或达到总量控制红线指标，新增工业用水需求无法通过新增取水指标予以满足，同时灌区具有较大节水潜力	宁夏、内蒙古水权交易
农业内部水权交易	交易双方为农户或用水户协会	农民或用水户协会经确权的节余水量	开展了农户间水权分配，颁发水权证，农户以水权证为依据购买水票并开展交易	甘肃省疏勒河以及新疆呼图壁县
政府回购——有偿出让水权	农民（用水户协会）——地方政府——工业企业	农民或用水户协会经确权的节余水量	当地水资源紧缺，农民用水规模较为分散，政府通过回购农户节余水量，汇集后满足工业企业新增用水需求	河北省成安县，新疆玛纳斯县

资料来源：李维明和谷树忠（2019）。

2022 年 8 月，水利部、国家发展改革委、财政部发布了《关于推进用水权改革的指导意见》，其中除了《水权交易管理暂行办法》规定的三种水权交易形式，还允许已明晰用水权的公共供水管网内的主要用水户依法依规进行交易，对新时期推进用水权改革做出总体部署，提出了用水权改革的总体要求，在加快用水权初始分配和明晰、推进多种形式用水权市场化交易、完善水权交易平台、强化监测计量和监管以及组织保障等方面做出具体部署。

上述水权交易类型具有不同的特点，但有共同之处，即水资源的所有权按照《水法》规定属于国家，水资源的使用权通过地方法律明确给水资源的使用者，使用权包括使用、转让和收益的权利。水资源使用者可以是用水户协会、灌区管理局、自来水公司、地方自治团体、个人等。地方水务部门对水资源使用者拥有的水权开展确权登记，给水资源的使用者颁发水权证，明确水资源的来源、权属、权能和期限等，水资源的使用者在水权范围内可以自由使用、转让水资源，年内节约的用水指标可以结转到下年使用，或者开展水权交易，出售给其他使用者。这调动了人们节约用水的积极性，促进了种植结构优化，农业综合生产力提高，水资源配置效率提高。

水权制度改革打破了长期以来水资源由政府全权控制的格局，开启了水资源的所有权和使用权相分离、使用权可以在市场上流转的新时代，这表明我国水资源配置模式已由单纯的行政管理向政府与市场两手发力的方向逐渐转变。水权制度改革无疑是落实最严格水资源管理制度的重要措施和必然趋势，也是促进节约和保护水资源、提高用水效率的重要激励机制。最严格水资源管理制度采用行政手段约束水资源的分配与交易行为，是水权市场的约束条件和运行环境保障，水权制度改革则为用水权主体对水资源的占有、使用、收益、处分等权利给予法律上的保护，为水量"封顶"政策保驾护航（窦明等，2014）。水权制度改革后，用水指标不能满足其需求量的地区就会向有富余指标的地区购买，有富余水量的地区能从出售取水量指标中获得经济利益，从而愿意出售取水指标。这样，就建立起了水资源分配和使用的约束和激励机制。

（二）水权制度改革存在的问题

虽然我国在部分地区试点开展水权交易，并建立各种水权交易平台，颁布实施《水权交易管理暂行办法》《关于推进用水权改革的指导意见》等，但从整体上来说，我国仍然存在水权归属不清、用水总量控制指标偏大、几乎没有对突破用水总量控制指标进行处罚的情形的问题，水资源"免费取得、有偿使用"导致取水用户的许可量偏大，权利受到诸多限制，难以流转。自2016年中国水权交易所成立，5年累计成交仅883

单，交易水量仅 34.68 亿 m³，交易金额仅 22.60 亿元（谷树忠等，2022），只占全国水资源使用量的极少数，市场机制并未在水资源配置中发挥应有的作用。追其根源，主要表现为如下几点。

1. 水权法律制度不完善

从整体上看，我国水权的法律地位还需明晰，涉及初始水权分配、水权交易和水市场监督管理的基本法律制度仍需完善。《水法》虽然确定了水资源所有权，但没有明确使用权、收益权和处置权等。尽管这些权利在 2016 年出台的《水权交易管理暂行办法》中有所体现，但仍需通过修订相关法律明确水权的法律地位。《取水许可和水资源费征收管理条例》中的取水许可是一种典型的行政审批，不是水权，不得转让，更不能通过拍卖、抵押、入股等方式发挥资本权能。目前实施的取水许可证的有效期限一般为 5 年，难以满足权利稳定性要求（李维明、谷树忠，2019）。取水许可制度赋予的取水权绝大多数为公共机构持有（占到90%），民营企业、非政府组织持有的取水权微不足道，取水权的国家垄断分布状况对于建设现代水权制度和进行水资源科学管理会产生不利影响（沈满洪、陈庆能，2008）。

2. 初始水权不明晰

初始水权分配是界定和明晰水权的重要方式，是水权交易的基础和先决条件，它应当以水量分配为前提。水量分配是通过流域水资源循环和利用过程，将可分配水量"从上到下"逐级分配到各行政区。初始水权分配是在水量分配的基础上进行深化和确权，即把分配到行政区的水资源进一步分解到终端水资源使用者手里，并通过取水许可等形式，明确水资源使用的相关权利与责任。如果缺少初始水权分配，水资源转让客体界定不清，转让主体的权利与义务不明确，则水资源管理难以合法、有序地进行。

我国采用最严格水资源管理制度将水资源分配到省、市、县、乡四级行政区，并未落实到最终使用者手里，因而难以流转。此外，最严格水资源管理制度是水量分配制度，并非水权制度，也就是说，我国只有水量分配方案，而没有水权分配方案，也没有对水权进行确权登记，水资源使用者的权利与责任不明晰，无法转让水资源。与水量密切相关的各类权利与义务需要在水权制度中加以明确。

3. "无偿取得、有偿使用"方式带来诸多弊端

尽管我国《水法》规定通过发放取水许可证授予取水权，但办理取水许可证无须缴纳费用，仅在使用时缴纳水资源费（税），属于"无偿取得、有偿使用"。既然无偿取得，当然申请许可水量越多越好，这就造成取用水户的许可量很大，但也正是因为无偿取得，水资源使用的权利就会受到很多限制，既不允许转让，年度节余的取水指标也不能结转到下年使用，年底自动清零，管理机构据此核减其下一年度的取用水指标。这样，取用水户缺乏节约用水的积极性，反而存在按照取水指标用水的机会主义行为，多取少用、取而不用，造成水资源浪费。如果区域用水总量超过用水总量控制指标，将会影响上级政府对下级政府经济社会发展的综合评价，政府主要负责人对此负总责。在此情况下，地方政府往往存在虚报瞒报实际用水量的行为，或者明知下属区域用水数据存在问题，却不加监管。

总之，不清晰的水权无法发挥产权制度的激励作用，不能有效地提高用水户节约用水的积极性，也无法引导资源的流动和高效配置，难以快速适应经济和产业的动态变化。因此，有必要加快推进水权制度改革，建立初始水权分配制度和二级市场交易制度，逐步推进水权有偿取得、权责明晰，切实发挥水权的约束和激励作用。

二、农业水价综合改革中的农村水权确权与转让

农业是用水"大户"，其用水量占总用水量的 60% 以上，也是节水潜力所在。中央政府从 2015 年开始在全国推行农业水价综合改革，该项工作针对我国农田水利基础设施薄弱、运行维护经费不足、农业水价形成机制不健全、价格水平总体偏低、不能有效反映水资源稀缺程度和生态环境成本的情况而开展，是坚持"节水优先、空间均衡、系统治理、两手发力"新时期治水思路的必然要求，也是提高水资源配置效率、利用价格杠杆促进绿色发展、将生态环境成本纳入经济运行成本的重要举措。党中央、国务院高度重视农业水价综合改革工作，2017 年中央 1 号文件明确提出，"把农业节水作为方向性、战略性大事来抓"，"全面推进农业水价综合改革，落实地方政府主体责任，加快建立合理水价形成机制和节水激励机制"。据统计，截至 2020 年底，各地改革实施面积累

计达到 4.3 亿亩以上，其中 2021 年新增 1.3 亿亩以上。改革正在从局部试点示范向整体推进，北京、上海、江苏、浙江已率先完成改革任务，天津、内蒙古、辽宁、山东、云南、陕西、甘肃、青海等省份改革进度超过 50%，但仍存在改革进展不平衡、个别地区改革进度整体滞后、部分地区奖补资金存在缺口、价格调整相对滞后等问题。①

在各地实施农业水价综合改革过程中，为了促进农业水价形成机制，往往与农业水权制度相结合，与水权流转与交易机制、精准补贴和节水奖励保障相配合，开展一系列改革。本书通过选取典型案例——河北省元氏县来分析农业水价综合改革实施情况，以总结我国水权改革试点地区的经验，研究水权制度的建设和水会计核算的基础。

三、农业水价综合改革试点案例

河北省元氏县是农业水价综合改革试点的典型例子。它是国家级深化小型水利工程管理体制改革示范县、农田水利产权制度改革和创新运行管护机制试点县，在开展农业水价综合改革的过程中，探索出了一条水权确权登记、节约的用水指标可结转到下年继续使用或开展水权交易的新道路，得到了广大农户、国家和省市相关部门的充分肯定，引起了社会广泛关注。本书以河北省元氏县为例，说明在我国水权制度改革过程中已经出现了以权责发生制为基础的水资源核算和管理实践。

（一）元氏县简介

元氏县位于河北省中南部，西倚太行山，东向华北平原。全县辖 8 镇 7 乡，208 个行政村，总人口 44.07 万人，其中农村人口 35.63 万人，占全县人口的 80.85%，县域面积 675.3 平方公里，平原、丘陵和山区各占 1/3。元氏县是农业大县，耕地面积 43.67 万亩，其中有效灌溉面积 30.6 万亩。全县年农业用水 10 070.0 万 m^3，占全县用水总量的 83.3%，地下水开采量占全县总开采量的 83%，同时元氏县属于资源型缺水地区，多年平均降水量仅 543.5mm，人均水资源量 290m^3，仅为全国平均水平的 1/7。由于水资源匮乏，加之社会经济发展需水量的不断增加，多年

---

① 《关于深入推进农业水价综合改革的通知》，国家发展和改革委员会网站，2021 年 7 月 16 日，https://www.ndrc.gov.cn/xxgk/zcfb/tz/202107/t20210716_ 1290564_ ext.html。

地下水位因超采而持续下降。因此，促进农业节水和可持续发展势在必行。

（二）元氏县农业水价综合改革的思路

2013年以来，元氏县先后被确定为国家级深化小型水利工程管理体制改革示范县、农田水利产权制度改革和创新运行管护机制试点县，省级地下水超采综合治理试点项目区和农业综合开发高标准农田建设项目区。元氏县委、县政府高度重视试点县和项目区建立，将其纳入深化体制改革领导小组的重点工作内容之一。以国务院和省市关于推进农业水价综合改革实施意见为指导，以建立一个强有力的基层用水合作组织为基础，以综合运用工程配套、管理创新、价格调整、财政奖补、技术推广、结构优化等举措为手段，探索出一条以水价改革强管理、促节水的成功之路。

（三）元氏县农业水价综合改革的措施

1. 成立以农民用水户协会为主的用水合作组织

截至2018年3月，元氏县成立了1个县级、10个乡（镇）级、155个村级农民用水户协会，其中1个县级和155个村级农民用水户协会已全部登记注册，建立了一支近800人的基层管水队伍，他们活跃在田间地头，成为农业水价综合改革的中坚力量。

2. 明晰水利工程产权，落实工程管护主体和责任

按照"谁投资、谁所有、谁受益、谁负担"的原则，落实农田水利工程产权和管护主体的责任。目前，元氏县共为1212处符合改制条件的工程发放了产权证和使用权证，并签订了工程管护协议。

3. 建立水权制度和超用加价的农业水价运行机制

2016年2月，元氏县政府以元政批〔2016〕1号批准了《元氏县水资源使用权分配方案》，该方案分析了全县水资源情况、供用水和水资源管理情况后，以"三条红线"确定的地下水总量和用水总量指标双向控制，确定了县域确权的可分配水总量。经计算核定，全县每年农业可分配水量为7 354万 m^3，亩均耕地可分配水量为172m^3，农户年终节余的水权可以交易也可以结转到下年使用。截至2017年底，全县水权分配已全部完成，水权证发放8.66万本，100%完成任务。

　　2016年，石家庄市水务局、财政局、发展和改革委员会批准了《元氏县"超用加价"农业水价改革实施方案》（以下简称《方案》），2017年4月进行了修订。《方案》坚持"定额管理、水权限额、节奖超罚、合理负担"的原则，水权额度内用水按正常标准收取水费，超额度用水加价20%（0.1元/m³）收取加价水费。

　　2018年1月，元氏县出台了《元氏县农业水价综合改革奖补资金使用管理办法（试行）》，统筹各级财政安排的农业水价综合改革奖补资金、农田水利工程设施维修养护资金、收缴的加价水费等，主要用于实施农业水价改革精准补贴和节水奖励。

4. 推广智慧农业供水和信息系统协同平台

　　为了准确统计水量，按照每10眼井配备一套移动式水表的标准，政府为各级协会配备了460套移动式计量设备，通过测定水电折合系数，实现了以电表计量转换为水量的目的，且该方式投资小、操作简单，可以提高协会人员的办事能力。进一步地，建立水量管理村、乡（镇）、县三级平台，及时上传用水数据，实现对农业用水的实时监控。多种用户终端实现自动化精准灌溉。建立农田水利工程管理平台，将所有工程设施的相关信息集中登记。建立水权交易平台，将水权统一登记，方便农民操作交易系统。使农田水利工程、水量管理和水权交易三个平台协同运行，实现水利工程管理、灌溉控制、水费缴纳、领取补贴与奖励、水权交易等网上查询与办理，为农业水价综合改革提供基础设施保障。

（四）元氏县农业水价综合改革的特点

1. 建立强化组织机构

　　一是形成了政府主导、机关部门参与的组织格局，成立了由县长任组长、主管副县长任副组长的"元氏县农业水价综合改革领导小组"，领导小组下设办公室，办公室设在县水务局。二是作为牵头单位，县水务局也成立了由局长任组长的相应组织机构，成立专门科室，调配专职人员开展工作。三是各乡（镇）成立了以乡（镇）长任组长的组织机构，列入农业水权确权和水价改革的155个试点村全部成立了农业用水户协会。另外，列入压采项目的土地流转大户、农场成立了合作社、公司等专业管水组织。

2. 培育树立典型村

在深入调研的基础上，筛选出能够代表全县某一类型水利工程管理的北岩、纸屯、董堡和赵村四个典型村重点培育。一是率先成立农民用水合作组织，并切实做到有机构、有章程、有制度、有办法、有台账，管理人员有担当、管理经费有保障。二是率先实施农业水权确权和超用加价措施，发放水权证，自春灌开始逐井填写水量、电量及水费收缴记录台账。三是建立工程日常管养台账。四是建立财务专账及公开公示制度。最终形成了"机井产权归小组协会统管的北岩模式""机井产权归集体协会统管的纸屯模式""机井产权归个人（商品井）协会监管的董堡模式""地表水末级渠系协会统管的赵村模式"。"四大模式"作为样板，解决了针对不同的工程产权和管护方式，分别采取不同的管理办法去落实水价改革的问题，同时还解决了协会不论是统管还是监管如何落实人员经费、实现协会可持续发展的问题。

3. 落实农民用水户合作组织建设

注重农民用水合作组织规范化成立、可持续运行，将"两证一书五标准"作为重要考核目标。一是农民用水合作组织管辖范围内的水利工程必须完成产权制度改革，落实"两证一书"，即工程产权人持有《产权证》，工程使用权人持有《使用权证》，产权人和使用权人签订工程管护"协议书"。两证为同一人持有的，须与县水务局签订"管护责任书"。二是农民用水合作组织建设需达到"五标准"，即机构、人员、设备齐全、章程、制度、办法经协会代表大会通过并正常运行。各级协会都有办公室、财务室、会议室并配备了电脑、打印机等必要的办公设施及工具。

4. 政策支撑

县政府出台了《元氏县关于推进农业水价综合改革的意见》《元氏县"超用加价"农业水价改革方案》《元氏县水资源使用权分配方案》等，县政府还为落实政策形成了自上而下的领导格局，县水务局成立了专门科室配备专职人员抓此项工作。除各项财政资金向农业水价改革村倾斜外，还建立了从申报到审批到财政拨款的一条绿色通道，确保奖补资金及时拨付到农民手中。

（五）元氏县农业水价综合改革的成果

通过节水改造、调整水价等综合措施，试点村灌溉条件得到改善，有偿用水意识明显增强，灌溉时间明显缩短，实现了省水、省时、省力、省钱，增加了收入，调动了村民节水积极性，有力促进了农业综合生产能力提高，部分试点适应土地流转、规范化经营的新趋势，推动种植结构优化调整，极大地促进了试点村由传统农业种植向现代农业生产转变。全县 36.6 万亩试点面积年可节水 1 000 余万 m^3，节省资金 800 余万元。

四、我国水资源会计探索

（一）水资源资产化管理促进水资源会计萌芽

传统上，我国水资源会计核算主要按照《企业会计准则》的要求，对取得的水资源权益、水资源开发投资、开发成本与费用、开发收入、水资源保护支出、循环利用、水资源使用权转让等进行核算，并纳入企业财务会计报告，反映与水资源相关的经济活动的财务影响（许家林、王昌锐等，2008）。这种核算方法存在的缺陷主要表现为两点：第一，由于水资源具有流动性和流域性、时空变化的不均匀性以及可恢复性和有限性，再加上人类社会生产活动对它的影响，它的存量和质量处于不断变化之中，企业很难利用现有的财务会计核算体系将它连续、系统、全面和综合地反映出来，提供给信息使用者决策；第二，水不仅是人类直接消费的对象，而且是某些生产的条件或载体，如航运、水体旅游、渔业等。对涉水产业来说，即使水资源的拥有者或管理者没有进行水资源使用权转让，其也能从水权中获得收益，在水的利用过程中可能消耗或污染水，从而造成对生态环境或第三方的损害，这些成本在现有的财务会计中没有反映出来（陈波、杨世忠，2015）。

21 世纪初，随着"自然资源资产"概念的提出，学者们开始研究水资源资产化管理，提出"微观会计主体对经营期内水资源使用情况应当定期披露或提供专门的报告，使管理当局和公众清楚国家水资源的开发利用状况和效果"，并指出"完善的水资源会计需要相关法规和制度的支撑，有关水资源会计的相关准则及核算制度还需尽快出台"（杨美丽等，2002）。随着"水资源资产"观念和实践的深入发展，学者们开始讨论水资源会计的必要性和理论框架（沈菊琴、叶慧娜，2005），分析水资源产权及其管理体制、水资源的价值评估以及会计报表披露内容（杨美丽等，2002）。这个时期，理论界对水资产的价值核算和产权管理进行了有益的探索，但没有形成系统的水会计核算理论和技术。

（二）自然资源资产负债表编制和领导干部自然资源资产离任审计探索

2013 年，党的十八届三中全会通过的《中共中央关于全面深化改革若干重大问题的决定》，把水资源管理、水价改革、开展水资源确权登记和水权交易制度、探索编制自然资源资产负债表和实施领导干部自然资源资产离任审计等纳入生态文明制度建设的重要内容。党的十八届三中全会后，国家统计局受命力推自然资源资产负债表系统的研究与试点。2014 年 4 月，国家统计局制定了自然资源资产负债表编制的改革实施规划；2014 年 5 月，贵州省成为首个将编制自然资源资产负债表列入地方性法规的省份，并选取赤水市和荔波县为试点开展工作；2015 年 1 月，内蒙古林业厅探索编制自然资源资产负债表取得突破性进展，编制了试点区的自然资源资产负债表，深圳市大鹏新区自然资源资产负债表则进入实操阶段。2015 年 9 月，中共中央、国务院印发《生态文明体制改革总体方案》，这是生态文明建设的专项纲领性文件。其中，为完善生态文明绩效评价考核和责任追究制度，方案提出建立生态文明目标体系、资源环境承载能力监测预警机制，探索编制自然资源资产负债表，对领导干部实行自然资源资产离任审计，建立生态环境损害责任终身追究制。紧接着，2015 年 11 月，国务院办公厅发布《编制自然资源资产负债表试点方案》，在内蒙古自治区呼伦贝尔市、浙江省湖州市、湖南省娄底市、贵州省赤水市、陕西省延安市开展编制自然资源资产负债表试点工作，自然资源资产负债表的核算内容主要包括土地资源、林木资源和水资源。其中，水资源资产负债表包括地表水、地下水资源情况，水资源质量等级分布及变化情况，并按照如下基本平衡关系编制：期末存量＝期初存量＋本期增加量－本期减少量，以反映水资产实物存量及变动情况。环境保护部（2018 年撤销，职责并入生态环境部）则重新开启了"国家环境资产核算体系建立"项目研究（亦称绿色 GDP 2.0 版）。同时，出台了企业环境信息披露方面的规范性文件，对微观层面的环境会计实务起到了促进作用。目前，江西省、云南省等多省份出台了自然资源资产负债表编制制度，要求各市、县级人民政府每年定期编制自然资源资产负债表，汇总上报到省级统计局。

在环境责任审计方面，除了审计署在积极推进相关制度建设，中共中央组织部、监察部（2018 年并入国家监察委员会）、环境保护部等党政管理部门也参与其中。环境保护部将"政府官员环境审计制度"列为专题政策研究项目，由环境保护部环境规划院牵头承担，审计署、中国人民大学、IISD 等国内外专家共同完成。项目在开展环境审计国内外对比研究、环境审计体系框架构建研究、环境审计指标体系与方法研究的基础上，提出政府官员环境审计政策实施的路线图，为在"十三五"规划和重要环保工作中纳入环境审计等内容提供政策建议。中共中央办公厅和国务院办公厅 2015 年 8 月出台了《党政领导干部生态环境损害责任追究办法（试行）》。2017 年，中共中央、国务院印发《领导干部自然资源资产离任审计规定（试行）》，把水资源列为重点审计领域之一，强调要对被审计领导干部任职期间履行自然资源资产管理和生态环境保护责任情况进行审计评价，界定领导干部应承担的责任。从 2018 年开始，该制度在全国范围内全面推行，一项全新的、经常性的审计制度建立。

　　然而，自然资源资产负债表的编制由统计局负责，领导干部自然资源资产离任审计则由审计署牵头组织。二者的对象和目标不同。自然资源资产负债表是行政区域内的自然资源变动表，不涉及负债，也就不是真正意义上的自然资源资产负债表，与会计上的资产负债表相差甚远，其目的是摸清家底；而领导干部自然资源资产离任审计主要是审计领导干部贯彻执行中央生态文明建设方针政策和决策部署情况，遵守自然资源资产管理和生态环境保护法律法规情况，执行自然资源资产管理和生态环境保护重大决策情况，完成自然资源资产管理和生态环境保护目标情况，履行自然资源资产管理和生态环境保护监督责任情况，组织自然资源资产和生态环境保护相关资金征管用和项目建设运行情况，以及履行其他相关责任情况。简而言之，领导干部自然资源资产离任审计就是领导干部环境责任审计。它与通常所说的财务报表审计不同，没有固定格式的审计对象，没有公认的标准化审计程序。下级政府编制的自然资源资产负债表由上级主管部门审定，不对外公布，缺少外部监督。而领导干部自然资源资产离任审计的对象并非自然资源资产负债表。二者在工作目标、工作依据、工作内容、工作程序等方面没有衔接，无法有效地增强自然资源信息的真实性和公允性。

我国自然资源资产负债表编制和领导干部自然资源资产离任审计的特点有"两强""两弱"。"两强"如下。第一，行政性强。即执政党和政府的导向及其影响处处可见。这在环境责任审计方面的体现最明显。国外的审计与会计一样，更重视企业、重视微观。我国则强调政府主导。这与国家制度和体制有关。对于宏观环境会计和环境责任审计而言，这是优势所在。第二，借鉴性强。这与我国实行改革开放政策和会计法规与国际趋同相关。无论是研究内容、关注的重点，还是研究方法，均体现了借鉴性，文献中不乏对国际同行的观点介绍、思路应用和方法模仿。"两弱"如下。第一，应用性弱。突出表现在资源环境会计研究方面，尤其是微观层面。企业基本上是被动状态，鲜有主动积极承担环境责任、扩大环境成本开支范围的，无论是环境信息披露规则制订还是环境成本管理，学术界与实务界相互脱节的现象比较普遍。第二，协同性弱。不仅仅理论界与实务界之间的协同性弱，不同学科专业背景之间的协同性也弱。这导致的结果：一是研究成果的深度广度不足，表现为视野不够宽、眼光不够长；二是研究成果的接受程度有限，最终影响到成果的应用。

（三）水权交易发展促进水资源会计发展

水权制度改革的地区，水资源的权利与义务规定清晰，产生了属于水资源使用者拥有并且未来可能产生经济利益流入的"水资产"和按照水分配方案或交易合同应当履行供水义务的"水负债"，水资源使用者迫切需要用会计核算方法来核算水资源和水权的变动，以保护水资产和履行水负债。例如，当取用水指标明确规定为水权，节约的指标可结转到下期使用时，就成为水资源使用者的水权类型的"资产"；本期的供水义务未完成，持续到下期履行供水义务，就成为水资源使用者的"水负债"，这样，水资源的权利与义务所属期间与水资源流转的期间不一致，需要应用会计上的权责发生制来核算，水资源会计就在实践中产生了。

2016年，水利部颁布的《水权交易管理暂行办法》提出"完善计量监测措施，对用水权益及其变动情况予以公布"。可见，水权制度改革为水资源核算确立了新的目标方向，不仅要核算水资源，还要核算水权益及其变动，并对外报告。这就需要借鉴会计理论和制度来创新发展水资源核算方法和信息披露制度，因为会计的本质是法律产权制度约束下对经济产权的货币计量与利益分配制度（周冰、宋智勇，2008）。水资源会计要能帮助利益相关者了解水资源的可获得性，帮助水资源管理部门及时了解水资源的使用和节余情况，这对制订、监督和评价可持续的水量分配计划及执行情况非常必要。此外，对外披露水资源分配和使用信息还有利于促进水计划制定者向公众和用水户履行受托管理责任。这些都是日益提高的水资源会计信息需求。

我国试点编制水资源资产负债表，反映了国家对核算水权及其权益的需求，尽管在水资源资产负债表的编制实践中缺少负债要素，只是水资源资产变动表，但它使用了会计上资产负债表的概念，引起了人们对水资源资产、水资源负债、水资源权益等概念的广泛探讨。同时，水资源资产负债表的编制采用实物计量反映水资源的变动，为水资源会计核算采用实物计量、以水量平衡为报表编制基础起到了抛砖引玉的作用。学者们感受到国家和社会对水资源会计核算的需求，把眼光投向国外，引进介绍澳大利亚水会计准则的内容，倡议我国建立通用目的水会计制度（陈波、杨世忠，2015；刘汗、张岚，2015）。因此，构建符合我国国情的通用目的水会计理论框架具有重要意义。

第三节　计划用水管理制度与水资源会计发展的瓶颈

一、计划用水管理制度的内容

为了加强计划用水管理，大力倡导节约用水，根据《水法》和《取水许可和水资源费征收管理条例》等法律法规，水利部于2014年颁布了《计划用水管理办法》。用水单位以用水定额为基础，按照规定的用水计划指标用水，实行计划用水管理制度。用水计划分为年计划用水总量、月计划用水量、水源类型和用水用途这几项。按照规定，用水单位不得擅自变更由用水主管部门核定的年计划用水总量、水源类型和用水用途。如需变更年计划用水总量，应当到主管部门申请调整用水指标，并提交相关材料说明用水指标增减的原因，如仅调整月计划用水量，仅需向主管部门报备即可。月计划用水量根据年计划用水总量自行确定，并向主管部门进行报备。此外，主管部门下达的用水指标会根据上一年的实际用水量而变化，如果上一年的实际用水量小于用水指标，那么下一年的用水指标就会相应地减少；如果上一年的实际用水量大于用水指标，那么就会对超额的部分实行超计划累进加价收费制度。从主管部门得到年计划用水总量后，用水单位内部对计划用水指标进行分解，下达给各用水部门，并对各用水部门进行节水指标考核。

用水单位根据主管部门下达的用水指标用水，主管部门对其所管辖单位的用水情况按照考核制度进行考核。单位内部各部门用水不能混用，需对各部门建立用水原始记录和用水统计台账，做好相关的记录分析，汇总各个部门的用水情况，并且每两个月向主管部门报送相关记录。主管部门严格实行超计划累进加价收费制度，除根据实际用水量交水费外，用水超支的部分需叠加罚款，节约的部分用水单位可以进行内部调整。

二、计划用水管理制度的弊端

计划用水管理制度促进了最严格水资源管理制度的落实，体现了全面推进节水型社会建设，强化用水单位用水需求和过程管理，提高计划用水管理的规范化和精细化。但该制度存在行政性强、用水单位节水积极性弱的问题，主要表现为以下几个方面。

第一，用水指标节约或超额的处理办法不利于调动用水单位节约用水的积极性，造成水资源浪费。一方面，由于每年节约的用水指标在年末清零，而且当实际用水量小于计划用水量时，下年用水单位获得的用水指标将减少，用水单位没有获得节水效益，反而可能影响到下年的用水。因此，用水单位存在节水的惰性，不愿意积极节水，而正好用到指标水量对用水单位来说效用最大，既不会影响到下年的用水指标，又能充分用水，这造成了潜在的水资源浪费。尤其是在计量不足且监管不严的情况下，用水单位就可能按照用水指标来假报实际用水量，这是各单位主观上报用水数据存在问题的根源。比如我国农村很多地方计量设施损坏、缺乏维修，各村上报的实际用水量非常接近用水指标。另一方面，如果实际用水量超额，用水单位只要能对超额部分进行合理的说明，主管部门将会据此调整用水指标，并不会对超额部分实行超计划累进加价收费制度加收水费，这对用水户超计划用水行为缺乏刚性约束机制。在这样的管理模式下，用水单位按照《计划用水管理办法》要求，设立用水统计台账，编制水统计表上报主管部门，以便政府依据统计表的数据来分配用水指标，用水单位在水资源管理和核算中处于从属地位，没有发挥主观能动性。

第二，水统计数据不全面，管理方式较为粗放。一般情况下，用水主管部门核定给用水单位的用水指标包括自来水、地下水等常规水源，不包括雨水、再生水等非常规水源，用水单位仅需要每两个月上报给主管部门常规水源的实际使用量。而用水单位通过雨水收集和污水处理等方式得到的非常规水源的水量与实际使用情况，无须向主管部门上报，仅通过计算估测，其水量变动的状况记录不充分，不能精细精确地管理和控制这些水资源的使用情况。

三、水资源会计发展的瓶颈

（一）水权制度不完善，缺乏水资源会计核算的需求

会计核算的基础是法律产权制度约束下对经济产权的利益分配制度（周冰、宋智勇，2008）。因为，依据会计理论，资金投入包括企业所有者投入和债权人投入两类，从而形成企业的资产总额。债权人对投入资产的求偿权，表现为企业的负债；企业所有者对净资产（资产与负债的差额）的所有权称为所有者权益。从一定时期相对静止的状态来看，资产总额与负债及所有者权益的合计必然相等。由此分离出资产、负债和所有者权益三项资金运动，并形成了"资产＝负债＋所有者权益"的会计恒等式，反映了企业所有的财产之和等于它权益的总值，从本质上揭示了资产与资本、负债三要素在企业经济活动中的内在关系，这一理论成为会计理论建设的基础；通过建立经济平衡关系，定期进行平衡试算，以勾稽全部账目，达到会计测试与监督的目的，并成为资产负债表的理论基础。正是基于此，现代会计的两大基本职能是产权界定和产权保护（曹越、张肖飞，2013）

同样，水资源会计是在水权法律制度约束下对水资源经济产权的利益分配制度，水资源会计核算是用会计理论和方法来核算水资源变动的过程和结果，同样应当在权责明晰的情况下，水会计主体的水资源包括它拥有的所有权或拥有的可转让的使用权的水资源（净水资产）和它按

照交易合同或供水协议承担的供水义务的水资源两类（水负债），它们的和形成水会计主体的水资产总额。具体来说，就是水资产与水负债的差额，称为水会计主体的净水资产，它显示了该单位在分配水资源方面的合法权利或限制。因此，要开展水资源会计核算，前提条件是对水权有明确的法律界定，水会计主体拥有或负责管理，并且预期会给水会计主体或其利益相关者带来未来利益的水资产。同时，还应当有水会计主体承担的现时义务，对它的履行将导致水会计主体的水资产减少或另一项水负债增加。只有存在产权关系清晰的水资产和与之相对应的水负债时，才能系统、彻底地将会计理论用于水资源核算，构建水会计等式"水资产-水负债=净水资产"，它构成水资产和水负债表的理论基础，反映某个时点上水资产、水负债和净水资产的状况，使水资源会计具有水权界定和水权保护的基本职能，这样，社会上才会"自觉"地产生水资源会计的需求，进而产生水资源会计的实践活动，把水资源会计作为水权保护和财富计量的手段。

近几年，国家在政策制度和实践层面加大水权市场建设和推进力度，取得了一定的成效和经验，但总体来看，我国水权交易仍处于探索之中。当前，我国水权的法律地位尚需明确，涉及初始水权分配、水权交易和水市场监督管理的基本法律制度仍需完善。我国水权概念模糊，虽然《水法》规定了水资源的所有权属于国家，但没有提出水权概念，没有明确水资源的使用权、收益权和处置权等。《取水许可和水资源费征收管理条例》中的取水权并不是水权，因为它依托的取水许可是一种典型的行政审批，取水用户持有的取水许可证更多反映的是行政管理的内容，是不得转让的，更不能通过拍卖、抵押、入股等方式发挥资本权能，不符合水权确权登记要求。而且目前取水许可证的 5~10 年期限仅是许可期限，不是权利期限，难以满足权利稳定性要求（李维明、谷树忠，2019）。最严格水资源管理制度将用水量指标分配到省、市、县、乡四级行政区，但并未分解到水资源使用者手里，也未明确其相应的权利和责任。也就是说，现行的水量分配方案，还不能满足建立水权制度的要求，用水户的水权不能通过现行的水量分配方案得到落实，因而也谈不上流转。水量分配方案不能代替水权分配方案，与水量相关的各种权利和义务只能在水权制度中加以明确（李维明、谷树忠，2019）。综上所述，我国水权制度尚未建立，水资源使用者并未真正获得具有占有权、使用权、收益权和处置权的水资产，不能通过经营水资源获得未来利益，严格地说，水资源经营者经营的水资源并不符合经济核算中的"资产"的定义，也就不存在与之相对应的"负债"，因此不需要用会计的方法来核算水权、反映水权。

（二）非持续核算水资源的权利和义务，无法建立以权责发生制为基础的水资源会计

长期以来，水资源作为一种事关国计民生的重要资源，和电力、燃气等一起列入公用事业的范畴，一直由政府全权管理。国家作为水资源的所有者，是水权分配的主体，并保留水资源的经营权、使用权和最终处置权，产权关系单一、利益分配简单。即使近几年开展水权制度改革，发展水权交易，但仍然没有建立全国范围内的水权法律制度，水权交易量相对于全国水资源的使用量而言仅占极微小的一部分。全国大部分水资源的使用由政府负责经营，政府每年制订水量分配计划，给政府经营的水资源管理单位下达取水、供水和用水的行政指令，水资源管理部门按行政指令操作。

一方面，供水部门依据行政指令供水。上级水务管理部门下达调度令，让供多少水，下级部门就供多少水，期末未使用的水分配量被撤销，归为下期的水资产。例如，北京市密云水库管理处按照北京市水务局的调度令来向京密引水渠供水，每次调度令中都说明供多少水、流速多少，严格按调度令执行，按次供水、按次核算。对于未使用完的已下达的计划分配量，不在下期继续履行供水义务，而是由北京市水务局再下达一个新的调度令撤销或变更原来的分配计划，未使用的水量作为下期的水资产，不归属特定的用户。在这种按行政指令供水、期末撤销未使用的计划分配量的水资源管理实践中，不存在水资源会计中所核算的"水负债"要素，即期末承担的应供未供的水量，成为本期的水负债，持续到下期继续履行供水义务。

另一方面，我国《计划用水管理办法》规定，用水主管部门每年给用水单位下达用水指标，如果用水单位实际用水量未达到用水计划，节约的水指标年末清零，主管部门将核减其来年计划用水量。如果实际用水量超过用水计划的，主管部门征收超计划累进加价费用。对于节约的用水指标，不能持续到下期使用，而被征收（或清零），使得以权责发生制为基础的债权性水资产（如应收水量、水许可）不存在。

因此，无论是供水业务，还是用水业务，我国都依靠行政指令来管理，供水义务或用水权利不持续到下期履行，期末都清零，所以在实践中，我国按照统计的方法来核算水资源的变动，即基于收付实现制来核算。没有跨期持续核算的权利和义务，也就不需要用权责发生制来核算，水资源会计的发展遇到水资源管理现实的瓶颈。

第四节　澳大利亚水资源管理与水核算的改革经验

澳大利亚创建的通用目的水会计（General Purpose Water Accounting，GPWA），起源于澳大利亚 20 世纪末实行的水资源政策改革，它是世界上第一个使用类似于财务报表格式和方法来编制自然资源报表，首次将财务会计的核算领域从经济活动拓展到自然资源，在潜在地提高水资源可持续方面是引领世界的创举（Godfrey，2011；Melendez and Hazelton，2009）。任何制度的产生都离不开孕育它的社会经济环境。根据会计契约论，会计规范和技术标准制定和调整的主要推动力并不是来自纯粹技术手段的进步，而是来自相关产权主体对自身利益保护、扩张的需要。产权关系越复杂、利益分配关系越复杂，对会计的需要就越强烈（周冰、宋智勇，2008）。澳大利亚创建并推广使用通用目的水会计，除了与它独特的自然环境密切相关，更值得令人深思的是它对水核算的重视，以及它拥有的世界领先的水权制度和水资源管理制度。

一、澳大利亚的自然条件和社会经济环境

澳大利亚是世界上最干旱的有人居住的大陆，也是人均水资源使用效率最高的国家（Godfrey，2011）。水资源总量仅为 3 430 亿 m³，但由于人口少，澳大利亚以人均水资源量 18 743 m³ 位居世界前 50。而且，澳大利亚降水地区分布不均匀，东南部沿海地区降水多，北部和西北部地区降水极其匮乏；降水年内、年际分布也不均匀，干旱后伴随大面积洪灾是澳大利亚气候的鲜明特点，水及水量分配原则成为澳大利亚现代史的核心原则。

位于澳大利亚东南部的墨累-达令盆地面积近 100 万 km^2（等于南非的面积），主要由墨累河和达令河以及它们的支流组成，覆盖新南威尔士、维多利亚、南澳大利亚、昆士兰、首都区 5 个州，是澳大利亚2 250万人中 210 万人的家园，其中大约 130 万人依靠它生活，该地区生产澳大利亚近 40% 的食物。长期以来，墨累-达令盆地由这 5 个州通过复杂的、合作的政府间协议联合管理（Slattery et al.，2012）。由于这个地区对澳大利亚极其重要，联邦政府在该地区的水量分配以及更广泛意义上的水资源政策改革方面都扮演了重要的角色。

1983 年，新南威尔士州和维多利亚州之间已分配但期末未履行的水供给义务不像以前一样自动清零，而是持续到下一年度继续使用，这种权责明晰、持续核算的概念随后被应用到当地水分配和使用的账户核算中，未履行的供水义务持续到下年履行，这就有了"水负债"这个概念以及权责发生制在水资源核算和管理中的实践活动（Slattery et al.，2012）。这种方法在澳大利亚其他地方逐渐推广开来。

二、水核算在水管理改革中的重要地位

特殊的自然条件，再加上工业化和城市化对水资源需求的急剧增加，使澳大利亚本已趋紧的水资源问题变得更加严峻和复杂化。从 20 世纪 90 年代到 21 世纪初，公众和利益相关者对水的可及性、水分配以及伴随而来的水管理的权利和义务的监督到了难以置信的精确程度，山谷间的取水量每年都要被确定和审计，并与国家分配的取水量进行对比（Godfrey and Chalmers，2012）。社区、农业、商业、环境部门经常为水资源的公平分配而竞争，并且竞争持续升级，现实的、潜在的水信息使用者不能直接从供水方获得信息的情况日益增多，各级政府意识到根据一致的水核算准则来促进水信息的可比性和水市场运行的效率性而记录和报告的水信息至关重要，全面地、可比地核算水的管理、维护和分配以满足经济、社会和生态需求已变得迫在眉睫。

澳大利亚政府在了解到对彻底的水利改革项目的需求后，在 1994 年澳大利亚政府议会形成了建立国家水改革项目的宏伟战略。为了贯彻执行该战略，2004~2006 年联邦政府与州和地区政府签署了《国家水资源行动计划的内部政府间协议》（Intergovernmental Agreement to the National

Water Initiative，NWI)，NWI 规划了在八个领域内进行改革的战略方针，以达到为农村和城市用水而建设的以地表水和地下水资源管理为基础的全国范围内适用的市场和制度的政府目标，该市场和制度能最大化经济、社会和环境效益（COAG，2004）。这八个领域包括：①水权和水计划框架；②水市场和交易；③水价改革；④水与环境、公众利益的一体化管理；⑤水资源核算；⑥城市水改革；⑦水利知识和能力建设；⑧社区合作关系建设和调整。NWI 对发展水资源核算进行了专门的规定：水资源核算的结果要能确保建立充分的计量和报告体系，在所有管辖范围内，树立公众和投资者对被交易的水为消费使用，以及恢复和管理生态和其他公众利益的水的信心（COAG，2004）。而且把水资源核算的发展看作其他领域改革（如水市场建设）的支持工具和协同机制，同时其他领域的改革（如在测量方面的投资）也以相关的、可靠的水核算信息的发展为基础。NWI 是澳大利亚正式发展水核算的里程碑（Slattery et al.，2012）。

水市场建设和水权交易改革的核心是实行水量"封项"政策和水权交易制度，严格规定各地区最大可取用水量，并对可交易水权通过法律的形式予以确认。可交易水权被划分为三部分：①针对某一具体水资源的可消费量，确立一个与土地相分离的、永久或者是无期限的水资源份额权利；②根据特定水资源规划，分配特定水量；③对因某一目的而在特定地点用水的情况进行法律审批。根据这一规定，Fisher（2006）将澳大利亚的可交易水权划分为三种类型：水获得权（Water Access Entitlements）、水分配权（Water Allocations）和水使用权（Water Use Approvals）。水获得权规定水权人的水资源份额；水分配权规定水权人在一定时期有效的取水量；水资源使用权授权水权人从事与水权有关的活动（陈海嵩，2011）。其中，前两种构成用益权，允许在水权交易市场上转让，这是水配置到最高价值的用途。2007 年，澳大利亚新颁布的水法即以这一划分为基础来确立不同的水权类型。

任何新用途（灌溉开发、工业用途和城市发展）的用水都必须通过购买（交易）现有的用水水权来获得。交易的方式有永久性交易，也有临时性交易，转让期限有 1 年、5 年或 10 年（安新代、殷会娟，2007）。各种各样的水权交易的参与人通过水市场减少风险，永久性的灌溉者，如园林或者牛奶厂，在旱年购买水分配权来维持经营，灌溉者根据水供给决定的水价格来决策每年的作物耕种量。例如，预期的水价格可能成为未来棉花成本的重要组成部分。一些地方城市也到水市场上购买水获得权来保证干旱年份城市水供应，联邦政府开始大规模购买水获得权来保证生态环境的安全用水（Slattery et al.，2012）。和其他资本市场一样，传统的投资者和投机商为了创造财富也加入水市场。水权已经像股市一样可以通过网上交易系统进行交易（甘泓等，2014）。

正如财务会计是资本市场的基石，水核算应当成为水市场不可或缺的重要组成部分，它能帮助市场参与者和观察者了解水资源的可及性，有助于帮助水量分配计划的制定者了解何时、何地被谁使用了多少水量、还剩余多少水量等，对水量使用情况的确切认识对决定可持续的水资源使用限制和随后监督取水限制的执行情况非常必要。此外，水核算还能帮助水计划制定者向公众和水用户履行管理责任。政府有义务公开水资源的分配情况、水位恢复情况和恢复生态环境所使用的水资源等，以及政府回购生态用水所使用的公共资金的效率效果等，水核算必须提供解决上述问题的信息。

三、通用目的的水会计准则的制定过程

澳大利亚水核算已存在几十年，它主要用于内部机构管理水资源，水核算信息不公开透明，监管很弱。直到 20 世纪 90 年代，由于取水量受严格控制，水权交易快速发展，公众对取用水量的监督极其严厉，水量分配的争议剧增，澳大利亚联邦政府顺应时代发展的潮流，推行国家水计划改革（NWI），发现公众对建立先进的水核算体系存在潜在的巨大的需求，[①] 这种崭新的水核算体系要能向外部的那些不能获得水资源信息的组织或个人提供信息，帮助他们做出关于水的使用、管理和分配的决策，并帮助评估水资源管理者的管理责任的履行情况。要发展的水核

---

① 作为 NWI 的一部分，澳大利亚农林渔联合部授权 Sinclair Knight Merz（SKM）做民意调研，SKM 是一家战略咨询、规划设计领域的国际公司，它的客户包括建筑设计、矿产开发、能源供应、水和环境等方面的公司，员工类型涵盖工程师、规划师、建筑师、经济师、科学家和项目经理等。SKM 报告显示了对发展公众信赖的通用目的水会计标准体系的需求存在增长的共识。

算体系响应了 NWI 的要求，被称为通用目的水会计，依据它编制的报告叫作通用目的水会计报告①，它将为那些不能获得特殊目的报告的利益相关者提供对决策有用的信息。

国家水委员会设立了水核算发展委员会（WADC）来编制水核算准则。刚开始，水核算发展委员会由来自学术、行业和政府部门的专家组成，学科涵盖会计学、水资源管理和水资源政策等。澳大利亚水核算准则伴随 WADC 的成立于 2007 正式开始着手制定。初期，WADC 委托或参与了一些项目，包括调查现在和潜在的水核算报告使用者的信息需求。② WADC 的成员意识到 NWI 的目标和几种版本的财务会计概念框架下的决策有用目标具有相似性。因此，国家水委员会任命财务会计学者起草通用目的水会计报告的概念框架③，同时在部分地区开始建立试点实施标准化水核算（Melendez and Hazelton，2009）。《水会计概念框架》（WACF）于 2009 年由 WADC 改建而成的水核算准则委员会（WASB）④批准通过，财务会计连同水核算概念框架形成了澳大利亚水会计准则发展的基础（Chalmers et al.，2012）。2012 年，《澳大利亚水会计准则第 1 号》（AWAS 1）正式签发。同年，审计和鉴证准则委员会（Auditing and Assurance Standards Board，AAASB）联合 WASB、气象局（Bureau of Meteorology，BOM）制定了《澳大利亚水会计准则第 2 号》（AWAS 2）——通用目的水会计报告的鉴证准则的征求意见稿（包括审计和审

---

① 在财务会计中，无论是国家还是国际的会计准则都被作为编制通用目的财务报告的依据，通用目的财务报告满足那些需要会计信息，但又无法满足报告使用者（如股东）的需要。通过发布会计准则来解决特定种类的交易（如存货）、行业（如保险）或披露的问题。

② 使用者的信息需求研究具体是来检测利益相关者对用财务会计概念框架作为指导澳大利亚水核算发展方式的适当性的认识。

③ 许多国家或组织的会计准则有概念框架，如美国财务会计概念框架、国际会计概念框架等，它主要用于明确会计中的一些核心概念，即以会计目标、会计信息质量特征、会计要素的确认和计量为核心，形成一个内在一致的理论体系。它可以用来指导会计准则的制定和应用，也可以被实务工作者用来解决准则缺失时的特定问题。澳大利亚通用目的水会计制度的建设采用了财务会计制度建设的程序。

④ WASB 成立于 2009 年，是气象局的一个独立的专家咨询委员会，主要包括来自水文、水利工程和会计领域的专家，它负责发展澳大利亚水核算准则。

阅）①，该草案经修订于 2014 年 1 月 1 日正式实施。WACF、AWAS 1 和 AWAS 2 是 GPWA 发展的重要里程碑，共同组成了 GPWA 的规范体系，使 GPWA 发展得更快、更有效、更严格。从此以后，公众可及的水信息将依据水核算准则进行编制。

在澳大利亚颁布实施通用目的水会计准则后，一些水资源紧缺的国家（如南非、西班牙）也开始建立试点，研究通用目的水会计的实施效果和实施方案。

第五节　我国水资源管理与水核算改革的方向

澳大利亚实行的水会计与中国和国际上普遍使用的水统计方法的显著区别是，它聚焦于水会计报告的外部使用者对水会计报告主体拥有水或水权、转让水或水权的责任和义务的信息需求，把水和水的权益关系结合在一起，通过应用会计技术来实现双重核算目标：一是如实反映经济组织用于经营活动的水资源的赋存和分布状态，体现出水资产经营权的使用结果；二是清晰反映经济组织内外对于各项水资源的权责关系，体现出资产权益的划分和结果。在会计技术中，权责发生制无疑是反映权责关系的基本核算方法，也正是水资源会计引入了权责发生制，使得水资源会计实现了上述会计核算的双重目标，也使得水会计不同于国际上其他的水核算方法。随着我国水权制度改革的发展，部分地区已出现跨期持续经营水资源的实践活动，以权责发生制为基础的水资源会计核算能够适应这种崭新的水资源管理制度改革，而且能更精细化地反映水和水权变动的过程和结果，并界定水权，保护水权。2016 年，水利部颁布的《水权交易管理暂行办法》提出"完善计量监测措施，对用水权益及其变动情况予以公布"。可见，水权制度改革为水资源核算确立了新的目标方向，不仅要核算水资源，还要核算水权益及其变动，并对外报告。这就需要借鉴会计理论和制度来创新发展水资源核算方法体系和制度。

本书基于水资源会计的理论基础和研究视角，从现实背景和水资源

---

① 类似于财务报告审计。为了保证财务报告按公认的会计准则来编制、真实地反映企业的经济活动，各国都颁布实施审计准则，由独立审计师依据审计准则的规定实施审计程序，对财务报告的真实性和公允性发表审计意见。

管理制度改革的实际问题出发，探讨中国水资源管理和水核算改革的方向和路径，提出建立水资源会计核算体系，以适应新时代水资源管理体制改革的要求。

一、高度重视水核算和信息披露制度的建设

政府和经济政策的制定者现在已经意识到水作为一种不可替代的资源，对国家经济具有重要影响。2012 年 1 月，国务院出台《关于实行最严格水资源管理制度的意见》，对实行最严格水资源管理制度做出了全面部署和具体安排，充分体现了党中央对水资源管理的高度重视和坚定决心，标志着实行最严格水资源管理制度已经上升为国家战略（陈雷，2012）。水资源核算和报告是各种水资源政策制度实施的决策支持工具和协同机制，在水资源管理中发挥着基础作用，它能改进水计量方法，促进最严格水资源管理制度的落实和水权交易的发展。提供可靠的、可比的、公开透明的、高质量的水信息的水核算制度是贯彻落实最严格水资源管理制度的根本保证。政策制定者必须高度重视水数据的收集、处理和披露方式的改进，以便加强对水资源及其使用的监管（UNESCO，2012）。无论是最严格水资源管理制度的贯彻落实，还是水权交易市场的建设，无论是自然资源资产负债表的编制，还是领导干部自然资源资产离任审计，都离不开对水资源的计量、统计和核算，水资源核算是制定、实施、监督、考核各种与水相关的政策的基础。我国目前水核算相当薄弱，没有形成规范的计量、核算、报告和监督管理制度，造成水资源数据的失真、决策支持的有效性较弱，对各项政策的制定和实施影响较大。在水危机日益严峻的当代，我国政府应当高度重视水资源核算制度的建设，采取有效措施建立科学的、规范的、决策相关的水核算制度，为各项水管理制度改革保驾护航。

在国际上发展的几种水资源核算制度中，水资源会计把会计学和水文学结合起来，通过由国家发展水会计准则和鉴证准则，指导涉水企业或水务管理部门编制具有固定格式和内容的水会计报告，充分反映水量和水权变动的原因和结果。它使水资源核算从宏观水统计向微观涉水主体转变，改变了粗放的供用水统计模式，基于水量平衡法则来系统、全面、综合地反映水和水权的变动；它不是逐级上报的原始方式，而是对

外报送的崭新模式；它不仅反映水量的变动，而且揭示权利与义务的变化。总之，水资源会计信息具有可靠性、可比性、可理解性和公开透明性等特征，能为报告使用者提供与决策更为相关的信息，不仅有利于加强水资源管理者履行管理责任并进行社会监督，而且能促进经济资源、环境资源和社会资源的优化配置。建立水资源会计制度是贯彻落实最严格水资源管理制度的一种有效方案，也是水权交易市场顺利发展的基石。水资源会计是用管理经济的方式来严格管理水资源，它能助推经济的增长，并使水资源利用变得可持续（Unerman et al.，2007）。因此，我国应以制度环境为背景、以使用者及其信息需求为导向，循序渐进地构建具有中国特色的水资源会计准则，为水资源管理制度改革奠定坚实的基础。

二、完善水权制度，跨期持续履行水资源的权利和义务

我国水资源的所有权属于国家。水权制度实际上是在水资源所有权不变的情况下，创设使用权和经营权，把使用权、经营权和所有权分离，依法赋予水资源经营者使用权、经营权和收益权，为水资源使用者拥有的水权进行确权登记，保护水资源使用者的合法权益。通过建立水权交易市场，使水资源的使用权可以在水权交易市场上转让。政府重点负责水资源的规划调配、城市用水的规划、水质水量的监管以及水市场的规范监督，由市场机制运作水业（包括水利工程）的开发、建设、使用、经营。由于水权制度改革不仅是资源配置或生产力布局的问题，更是涉及制度建设和国家管理体制演化的问题（陈敬德，2006），因此在水权制度改革中，应充分考虑水资源条件、社会经济需求的变化和市场经济的发展，借鉴国外（尤其是澳大利亚等水权制度较为领先的国家）在水权交易与水市场建构上的先进经验，结合我国各地开展水权制度改革的成功经验，综合采取法律、行政、经济、科技、民主协商等手段，全面开展水权制度改革，大力发展水权交易，切实实现水资源安全和公平分配，并朝有效率的供给迈进（肖国兴，2004）。

2019 年，国家发展改革委、水利部颁布的《国家节水行动方案》明确提出，在满足自身用水的情况下对节约出的水量进行有偿转让。由用水主管部门核定给用水单位的用水指标应当由相关法律制度明确规定为用水单位的水资产，具有可转让等资产权能。用水单位节约的用水指标

（水资产）可保留到下一年度继续使用。或者可视不同情况规定，年末未使用的用水指标由用水主管部门按一定比例征收，其余用水指标可持续到下年继续使用。例如，地下水的水量相对稳定，可按 5%～10% 的比例征收；地表河流的水量有时年度之间变化较大，可按 10%～25% 的比例征收，征收之后节余的水量可结转到下年继续使用，或在水权市场上有偿转让。[①] 类似地，按照水量分配计划或供水合同，供水单位承担的供水义务，在年末未履行的部分，应当持续到下期继续履行。这样，就建立起节约用水的激励约束机制，促进水资源使用者保护水资源、珍惜水资源、节约用水。

此外，借鉴澳大利亚等发达国家的做法，由用水主管部门核定的用水指标在较长时间内（如 5～20 年）应当保持稳定，而且具有刚性约束。当用水总量控制指标（即初始水权）已分配完毕，任何单位或地区的超额用水需求必须通过购买现有的水指标方可获得水权。例如，新增用水户以及原来的用水户因扩建改建、新增业务、新招员工或扩大绿化面积等而新增用水需求，必须到水权市场购买用水指标来满足新增的用水需求（Godfrey and Chalmers，2012）。这样，水资源才真正能够在水权市场上体现出应有的价值。用水单位对其拥有的水资产的权利具有稳定的预期，既掌握节约用水的收益，又受到用水指标的刚性约束，将极大地调动用水单位节约用水的积极性和主动性，激励用水单位可持续地管理水资源，促进水权交易发展。

拥有或管理水资源的部门或企业能从经营水资源中获得预期收益，产生保护和拓展水资产（资源）的愿望，这需要严格计量、记录水资源和水权的状况及变动，因而就会产生用会计的方式来连续、系统、全面、综合地核算和管理水资源和水权的愿望，自觉地利用会计来记录和核算各种水资产和水负债，进行产权界定，并对界定的产权进行保护。正如伍中信（1998）所指出的，会计产生、发展和变更的根本使命是体现产权结构、反映产权关系、维护产权意志。产权关系越复杂、利益分配关系越复杂，对会计的需要就越强烈。只有经营水资源的企业能够从水权

---

①　根据水资源的不同情况，规定不同的征收率，见本书第八章第五节"内蒙古河套灌区水资源会计报表编制研究"，对地下水节约的用水指标的征收率为 10%，黄河引水节约的用水指标的征收率为 15%，其余节水指标结转到下期继续使用。

的经营中获得利益，水资源才能变成"水资产"，成为水资源会计核算、监督和保护的对象。

三、以权责发生制为基础核算和对外披露水资源信息及水权信息

明晰的水权制度能对水权提供长期稳定的保护，为水资源的持续经营和持续核算提供条件。政府的水分配计划将变得更加稳定和持久，而不是现在这种按次分配，未履行的水分配计划由行政指令撤销。今后，在水权明晰的情况下，政府制定水分配计划应当在长期内相对稳定，并随着经济发展和人口增长率的逐渐提高，实行持续核算，即本年已分配未使用的水资源计划量可延续到下年使用，这一方面可以促进政府长期稳定地制订水分配计划，另一方面可以促进水企业自主经营、节约使用和优化使用水分配量。在水分配量有节余的情况下，可到水权交易市场上出售用水指标，取得经营收益，或者把用水指标结转到下年继续使用。在水权交易市场上，不同的水企业可根据相关法律规定，签订 1 年、5年、10 年等不同期限的水权交易合同，开展持续稳定的交易，本期未履行的水供给义务可延续到下期或以后某个时期履行，这样可促进水资源在时间和空间上的优化配置和水权的投融资。持续核算（应计制）水资源的制度和实践活动，使权责发生制在水资源管理的实践活动中得以应用。

年末未使用的水指标可持续到下年使用，就形成了用水单位一项独特的水资产（水权），它不能用单纯的水统计方法来核算，而应当采用会计上的权责发生制来反映水资源的权利和责任的归属和转移。权责发生制的特点就是水会计主体按照与水资源有关的权利和义务是否归属本期来确认交易或事项的发生，而不是按照水资源的实际物理流动来确认交易或事项的发生。即凡是在本期发生的水资产变动，无论水是否实际发生转移，都要在本期的水核算报表中反映其变动状况。反之，凡是不属于本期发生的水资产变动，无论水是否实际发生转移，均不在本期的水核算报表中反映其变动状况。如年末未使用的水指标，扣除征收量后，应作为用水单位的一项权利性的水资产——"水许可"来确认。对于供水单位，年末应供而未供的水量就应作为水负债要素下的"应供水量"来确认，水资源会计就此产生并应用。

　　因为水权交易活跃，水量分配计划的有效期延长，以权利和义务来划分的水资产和水负债频繁发生，大量水权主体迫切需要用统一的、可靠的、可比的水资源会计方法来核算水资源变动和水权交易，国家相关部门可制定公认的水会计准则和鉴证准则，指导供用水单位编制具有统一格式的水会计报表，反映和监督水资源和水权的变动，使水资源会计标准化、规范化。经过审计的水会计报表连同审计报告一起对外披露，方便利益相关者获取对决策有用的水信息，也有利于社会各界监督水资源的分配和使用，解决信息不对称问题，使水资源数据的收集、加工处理透明化，提高水信息的质量。

　　值得注意的是，开展水权交易和权责发生制核算是相辅相成的。一方面，水权交易需要用权责发生制核算；另一方面，权责发生制核算可以保护和促进水权交易更快更好地发展。因此，研究以权责发生制为基础的水资源会计理论，构建水资源会计核算、报告和审计体系，探索水资源会计在我国的应用，具有重要意义。它将有力地促进最严格水资源管理制度的贯彻落实，保障水权交易的健康发展，最终促进我国水资源的有效管理和使用。

第四章　水资源会计准则

从前三章的论述可以看到，我国对更准确的持续核算的水资源信息的需求正逐渐增加，并转化为对提升数据可及性、提高质量、转变信息结构、反映管理者对自然资源管理责任的战略需求。在这种情况下，改革水信息收集、处理和报送的方式成为大势所趋，我国应当用管理经济的方式来严格管理我们珍稀的水资源的挑战迫在眉睫，研究建立通用目的水会计准则的意义重大。

水会计准则提供编制和披露通用目的水会计报告的依据，它制定了水会计报告中各项目确认、计量、记录和报告的要求，以使水会计报告主体在不同时期编制的水会计报告具有可比性，不同水会计报告主体编制的报告也具有可比性。

第一节　建立水资源会计准则的意义

一、水资源会计准则是落实最严格水资源管理制度的根本保证

2012 年，国务院颁布实施《关于实行最严格水资源管理制度的意见》，提出加强水资源管理，提高用水效率，限制污水排放等具体目标，并强调抓紧制定水资源监测、用水计量与核算等管理办法，健全相关技术标准体系。它明确了水资源核算应在水资源管理中作为一种有效的工具，为支持决策提供基本的信息。如今，最严格水资源管理制度已实施 11 年，在全国建立了覆盖流域和省、市、县、乡四级行政区域的取用水总量控制指标体系，各地区、各用水户需按用水指标取水用水。但我国在核算体系或技术标准方面尚未取得明显进展。实行最严格水资源管理制度，不仅要严格分配取用水总量，更关键的是要严格计量和核算实际取用水量，并且能够有效地监督取用水量，这是事关最严格水资源管理制度是否能够贯彻落实的关键问题。而且严格计量和核算取用水量，不

仅需要由各级政府来承担，还需落实到各供用水单位或部门。我国目前的水核算制度难以满足最严格水资源管理制度的需要。

水资源会计是一种崭新的标准化水核算制度，它包括系统的规范体系、约定俗成的核算程序和方法、具有固定格式和内容的水会计报告，以一个水会计报告主体为空间范围，反映这个水会计报告主体整体的水资产、水负债的状况及其变动以及物理水流动情况，全面、详细地披露水会计报告主体从各种渠道取水、用水和排水的情况，为外部使用者提供与决策相关的信息；通过报表内在的平衡关系进行相互稽核，揭示水管理的权利和义务。为了维护水会计报告主体所有利益相关者的利益，水资源会计的数据处理过程和水会计报告的编制均要严格遵守公认的水会计准则要求，并由独立的审计人员依据审计准则对水会计报告实施审计。可见，通过建立水资源会计准则，可对微观水会计主体拥有或管理的水资源活动或事项进行连续、系统、全面地反映和监督，使水资源核算信息更加具体、详细、准确和公开透明，促进节约用水，保护生态环境。因此，我国发展水资源会计核算准则将从根本上改善我国水资源统计状况。并且水资源会计报表本身就有评价水管理和控制水平的指标，能直接促进水资源管理部门和水企业对水资源进行准确计量和有效控制，促进最严格水资源管理制度的贯彻落实。此外，通过对定期编制的水会计报告进行审计和对外公布，不但能加强水资源的经营管理，提高用水效率，保护生态环境，而且可以使政府、公众、投资者等利益相关者及时获得可靠的、决策相关的信息，加强政府和社会公众对水资源管理者的管理活动的监督。因此，水资源会计是落实最严格水资源管理制度的根本保证。

二、水资源会计报告是资源环境责任审计的重要依据

随着我国经济的快速发展，环境资源的破坏逐渐加剧，政府越来越重视保护环境，合理开发自然资源，对环境责任的审计和追究成为社会发展的重要方面，尤其是针对日益紧缺的水资源和日益恶化的水环境的审计，更是在紧锣密鼓地研究和实践。2009 年，审计署发布了《关于加强资源环境审计工作的意见》，明确了包括水环境审计在内的资源环境审计的重要性，指出了工作的主要任务和具体措施。2011 年，审计署课题组出版了《水环境审计指南》，系统地阐述了水环境审计的定义、目标、

范围、内容、组织方式、技术方法、审计标准、审计前的准备等，并对有关水环境审计的事项进行了专门研究。这两项文件都是审计署出台的，前者是政府公文，提出了加强资源环境审计的要求，主要针对环保政策法规的履行、环保资金的应用和管理、环保项目的建设和运营三方面的审计，用于监督和评价政府部门资源环境管理绩效；后者属于技术标准，主要是针对水污染而开展的审计技术指导。二者从政府审计的角度促进了各级地方政府履行环境保护责任、防污治污。2013年，党的十八届三中全会提出探索编制自然资源资产负债表，对领导干部实行自然资源资产离任审计，建立健全生态环境损害责任终身追究制。2015年下半年开始在贵州、内蒙古、浙江、湖南、陕西展开试点工作，我国自然资源资产负债表的核算内容主要是土地资源、林木资源和水资源。2018年，领导干部实行自然资源资产离任审计在全国开展。这些环境责任审计工作的实施，说明我国对各级政府履行保护环境的社会责任的重视，迫切希望对资源环境的管理者的受托责任的履行情况进行评价和考核。甘泓等（2014）认为，编制水资源资产负债表可以为水资源有偿使用和水生态补偿标准制定、水生态环境损害责任终身追究制、水生态文明建设成效评估等提供量化指标和依据。

　　然而，仅仅编制水资源资产负债表，只能静态反映某个时点上水资产、水负债和净水资产的数量和性质，无法反映这样的结果产生的原因，既不能动态反映水的具体细节，也很难实现对水资源管理行为的严格计量和对水资源管理责任的量化考核。而且无论是政府审计，还是通过编制自然资源资产负债表对领导干部进行离任审计，审计的客体都是政府及政府部门的领导干部，而没有包括更加广泛的社会各界的供用水单位。此外，我国政府审计较重视水环境审计，缺乏对水资源使用情况的审计，再加上我国缺乏水资源管理和使用信息披露制度，使供用水资源成为"黑箱"，难免发生个别企业领导干部受贿、贪污、挪用公款的事件。

　　水资源会计报告在以下三方面弥补了上述两种做法的缺点。第一，水资源会计报告由微观水会计报告主体采用权责发生制和复式记账法，编制水资产和水负债表、水资产和水负债变动表以及水流量表三张水会计报表，这三张报表通过水量变动的平衡关系，反映水会计报告主体拥有或管理的水资源变动的原因和结果，揭示水管理者取水、用水、排水等经营管理行为，能更加全面地评价经营管理者的受托管理责任的履行情况。第二，水会计报告由微观涉水主体编制，即水会计准则规定的那些拥有、管理或使用水的单位、部门都需定期编制和披露水会计报告，编制主体不仅包括各级水务局、水库和河流管理委员会等政府部门，还包括自来水公司、污水处理厂、水电站、灌区、公园、养殖场等国有、集体或民营的供用水单位，这样，接受环境资源审计和社会监督的对象可覆盖几乎所有涉水主体，能更全面地保护和合理开发利用水资源。第三，水资源会计报告的内容不仅包括水质，更重要的还有水量，在当今水越来越珍贵的时代，对每一滴水都应该珍惜，只有将水量的核算明晰和明细化，并公开透明化，接受政府部门和社会公众的监督，才能真正地缓解水资源的压力。因此，水资源会计报告的编制及其审计可作为水资源管理责任审计的重要依据。

三、水资源会计准则是水权交易市场有效运行的基石

在党的十八届三中全会上，我国将开展水权交易列为生态文明建设的重要举措。2014 年，水利部在宁夏、江西、湖北、内蒙古、河南、甘肃和广东 7 省区启动了水权交易试点工作。2015 年 9 月，中共中央、国务院下发了《生态文明体制改革总体方案》，提出了健全自然资源资产产权制度、健全环境治理和生态保护市场体系等十项内容，进一步明确要推行水权交易制度。水权交易以"水权人"为主体，水权人可以是水使用者协会、水区、自来水公司、地方自治团体、个人等，凡是水权人均有资格进行水权的买卖。水权交易发挥的功能，是使水权成为一项具有市场价值的流动性资源，通过市场机制，引导用水效率低的水权人考虑用水的机会成本而节约用水，并把部分水权转让给用水边际效益大的用水人，使新增或潜在用水人有机会取得所需水资源，从而达到提升社会用水总效率的目的。水权交易制度是落实最严格水资源管理制度的重要市场手段，是促进水资源节约和保护的重要激励机制。

水权交易需在用水总量控制的前提下，通过水资源使用权确权登记，依法赋予取用水户对水资源使用和收益的权利，通过水权交易，推动水资源配置依据市场规则、市场价格和市场竞争，实现水资源使用效益最大化和效率最优化。水资源会计报告一方面如实反映了经济组织用于经

营活动的水资源的赋存、分布和变动状况，体现出水资产经营权的使用结果；另一方面又清晰反映了经济组织对水资源的权责关系，体现出资产权益的划分及结果，能较好地揭示水权交易的内容和实质。有效市场假说证明了在有效的市场上，价格能"全部反映"所有可获得的信息，促进资源的优化配置（Gode and Sunder，1993；Malkiel and Fama，1970）。尽管有各种各样的信息，但会计信息被证明对股价是有影响的（Ball and Brown，1968）。会计信息披露质量的高低决定着资本市场的有效程度和社会资源的配置效率。因此，我国建设水权交易市场必须建立水资源会计报告制度，让水市场主体及时提供可靠的、可比的、公开的与决策相关的水资源信息，使投资者和其他利益相关者能据此做出决策，从而更好地体现供求关系，促进市场水价的形成，降低交易成本，提高交易效率，优化资源配置。

水权制度就是在水资源所有权不变的情况下，把所有权和经营权分离，依法赋予水资源经营者使用权、收益权和处置权，通过建立水权交易市场，使水资源的使用权可以在水权交易市场上转让。这样，在两权分离的情况下，将产生委托代理关系，出现信息不对称，从而产生对通用目的水会计信息的需求。同时，随着水权交易不断活跃，自然会产生对水资源和水权长期的、持续的核算，产权主体为了维护自身的利益，会自觉地利用会计方法来记录和核算各种水资产和水负债，并进行权益的划分。

综上所述，水资源核算制度的改革是其他各项水资源管理制度改革的基础和关键，只有建立一套可靠的、可比的、公开透明的标准化水核算制度，才能为其他各项水资源管理制度改革保驾护航。水资源会计就是这样一种聚焦于外部使用者的需求、以水资源和水权的状况及其变动情况为核算对象的崭新的水核算制度，它能为我国各项水资源管理制度的贯彻实施提供评价和考核的依据，为制定水资源政策提供与决策相关的信息。我国水资源管理制度的改革也为建立通用目的水会计创造了条件，我国应当建立通用目的水会计准则。

第二节　我国水资源会计准则的框架设计

上一节讨论了建立水资源会计准则的意义，本节将从水资源会计准则的目标出发，结合我国水资源管理制度和环境，研究我国建立水资源会计准则的框架，并分析其特点。

一、我国水资源会计准则的目标

水资源会计准则主要是为外部的水信息使用者呈报水会计报告主体的水资源和水权的状况及其变动情况等有关信息，反映水管理部门受托责任的履行情况，有助于水会计报告的使用者做出决策。由于它所呈报的信息旨在提供给所有的外部水信息使用者，而不是特定的水信息使用者，因此所提供的信息一般都采用总括的水会计报告的形式。水会计报告的主要服务对象是水会计报告主体外部不同的社会集团，它们与水会计报告主体有各不相同的利害关系，而且远离水会计报告主体，不直接参与水会计主体的经营管理，只能从水会计报告主体提供的水会计报告获得有关资料，自然要求水会计站在公正的立场上，不偏不倚、客观地反映情况。这就要求水资源会计统一以体积形式反映水会计报告主体的水资源活动，严格遵循公认的水会计准则，对用水资料的处理按既定的程序进行，具有比较严谨且稳定的基本结构，并且经过独立于水会计报告主体之外的审计人员鉴证水会计报告是否公允地反映了水资源活动的真实情况，这是使水会计信息能够取信于水会计报告主体外部的投资人、债权人和政府机构等利益相关者所必需的。

二、我国水资源会计准则的框架设计

我国水资源会计准则以原则为基础，而不是以制度为基础，这意味着它为水会计报告的编制提供了概念基础（Godfrey and Chalmers，2012）。相反，以制度为基础的准则规定了编制报告必须遵守的具体的制度。尽管一些制度是不可避免的，但以原则为基础的准则的基本优势在于它宽广的指导原则可以应用到各种环境。以制度为基础的准则较少有职业判断，也不能覆盖各种情况。根据我国的水资源管理实践的要求和面临的内外环境，借鉴澳大利亚创建的通用目的水会计准则，我国应采用财务会计准则制定的程序和方法，来制定和颁布实施《水资源会计概念框架》《水资源会计准则》《水资源会计鉴证准则》。它们三者共同组成水会计准则。它们之间的关系如图4-1所示。

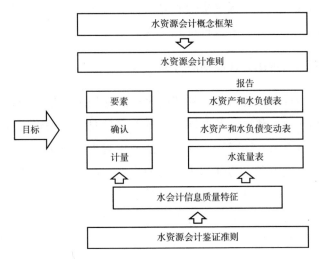

图 4-1　我国水资源会计准则框架

（一）我国水资源会计概念框架的主要内容

水资源会计概念框架是由一系列说明水资源会计并为水会计所应用的基本概念所组成的理论体系，是指导和发展未来水资源会计准则的理论依据。对它的构建主要包括以下层次和内容。

1. 水会计报告主体的定义、水会计报告的目标、水会计假设和水会计对象

水会计报告主体的定义。本部分具体规定水会计报告的编制者范围，即具备哪些特征的水会计主体应当依据《水资源会计概念框架》和《水资源会计准则》编制水会计报告。以有报告使用者的需求为原则，比如，具备以下条件之一，并有报告使用者的需求的水会计主体就是水会计报告主体：①拥有或能转移水；②拥有水权；③有水流入或流出；④有管理水的相关责任。通过对水会计报告主体的定义，那些供水、用水、管理水分配和使用的单位都成为水会计报告主体，须遵守水会计准则的规定，编制水会计报告。

水会计报告的目标。我国水资源会计概念框架应定位于"受托责任观"和"决策有用观"的融合。对于水会计报告的目标，澳大利亚水会计概念框架主要是"决策有用观"。但是，水会计报告的目标本身就是特定环境下对水会计信息使用者及其需求进行的一种主观认定，会计环

境的差异决定了水会计目标相关成果不可以简单地套用。一般认为，"决策有用观"比较适宜于资本市场高度发达并在资源配置中占主导地位的会计环境，而"受托责任观"比较适合委托方和受托方可以明确辨认的核算环境。我国资本市场尚不十分发达，尤其水权交易刚刚起步，国家作为委托方仍然占据着重要地位；证券市场的不完善使其不能为会计信息使用者提供有效的"信号"服务来引导资源的有效配置；相当多的水会计信息使用者的个人素质尚不能保证理解复杂的水会计信息也是一个不容忽视的事实。这些都决定了我国水会计报告的目标定位不应完全脱离"受托责任观"而定位于"决策有用观"。事实上两者并不完全相互排斥，而是可以相互融合，在关注受托责任的同时必然需要做出有关决策以评估代理人履行受托责任的好坏；而要关注决策有用性、做出决策时也必然受委托代理关系的直接或间接影响。

水会计假设。水会计假设是由水会计所处的经济、政治、社会环境所决定的，是水会计存在和运作前提的基本概念，即水会计报告主体、持续经营、会计分期和体积计量。水会计的基本概念、基本特征和基本程序都离不开主要由企业内部和外部经济环境所建立的基本假设。缺乏这些前提假设，就不会有水会计了。

水会计对象。由于水会计要素是水会计对象的具体化，水会计报表应设置哪些要素、设置多少要素都必须限制在核算对象的范围内，受到核算对象的制约，若核算对象不明确，核算要素的设置就会失去客观依据。

以上水会计报告主体、水会计报告的目标、水会计假设、水会计对象都受会计环境的影响，四者相互作用、相互影响，地位同等，构成水资源会计概念框架的第一个层次。

2. 水会计要素和水会计信息质量特征

水会计要素。水会计要素是指水会计确认和计量的具体对象，也是组成水会计报表的基本单位。也就是说，水会计报表的各种信息是以会计要素为基础的。因此，怎样定义会计要素，对水会计信息的生成具有不可言喻的重要性。我国水资源会计要素可分为水资产、水负债、净水资产、水资产变动和水负债变动五大要素，对它们的定义可参考本书第五章第四节"水资源会计要素和会计等式"。

水会计信息质量特征处于水会计目标与水会计报告之间，是两者之间的"桥梁"。既反映会计目标的基本内涵——使用者对核算信息质量的基本要求，又和水会计的确认与计量一起统驭着水会计报告信息披露的范畴。构建我国水资源会计概念框架应建立包括水会计报告信息质量特征的水核算信息质量体系，并体现其层次框架，辨明关于水会计信息的两个主要质量特征——相关性和可靠性的关系问题。与财务会计概念框架类似，水会计信息具有以下特征：①相关性；②可靠性；③可比性；④可验证性；⑤及时性；⑥可理解性；⑦约束性（包括重要性和成本收益性）。

在基本假设的前提下，考虑水会计目标，把会计对象具体化为会计要素；为了实现会计目标，正确地进行会计要素的确认、计量和提供有用的核算信息，应具备规定的分层次、有主次的信息质量特征。因此，水会计要素和会计信息质量特征应作为水资源会计概念框架的第二个层次。

3. 水会计要素的确认、计量、记录和报告

在会计记录和水会计报告中对水会计要素进行定性说明和定量描述的过程，称为"确认与计量"。根据会计实务的实际程序，任何一项交易，从开始进入核算信息系统进行处理到通过报表传递已加工的信息，总要经过两次确认：第一次确认是为了正确记录，称为初始确认；第二次确认是为了正确列报，称为再确认。在初始确认的基础上，按照水会计报告的目标把账户记录转化为报表与项目，成为对报表使用者有用的信息。这是水资源会计的最终要求，因此这一系列的会计处理过程构成了水资源会计概念框架的第三个层次，也是最终层次。

总之，水资源会计概念内容相互关联、密不可分。从系统论的角度分析，水资源会计概念框架是一个人造的概念系统，它存在并运行于特定的外部环境条件，水会计基本假设是该系统的周边界线，目标、原则、对象等则是该系统的结构部件，这些部件之间存在内在的逻辑关系，即以水会计报告的目标（信息质量特征属于目标的一项极为重要的内容）为逻辑起点，运用科学的方法（归纳、演绎、实证、定量、事项和伦理等方法）逐级开展核算原则、会计对象，以及会计对象要素确认、计量、

记录和报告的研究，并在此基础上科学地预见概念框架的未来发展，最终使概念框架体现出内涵完整的概念体系、深刻的哲学思维和科学的实证系统三方面特征。

（二）我国水资源会计准则的主要内容

我国水资源会计准则包括会计准则、应用指南和案例分析三部分。

1. 水资源会计准则

水资源会计准则应当包含准则的目标、适用范围、水会计报告的一般目的、水会计报告的结构和内容、保证声明五部分。

水资源会计准则的目标和适用范围。水资源会计准则对加强和规范水企业和水管理部门的行为，提高其经营管理水平，核算规范处理，促进水资源可持续发展起到指导作用，是编制和提交水会计报告的基础，它要求在确认、计量、提交和披露 GPWA 报告中的各项目时应确保可比性。准则适用的核算对象是陆地上的水，不适用于海洋和空气中的水。

关于水会计报告。规定水会计报告的目标、要素、组成部分和总体特征。水会计报告的目标是反映水资源管理的受托责任的履行情况，同时也为报告使用者提供做出和评估资源分配决策有用的信息。水会计报告的要素按照水资源会计概念框架的规定，可分为水资产、水负债、净水资产、水资产变动和水负债变动五项。

水会计报告由以下六个部分组成：①总体陈述（提供水会计报告主体实体和行政管理方面的信息）；②管理责任声明（说明水会计报告是否按公认的水资源会计概念框架和水会计准则编制）；③水资产和水负债表；④水资产和水负债变动表；⑤水流量表；⑥水资源会计报表附注（对水会计报表等列示项目的文字描述或明细资料，以及对未能在报表中列示的项目的说明等）。

水会计报告的总体特征包括：①公允列报；②权责发生制；③重要性；④抵销性；⑤报告频率；⑥可比的信息；⑥一致性；⑦错误更正；⑧期后事项；⑨计量等。

2. 水资源会计准则的应用指南

应用指南从不同角度对水会计准则进行强化，解决实务操作相关问题。在应用指南中，应给出一些具体情况下水会计报告主体所要呈报的水会计报表范例，并解释相关重要事项，如水会计报表附注应如何描述水会计报告主体的未来事项，以及权责发生制如何在水会计报表中体现，还应结合例子分析水资产和水负债的定义、确认标准，以及以前会计期间的错误如何更正等具体问题。

3. 水资源会计案例分析

由于通用目的水会计是一种崭新的核算方法，不同于以往我国实行的水核算方法，它在水文学计量和核算中引入了会计学原理，这对我国广大水行业工作者来说，都十分陌生，所以除了颁布水会计准则和应用指南，还应提供配套的案例分析报告，以供相关水会计报告主体借鉴。在案例分析报告中可以虚拟四个水会计报告主体，分别代表水供给系统、主要的水用户、城市供水系统、水务管理部门，全面、完整、详细地编制它们的水会计报告，以供通用目的的水会计报告主体在编制报告时参考。

（三）　我国水资源会计鉴证准则的主要内容

类似于财务会计，通用目的水会计制度需要有鉴证准则，它的目标是让审计师依据它来执行鉴证程序，收集证据，对水会计报告主体编制的通用目的水会计报告是否在所有重大方面按照水会计准则编制而发表意见。水会计鉴证应当汲取企业财务报告鉴证的经验，对以下方面进行规定：职业怀疑、职业判断、专业胜任能力、接受鉴证工作、目标、计划和重要性、了解水会计报告主体及其环境并评估重大错报风险、总体应对评估的重大错报风险并采取进一步程序、利用专家工作、期后事项、质量控制、形成鉴证意见、鉴证报告的内容等。

水资源会计鉴证准则应当包含对水会计报告进行审计和审阅两方面的规定。水会计报告审计的目标是审计人员通过审计工作，对包括水会计报表、附注和管理责任陈述等在内的水会计报告是否按照水核算准则的要求编制，在所有重大方面公允反映被审计的水会计报告主体的水资源状况、水资产和水负债变动状况以及水流量情况发表意见，提供合理保证。水会计报告审阅的目标是审计人员在实施审阅程序的基础上，说明是否注意到某些事项，使其相信水会计报告没有按照水核算准则编制，未能在所有重大方面公允反映被审阅的水会计报告主体的水资源状况、水资产和水负债变动状况以及水流量情况，提供有限保证，有限保证水平低于合理保证水平。

我国通过颁布实施水资源会计概念框架、水资源会计准则和水资源会计报告鉴证准则，建立通用目的水会计制度，为发展可靠的、可比的通用目的水会计信息奠定坚实的基础，从而促进各项水利改革政策措施贯彻执行，优化环境资源、经济资源和社会资源的配置。

第五章　水资源会计核算基础

目前国内外对水资源核算的研究和实践主要基于统计学理论，重点探讨水资源的实物存量和变化量的核算方法，而忽视了对水权核算的研究。然而，随着我国最严格水资源管理制度的实施和水权制度改革的发展，纯粹依据行政指令供水的格局被打破，逐渐实施长期稳定的水量分配计划和水权交易，持续核算水资源和水权变动成为水资源管理面临的重要问题。基于权责发生制，用会计理论来确认和计量水资源和水权的性质及数量，反映水权形态的变化，披露水权信息，发挥其对水权的界定和保护作用，维护和保障水权主体的经济利益，是当前亟须解决的一个重要问题。

本章基于产权会计理论和水资源管理的要求，采用会计学和水文学结合的方法，研究以微观供用水单位为会计主体，核算水资源和水权及其变动，构建以权责发生制为基础的水资源会计核算基础。主要包括：提出水资源会计的概念、目标和假设，分析水会计要素，确定水资产和水负债形成机制、对应关系及债权债务关系，设计水会计等式，构成水会计报表的理论基础。以水会计等式为依据，分析水和水权的交易、转让、转换等变动事项，设计会计科目，以权责发生制为基础，采用复式记账，全面核算包括管理因素和非管理因素在内的各项水和水权变动的过程。

第一节　水资源会计的概念、目标和职能

一、水资源会计的概念

水资源会计可以理解为：水会计主体以体积为主要计量尺度，采用会计学和水文学相结合的核算方法，对其拥有或管辖的水资源活动进行连续、系统、综合核算和监督，并经过独立的第三方鉴证，提供水资源

和水权状况及其变动信息，为外部有关各方（国家或地区政府、供用水企业等）掌握水资源活动，以及为内部强化管理和提高水资源使用效率服务的信息系统，是水资源计划和管理活动的重要组成部分，能反映和监督水资源管理政策的执行情况，评价水管理者的受托责任。

二、水资源会计的目标

水资源会计的目标指明了水资源会计实践活动的目的和方向，同时也明确了水资源会计在水资源管理活动中的使命，是水资源会计发展的导向。制定科学的水资源会计目标，对把握水资源会计发展的趋势，确定水资源会计未来发展的步骤和措施，调动水资源会计工作者的积极性和创造性，促使水资源会计工作规范化、标准化、系统化，更好地为生态文明建设服务具有重要的作用。

水资源会计的目标主要包括提供对决策有用的信息和反映受托责任两方面。

1. 提供对决策有用的信息

水资源会计的目标就是向信息使用者提供对关于水资源计划、分配和使用方面决策有用的信息。决策有用观适用的经济环境是所有权和经营权分离，并且资源的分配是通过资本市场进行的。根据《水法》的规定，我国水资源属于国家，国家对水资源实行流域管理与行政区域管理相结合的管理制度，国务院水行政主管部门负责全国水资源的统一管理和监督工作，县级以上地方人民政府水行政主管部门按照规定的权限，负责本行政区域内水资源的统一管理和监督工作。即所有权属于国家（或人民），经营权属于水利部及其在重要江河、湖泊设立的流域管理机构以及各级地方人民政府水务局，所有权和经营权分离。我国水权交易制度完善后，必将明确供用水户对水资源的使用权、收益权和转让权等，并且逐步实现水资源的市场化配置。在两权分离的水权交易市场上，存在信息不对称，水资源会计报告为利益相关方提供水资源的信息，以帮助利益相关方评估风险和做出资源分配的决策。资源分配的决策既包括直接与水相关的决策，如涉水企业股票的买卖、水权交易、水服务的提供等，也包括间接与水相关的决策，如是否贷款给水会计报告主体或者水会计报告主体的管理机构。由水会计报告使用者做出的其他决策还涉及地理范围内水资源的自然属性，它不是人类管理的重要范畴，但是在更广泛的意义上对法律和其他水资源政策有影响。例如，河流干涸或生态环境退化的原因需由相关当局（如政府）进行具体分析，制定必要的战略和系统的政策来保护河流及生态环境，这样的分析也能从水资源会计报告中得到帮助。

2. 反映受托责任

如果水资源会计报告能帮助报告使用者做出和评估资源分配的决策，那么就能帮助使用者评估水资源管理者的受托责任的履行情况。水资源管理者接受国家或投资者的委托，管理水资源，承担了有效管理与应用水资源的责任，以及如实向委托方报告受托责任履行过程及结果的义务。然而，根据代理理论，在所有权和经营权分离的情况下，管理者有动机利用未披露的信息最大化个人利益，而不是公司或股东利益（Fama，1980）。会计信息作为一种控制机制，在解决信息需求者与生产者之间信息不对称问题的过程中发挥着重大的作用，有效地限制了管理者的自行裁量权，保护了股东利益（Bushman and Smith，2001）。水资源会计报告作为反映权利和义务的合同关系，将帮助报告使用者评估水资源管理者的责任，包括水资源的变动是否符合规章、计划或其他水政策的要求。例如，水管理者取水、分配水、用水和排水等行为是否符合我国水量分配暂行办法以及最严格水资源管理制度等。水资源会计报告还将帮助报告使用者判断水会计报告主体的行为是否符合外界的要求或者更广泛意义上的最佳实践。

三、水资源会计的职能

水资源会计的职能是指水资源会计工作在水资源管理中所具有的功能。水资源会计职能可以分为会计核算职能与会计监督职能。

（一）会计核算职能

会计核算职能也称为会计反映职能，指的是水资源会计以体积为主要计量属性，通过一定的程序和方法，对特定会计主体的水资源活动进行全面、系统的确认、计量、记录、报告等，为水资源会计信息使用者提供会计信息的过程。

会计确认运用特定的方法，以文字和数量的形式描述某项水资源活动或事项。会计确认的问题属于定性测量的问题，是判断某项水资源活动是否属于会计业务的前提。特定主体的水资源活动归属哪类性质的业务，作为水资产还是水负债进行会计计量等都属于会计确认的范畴。

会计计量主要是在会计确认的基础上进行定量计量。对于某项会计业务，在业务发生的计量时间内，对业务发生的过程进行核算。水资源会计主要涉及某项交易或者事项的水量确认。

会计记录是在会计确认和计量之后，在登记账簿的环节进行汇总记录的过程。特定会计主体的水资源活动采用一定的会计方法进行记录，会计记录不仅是水资源管理单位或用水户当前会计工作的重要环节，也可以为以后的工作提供必要的数据和资料支撑。

会计报告是会计工作的最终载体。水资源管理单位或用水户在进行一系列的会计计量和记录之后，要汇总填列最终的水资源会计报告，将会计信息系统全面地呈现给会计报告使用者。同时，水资源会计报告也是水资源管理单位或用水户整个经营状况和经营成果的最终反映，有一定的法律要求。

（二）会计监督职能

会计监督职能也称为控制职能，是指会计按照一定的目标和要求，利用会计核算所提供的信息，对会计主体的水资源管理活动进行控制，使其按照一定的要求运行，达到预期目的。

会计的监督职能反映了会计在涉水单位和社会水资源管理中的作用，是我国水资源管理体系的重要组成部分，也是重要的职能监督形式。会计监督包括内部监督和外部监督。所谓外部监督，指的是水资源管理单位或用水户所出具的具有法律效力的水资源会计报表，接受包括报表使用者在内的信息使用者的监督。内部监督指的是水资源管理单位或用水户会计要负责单位内部控制制度的制定和执行，以及单位内部成立审计部门，对单位水资源会计信息反映内容的真实性、有效性进行监督。

会计的监督职能还可按照时间不同分为事前监督、事中监督和事后监督，从而使水资源管理活动符合规律或有关要求。事前监督是在水资源经营管理活动开始前进行预测预算，即制定合理有效的方案保证水资源管理单位各项水资源业务符合规定和相关要求，正常有序地开展取水、用水、排水等活动；事中监督是对正在发生的水资源交易或事项进行核算与复查，以便及时纠正水资源活动中的偏差和失误；事后监督是对已经发生的水资源分配、使用等业务或者相应的水文资料进行审查、分析。会计监督过程具有连续性，贯穿一个涉水单位水资源活动的始终。因此，会计监督职能对整个水资源管理单位或用水户的生存和发展具有重要的作用。

第二节　水资源会计的基本假设

水资源会计核算的前提条件称为水资源会计的基本假设，是会计人员对水资源会计核算所处的变化不定的环境做出的合理判断，是人们对某些未被确切认识的事物，根据客观的正常情况和趋势，所做的合乎情理的推论而形成的一系列不需要证明就可以接受的假定前提。只有明确了这些水资源会计核算的基本前提条件，水资源会计核算才能得以正常进行下去。

一、会计主体假设

水资源会计主体是指水资源会计工作服务的特定单位或组织，它明确了水资源核算工作的空间范围。从本质上来说，水信息使用者的需求决定了一个涉水单位是否被界定为水资源会计主体，是否被要求按期编制水资源会计报告。即如果有报告使用者的需求，则水会计主体就应当编制水资源会计报告。反之，如果不存在报告使用者的需求，则水会计主体不被要求编制水资源会计报告。水会计准则通常需要对它进行规定，以明确哪些单位或组织需要定期编制和报送水资源会计报告。

只要满足以下四个条件之一的单位或部门就是涉水单位：①拥有或转移水；②拥有水权或其他直接或间接对水的要求权；③有水流入和（或）水流出；④有相关管理水的责任。凡是有报告使用者的需求，并且符合上述四个条件之一的单位或部门就是水资源会计主体（WASB and ABOM, 2012）。它既包括微观供用水企业，又包括政府水务管理部门。而且，由于水资源是附着于土地的，又是由单位管理的，因此水资源会计可以按照微观主体和地区两个层面进行核算，这也为不同地区的水资源可通过合并报表实现综合反映奠定了基础。

二、持续经营假设

持续经营假设是指水资源会计主体的水资源经营活动将按既定的目标持续经营下去，而不会在可预见的将来面临水资源权利或义务的清算或征收等，会计人员在此前提下选择水资源会计程序及会计处理方法，进行水资源会计核算。

尽管现实经济环境中，水会计主体的水资源经营活动存在不确定性，但会计信息系统加工、处理、提供会计信息，应当立足于水会计主体持续经营水资源的基础上。否则，一些最基础的信息加工、处理方法都无法确定。只有设定企业的水资源经营活动是持续的，才能进行正常的会计处理。例如，设定水会计主体在正常的情况下可以跨年度持续运用其所拥有的水资源和依照原来的供水条件提供其所承担的供水义务。

三、会计分期假设

会计分期假设是将水会计主体拥有或管理的水资源持续的运动人为地划分为若干相等的时间间隔，以便确认某个会计期间的水流入量、水流出量以及会计期末的水资产、水负债、净水资产，编制水资源会计报表。结合水资源变动的特点和水管理的要求，水资源会计期间可根据水会计准则的规定划分为年度、半年度、季度等，水会计主体按水会计准则的要求编制年度报表、半年度报表、季度报表等。正是因为有了水资源会计期间，才产生了本期与非本期的区别，进而产生了权责发生制和收付实现制，使得不同类型的水会计主体有了记账的基准。为满足权责发生制的要求，进一步出现了应收水量、应供水量等水会计处理方法。

四、实物计量假设

水资源会计可以采用多重计量属性，包括体积、价值、水质等，但由于水资源价值核算方法差异较大，而实物计量更能为报告使用者提供有关水资源分配和使用、权利和义务方面的直接的、准确的信息，因此水资源会计以体积为主要计量属性，以立方米（m^3）为单位，严格遵循《水文测量规范》进行计量，利用会计核算方法，确认、计量、记录和报告水会计主体有关水资源和水权的状况及其变动，反映包括水资源分配和使用在内的水资源和水权变动信息。当然，如果其他计量属性能帮助报告使用者了解相关信息，则水会计主体也应当披露其他计量属性的信息，以便使报告使用者对水资源的数量、质量和价值等具有客观的认识和评价。通常，关于水资源的质量和价值情况及其变动信息可以在水会计报告的总体说明或水资源会计报表附注中反映，提示报告使用者关注水质和水资源价值等。

第三节　水资源会计信息的质量要求

为了实现水资源会计的目标，保证水资源会计信息的质量，必须明确水资源会计信息的质量要求，它是水资源会计报告所提供的信息应达到的基本标准和要求。水资源会计信息的质量要求与财务报表信息的质量要求类似，主要有以下几方面。

一、可靠性

可靠性是指水会计主体应当以实际发生的交易或事项为依据进行确认、计量和报告，如实反映符合确认和计量要求的各项水会计要素及其他相关信息，保证水会计信息真实可靠，内容完整。可靠性是高质量水会计信息的重要基础和关键所在，如果水会计主体以虚假的交易或事项进行确认、计量、报告，属于违法行为，不仅会严重损害水会计信息质量，而且会误导投资者，影响水资源管理部门和国家对水资源的宏观调控和计划。为了实现水会计信息可靠性的要求，水会计主体应当根据公认的水会计准则编制水资源会计报告，并经过审计，使得提供的信息应是完整的、客观的和无重大错报的。举例来说，水会计报表中的各会计要素应当真实完整地反映会计期间水会计报告主体的水资产、水负债和净水资产等要素，从而如实地揭示报告期间发生的水交易、事项和变化及其结果。

二、相关性

相关性，又称为有用性，是指水会计主体提供的水会计信息应当与水会计信息使用者的经济决策需要相关，以有助于水会计信息使用者对水会计主体过去、现在或未来的情况做出评价或预测。由于 GPWA 报告反映包括取水、用水、排水在内的水资源和水权变动的情况，一方面，它可以促使人们取水、用水和排水等经济活动按照规定的要求运行，以达到预期的目的；另一方面，可以用它来评估水管理政策的执行情况，有利于改善水计划和管理，提高资源配置效率。Ball 和 Brown（1968）用大样本数据证明会计信息对资本市场有用，尽管目前很难评估 GPWA 对决策有用目标实现的程度（Zhang，2014），但通过 GPWA 的引入，在 2010~2011 年水权贸易有所减少的情况下，澳大利亚水资源的配置效率却较前一年提高了 40%（刘汗、张岚，2015），这说明 GPWA 确实有助于报告使用者做出和评估资源分配的决策，促进资源的优化配置。

三、可比性

可比性指水资源会计核算应当按照规定的水会计方法进行，核算指标应当口径一致、相互可比。可比性包括两层含义：第一，同一水会计报告主体不同时期可比，即同一水会计报告主体不同时期发生的相同或相似的交易或事项，应当采用一致的水会计政策，不得随意变更；第二，不同水会计报告主体相同会计期间可比，即不同的水会计报告主体同一会计期间，只要是相同的交易或事项，应当采用相同的核算方法，以便在同一时期对不同水会计报告主体的水信息进行横向比较和分析，为有关决策提供可比的信息。

四、可理解性

可理解性是指水核算和编制的水报告应当项目完整、数字准确、项目勾稽关系清楚，便于理解和利用。对于不便于理解的（项目）信息或容易产生误解的（项目）信息应加以注释和说明，以提高明晰程度。

五、及时性

及时性要求水会计主体对于已经发生的交易或事项，应当及时进行确认、计量和报告，不得提前或者延后。水会计信息的价值在于帮助水会计信息使用者做出经济决策，具有时效性。即使是可靠的、相关的水会计信息，如果不及时提供，就失去了时效性，对于使用者的效用就大大降低，甚至不再具有实际意义。

六、重要性

重要性要求水会计主体提供的水会计信息应当反映与水会计主体水资源状况、经营成果和水流量相关的所有重要交易或事项。根据重要性的要求，水会计主体应当区别水资源活动的重要程度，采用不同的水会计处理程序和方法。具体地说，对于重要的水资源活动，应单独核算，分项反映，力求准确，并在水会计报告中做重点说明；对于不重要的水资源活动，在不影响水会计信息真实性的情况下，可适当简化水会计核算或合并反映，以便集中精力抓好关键。

七、成本效益

成本效益说明编制水会计报告要考虑成本和收益的对比关系，一般情况下，收益应当大于提供它的成本。

在上述水会计信息的质量要求中，可靠性和相关性是基本原则；可比性、可理解性、及时性是提高性原则，它们使得相关且真实的信息变得更有用；而约束性原则包括重要性和成本收益，它们是对水会计报告的约束性规定，重要性说明水会计报告的编制要有轻重之别，重要性依赖项目或错报的属性或数量是否会影响到水会计报告使用者的决策，成本收益说明编制报告的收益应大于提供它的成本。这些水会计信息的质量要求与财务会计信息的质量要求类似。

第四节　水资源会计要素和会计等式

利用现代会计的方法原理和逻辑关系核算水资源，每一项水资源的数量增减变化均从其形态数量和权益数量两个视角加以反映，于是把水会计对象划分为六个会计要素：水资产、水负债、净水资产、水资产变动、水负债变动、净水资产变动。其中，前三个要素是静态会计要素，也叫水资产和水负债表要素；后三个要素是动态会计要素，也是水资产和水负债变动表要素。此外，为了纯粹地反映水资源形态数量的变动，验证水资源会计核算的准确性，也可从水资源形态数量的角度来划分，水资源变动包括三个要素——水流入量、水流出量和蓄水量变动，这三个要素是水流量变动要素，也被称为水流量表要素。

一、静态会计要素和会计等式

（一）水资产

水资产指由水会计主体拥有或负责管理，并且预期会给水会计主体或其利益相关者带来未来利益的水、水权或其他关于水的权利。作为水会计主体报告的水资产的本质特征是水会计报告主体要么拥有它，要么负有管理它的责任。这种拥有可以是有形的或是无形的、法律上的或是间接的，这些拥有的形式相互之间并不排斥。例如，被组织或个人蓄积在水库、湖泊里的水。根据 2016 年 7 月修订的《水法》，我国水资源的所有权属于国家。水权制度改革后，在所有权保持不变的情况下，把水资源的使用权赋予水资源使用者，使用者可以将水资源的使用权通过市场机制部分或全部转让。[1]

水资产按其形态可以分为地表水资产、地下水资产、城市水系统等。地表水资产主要包括水库、湖泊、沟渠、河流、湿地等。地下水资产主要指地下含水层水量。城市水系统主要包括城市供水系统、排水系统和再生水系统等水资源。水资源使用者拥有的水资产不仅包括通过政府分配获得取水权的实物形态的水资产，而且包括通过供水（取水）计划或水权交易获得的"应收而未收到的水量"等债权性质的水资产。

水资产的确认条件包括：①与水资产相关的未来利益很可能被水会计主体或其利益相关者获得；②水资产的体积能被可靠地计量。本书将研究的水资产界定为水循环中陆地阶段的水，不包括海洋或大气阶段的水。由于未来的水权不在核算期间内，所以不应当确认为水资产。或有水资产也不应当在水资产和水负债表中确认。

（二）水负债

水负债是指水会计主体承担的现时义务，对它的履行将导致水会计

---

[1]　水利部：《水权交易管理暂行办法》，2016 年 4 月 19 日。

主体的水资产减少或另一项水负债增加。水负债的本质特征是水会计主体承担的一项现时义务，该义务可能是合同规定或法律要求的结果，应以特定的方式去履行。通常情况，水负债是根据水分配计划或合同规定必须履行的供水数量。然而，根据商业惯例、习俗或保持良好的商业关系的愿望、或以平等的方式行动等，水负债有可能会增加。例如，水会计报告主体的管理者决定以政策的方式返水给环境，即使没有强制要求这么做，但这项义务也构成了水负债。现时义务的履行可能有多种方式，要么转移水，要么转让水权或水的其他权利。

本书研究的水负债与国内现有研究不同，水负债不包括"超用水量""挤占水量"等环境负债，它仅指能够确认和可靠计量的供水义务。水负债的确认条件包括：①对现时义务的履行有可能导致水会计报告主体的水资产减少或另一项水负债增加；②水负债的数量能被可靠地计量。水负债的可计量性，大大提高了水资源会计的可操作性和应用性。同时，水资源会计报告需经独立的第三方审计后对外报送，这样大幅度减少甚至杜绝了超用水量和挤占水量。当某项目确认为水负债后，将导致水会计报告主体可供分配（或使用）的净水资产减少。水负债的确认和计量需要在持续经营和持续核算的前提下进行。

进一步分析，负债是由过去的事件导致的现时义务。也就是说，"过去发生"原则在负债的定义中占有举足轻重的地位。水会计报告主体的管理者除了以特定的方式（如供水）履行该事件产生的义务，别无选择。这可能由两种情形导致：①法定的义务；②由于水会计报告主体管理者的行为产生了建设性的义务，其他主体对该义务的履行产生了有效的期望。现时义务的例子如未使用的水分配计划。根据水资源管理方法所做出的水分配计划代表了一种义务事件，引起了合法的水负债。如果体积能被可靠地计量，则报告日未使用的水分配计划就是水负债。下面举例说明建设性义务，如果水会计报告主体的管理者向其他水会计主体表示在每个报告期内将输送特定数量的水给环境，这种做法已经使其他水会计主体产生了如果水量充分就会被输送的有效期望。根据管理者的做法，在报告日还没有转移的水量就会成为水会计报告主体的现时义务。

正是有了"水资产"和"水负债"的划分，才体现了水会计报告主体对其拥有或管理的水资源的权属关系不同，使得权责发生制得以在水资源会计中应用，实现了把水和水的权益关系结合在一起，用会计技术核算水资源和水权的双重目标，既反映了经济组织用于经营活动的水资源的赋存和分布状态，又揭示了经济组织内外对各项水资源的权责关系。通常情况下，权责发生制核算水资源往往发生在水权交易活跃、可以分期（或跨期）履行供水计划或供水合同的地区。

（三）净水资产

净水资产是指水会计报告主体的所有水资产减去所有水负债的余额。虽然把净水资产定义为一个余额，这个会计要素在水会计报告中是一个子分类，但这个子分类将帮助水会计报告的使用者做出和评估资源分配的决策，它与水会计报告使用者的决策需求相关，净水资产可以显示水会计主体在分配资源方面的合法权利或限制。

（四）静态水会计等式

上述三个会计要素之间的关系构成了水资源会计恒等式：

$$水资产-水负债=净水资产 \tag{5-1}$$

式（5-1）表示水资产、水负债与净水资产三个会计要素之间的联系和基本数量关系，这种数量关系表明了水会计主体在一定时点上的水资源状况，因此称式（5-1）为静态水会计等式，它是编制水资产和水负债表的理论基础。

二、动态会计要素和会计等式

（一）水资产变动

水资产变动是指水会计主体的水资产增加和减少，该水会计要素分为两个项目：水资产增加（如降水、水流入、应收水量增加等）和水资产减少（如蒸发、渗漏、水流出、应收水量减少等）。符合水资产变动的定义并满足以下两个条件才能确认为水资产变动：①很可能存在水资产变动；②水资产变动量能被可靠地计量。

（二）水负债变动

水负债变动是指水会计主体的水负债增加和减少，该要素分为两个项目：水负债增加（如宣告水分配计划、签订供水合同）和水负债减少

（如履行水分配计划、履行供水合同）。符合水负债变动的定义并满足以下两个条件才能确认为水负债变动：①很有可能存在水负债变动；②水负债变动量能被可靠地计量。

水资产变动和水负债变动可能是人为因素的结果，也可能是超出水会计主体控制的事件或变化的结果。例如，按照水供给计划，上游开闸放水，下游水会计主体收到上游流来的水，下游水会计主体的水资产增加，这是人为因素的结果；但对于降水、蒸发等原因引起的水资产变动，则往往超出了水会计主体的控制。因为水会计主体管理水资源，所以可用水资产变动和水负债变动作为评估水会计主体经营业绩的信息的一部分，水资产变动和水负债变动的信息连同水资产和水负债的信息有利于帮助水会计主体解释与水相关的管理责任的履行情况。水资产变动和水负债变动的各种原因（如降水或水量分配或水权交易等）的差异会以不同的方式影响报告使用者做出或评估资源分配的决策的能力。

（三）　净水资产变动

净水资产变动是指水会计主体的所有水资产变动减去所有水负债变动的余额。虽然把净水资产变动定义为一个余额，这个水会计要素在水会计报告中是一个子分类，但这个子分类反映了基于权责发生制的本期净水资产的变动。

（四）　动态水会计等式

水会计主体在分配、使用和经营管理水资源的过程中会发生水资源的增加或减少，从而引起水资产、水负债和净水资产的变动，从理论上说，会计期间水资产变动减去水负债变动的差额，即当期（期末－期初）净水资产变动，用式（5-2）表示。

$$水资产变动-水负债变动=净水资产变动 \qquad (5-2)$$

进一步把水资产变动分解为"水资产增加减去水资产减少"，把水负债变动分解为"水负债增加减去水负债减少"，则有：

$$（水资产增加-水资产减少）-（水负债增加-水负债减少）=净水资产变动$$

经过移项整理，则可得出式（5-3）。

$$水资产增加+水负债减少-水资产减少-水负债增加=净水资产变动 \qquad (5-3)$$

式（5-3）是从某个会计期间考察水会计主体的最终经营成果而形成的恒等关系，称为动态水会计等式，它是编制水资产和水负债变动表的理论基础。同时，净水资产变动又是水资产和水负债表中净水资产的期末数减去期初数的差额。式（5-1）和式（5-3）使依据它们编制的水资产和水负债表以及水资产和水负债变动表具有本质的勾稽关系。水资源会计要素之间的关系可通过图5-1来反映。

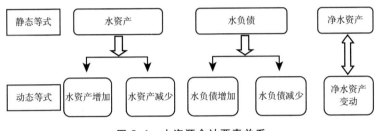

图 5-1　水资源会计要素关系

图 5-1 中的静态等式是编制水资产和水负债表的理论基础，动态等式是编制水资产和水负债变动表的理论基础。动态等式反映各项水资产和水负债变动的情况，其核算结果（净水资产变动）等于静态等式中计算得出的净水资产期末数减去期初数的差额。这使得水资产和水负债变动表与水资产和水负债表具有可相互稽核的勾稽关系，共同反映水资产和水负债变动的原因和结果。

三、水流量变动要素及其等式

水流量变动要素以收付实现制为基础来反映水资源的变动。收付实现制即以水资源是否实际流入或流出作为确定本期水流入量和水流出量的标准。凡是本期实际流入或流出的水资源，不论其是否归属本期，都作为本期流入量和流出量处理；反之，凡本期没有实际流入或流出的水资源，即使应归属本期，也不作为本期流入量和流出量。水量变动要素包括水流入量、水流出量和净蓄水量变动。

（一）水流入量

水流入量指水会计报告主体在报告期内各种形态的水流入的数量，从有利于理解水的性质、功能、体积等角度来划分，水流入量可细分为降水量、河流水流入量、小溪水流入量、地下水流入量等。它的确认条件是：①能使水会计报告主体的水资源增加；②水流入量能被可靠地计量。

（二）水流出量

水流出量指水会计主体在报告期内各种形态的水流出的数量，从有利于理解水的性质、功能、体积等角度来划分，水流出量可细分为蒸发量、河流水流出量、小溪水流出量、地下水流出量、水渗漏量等。它的确认条件是：①能使水会计报告主体的水资源减少；②水流出量能被可靠地计量。

（三）净蓄水量变动

净蓄水量变动是全部水流入量之和减去全部水流出量之和，它表示水会计主体在报告期内水资源数量的变动。虽然把净蓄水量变动定义为一个余额，这个水会计要素在水会计报告中是一个子分类，但这个子分类反映了基于收付实现制的本期蓄水量的变动。

（四）水流量变动等式

水会计主体在分配、使用和经营管理水资源的过程中会发生水资源增加或减少，从而引起水流入量、流出量和蓄水量的变动，从理论上说，会计期间全部水流入量之和减去全部水流出量之和的差额，即当期净蓄水量变动，用式（5-4）表示。

$$水流入量-水流出量=净蓄水量变动 \qquad (5-4)$$

式（5-4）是从某个会计期间考察水会计主体实际蓄水量变动结果形成的恒等关系，称为水流量变动等式，它是编制水流量表的理论基础。同时，净蓄水量变动又是水资产和水负债表中的水资产扣除反映水权的项目（如应收水量、取水指标等）以外的其他部分期末数值减去期初数值的差额。式（5-1）和式（5-4）使依据它们编制的水资产和水负债表以及水流量表具有本质的勾稽关系。

四、水资源会计要素的计量

（一）水资源会计要素计量的特点

为了达到对决策有用的目标，会计信息应当是真实的、可靠的。在财务会计中，企业的经济业务用货币计量，而且当经济业务发生时，必须办理凭证手续，由执行或完成该项经济业务的有关人员取得或填制会计凭证，记录经济业务的发生日期、具体内容以及数量和金额，并在凭证上签名或盖章，对经济业务的合法性、真实性和准确性负完全责任。所有的会计凭证都要由会计部门审核无误后才能作为记账的依据，这为精确计量提供了基础和书面证据，能很方便地记入相关账户。

与财务会计不同的是，在水资源会计中，根据水会计对象的特点，对所有水会计对象采用同一种体积作为统一的尺度予以计量，把水会计报告主体的水资源活动和水资源状况的数据转化为统一体积单位反映的水会计信息。水资源会计可以以立方米或升作为核算单位。

水会计对象是河流、水库、湖泊等水体的径流量、蓄水量、蒸发量、渗漏量等，甚至包括地下水的流入量和流出量这些复杂的信息，没有相关凭证来记载其发生，而是需要应用模型进行量化评估。我国水利部发布的《水文测量规范》是水利行业的标准，可依据它来进行计量。处于不同环境的水资源的计量方式也不相同，例如，对不同种类的水资产可采用不同的计量方法，水库蓄水量的计量与地下含水层水量的计量模型不同，地表水径流量也有相关计算模型，蒸发量与渗漏量等都有其独特的方法计量。一般会计人员进行水资源会计核算时，需对其培训水文测量知识，或者水文水工程专业的人员来进行水会计核算，对其培训会计技能。总之，只有同时掌握水文测量和会计核算方法的复合型人才才能胜任水资源会计核算工作。

此外，水资源会计计量的特点带来了水资源会计计量的不精确性，Lowe等（2006）论证了水资源会计计量不精确的六个原因：①测量误差（设备或仪器的限制造成的水核算数据的误差）；②系统性误差（有偏误差）；③模型的局限性造成的计算结果的不确定性；④人类对某些领域（如地下蓄水层水流入量等）的知识或理解的局限性造成的不确定性；⑤实务人员在进行水核算时的主观判断；⑥对水术语不精确的使用引起的计量不准确。

（二）水资源会计计量误差的解决方法

为了解决上述水资源会计计量不精确的问题，可以考虑采取以下几种方法：一种是基于每一类数据的一定比例构建水会计综合可靠性指数；

另一种是在水会计报告中提供试算平衡误差，这个误差也可用比率来表示，即不可计量的水量占总水量的比例，其大小可代表水会计报表的准确性。这类似于财务会计中的错报风险，一般认为，错报风险大于10%，属于重大错报。此外，估计计量模型的置信区间也是一种可选择的方法。其实，在财务会计中，对于特定账户的计量，也会选用多种方法，如存货发出的方法就有先进先出法、加权平均法、个别计价法等，而在固定资产折旧、应收账款坏账准备、保险公司未决赔款准备金等账户的计量中也应用模型和主观估计。

本书采用第二种方法来反映水资源会计计量误差，即在编制水会计报表时用"未说明的差异"来反映水会计报表之间的试算平衡误差，同时它也是在实际工作中对水会计要素进行计量时难以避免的误差。

由于计量或记录上的误差，或者遗漏部分水资源，实际上，用权责发生制核算的净水资产变动不一定等于水资产变动减去水负债变动的差额，我们用"未说明的差异1"来计量总体上的误差；按收付实现制核算的净蓄水量变动也不一定等于水流入量减去水流出量的差额，我们用"未说明的差异2"来计量总体上的误差，于是式（5-3）变为式（5-5），式（5-4）变为式（5-6）。

$$水资产增加+水负债减少-水资产减少-水负债增加 =$$
$$净水资产变动+未说明的差异1 \tag{5-5}$$

$$水流入量-水流出量=净蓄水量变动+未说明的差异2 \tag{5-6}$$

从计算结果来看，未说明的差异1应当等于未说明的差异2，否则，总体水量平衡上存在概念性的错误。未说明的差异反映了计量的误差，这个误差也可用比率来表示，即未说明的差异占总水量的比例，其大小可代表水资源会计核算的准确性，或者代表水资源控制或管理水平。误差越大，表示管理水平越低。

第五节　设置账户、复式记账与权责发生制

一、设置水资源会计科目与账户

水资源会计科目的设置一般从水会计要素出发，将会计科目分为水

资产类、水负债类、净水资产类、水资产变动类、水负债变动类五大类，再按照水资源的形态或位置来设置水资源会计科目。

水资产类分为地表水资产和地下水资产。地表水资产分为水库、河流、湖泊、沟渠、塘坝、公用管网、再生水、应收水量等会计科目；地下水资产分为浅层地下水、深层地下水等会计科目。

水负债类分为应供水量、其他水负债等会计科目。应供水量主要指根据政府的水分配计划或交易合同，本期期末应供给某用水户还未供给的水量。虽然水还保留在水会计报告主体，但已构成它的一项水负债，未来履行该义务将导致它的水资产减少或另一项水负债增加。其他水负债是除应供水量以外的其他供水义务。

净水资产类分为净水资产、净水资产变动两个会计科目。净水资产是水资产减去水负债的差额，反映期末水会计主体享有的权益，它是水资产和水负债表科目。净水资产变动反映本期净水资产的变动结果，它等于水资产变动减去水负债变动之差，是水资产和水负债变动表科目。

水资产变动类分为水资产增加和水资产减少。水资产增加分为河水流入、从需求返回①、降水、再生水流入、补充地下水、应收水量增加；水资产减少分为河水流出、蒸发、渗漏、地下水流出②、应收水量减少。

水负债变动类分为水负债增加和水负债减少。水负债增加分为水分配通告、应供水量增加等；水负债减少分为水分配调整、应供水量减少等。

上述科目为总分类科目，在总分类科目下可设置明细分类科目，它是对总分类科目的具体化和详细说明。例如，如果水会计主体有几个应供水量的单位，就可以在应供水量这个总分类科目下按各个单位分别开设明细科目，分别说明应供水量的详细情况。

借鉴会计学原理，各会计主体应当根据水会计科目在账簿中开设账户，以连续地对它们进行记录。

---

① 从需求返回指从使用方返回的水资产。

② 在水资源系统中，大部分水量变动因素（如蒸发、渗漏、地下水流出等）不能直接获得，只能通过间接估计或通过水文模型计算得出。我国有关水文测量方法和计量模型的使用依据水利部发布的水利行业标准《水文测量规范》进行。

二、复式记账

（一）复式记账的理论依据

水资源会计采用复式记账法进行核算，即对任何一项人为因素的水资源交易或事项，都必须以相等的金额在相互关联的两个或两个以上的账户中进行登记，借以全面反映水会计对象具体内容增减变化的一种记账方法。水资源会计采用复式记账法进行记账的基本原理是，水会计报告主体发生的所有人为因素的水资源交易或事项无非就涉及水资源增加和减少两个方面，并且某项水资源在量上的增加或减少，总与另一项水资源在量上的减少或增加相伴而生。复式记账法恰恰就适应了水资源运动这一规律性的客观要求，把每一项人为因素的水资源交易或事项所涉及的水资源在量上的增减变化，通过两个或两个以上账户的记录予以全面反映。可见，水资源运动的内在规律性是复式记账的理论依据。

（二）复式记账的基本原则

用复式记账法来记录水资源的状态及变动，需遵循以下几项基本原则。

1. 以水会计等式作为记账基础

水会计等式是将水会计对象的具体内容，即水会计要素之间的相互关系，运用数学方程式的原理进行描述而形成的。它是客观存在的必然经济现象，同时也是水资源运动规律的具体化。为了揭示水资源运动的内在规律性，复式记账必须以水会计等式作为记账基础。

2. 对每项人为因素引起的水资源交易或事项，必须在两个或两个以上相互联系的账户中进行等额记录

水资源交易或事项的发生，必然会引起水资源和水权的变动，而这种变动势必导致会计等式中至少有两个要素或同一要素中至少有两个项目发生等量变动。为反映这种等量变动关系，会计上就必须在两个或两个以上的账户中进行等额双重记录。

3. 按水资源交易或事项对水会计等式的影响类型进行记录

尽管涉水单位的水资源交易或事项复杂多样，但对水会计等式的影响无外乎两种类型：一类是影响会计等式等号两边等额同增或等额同减；另一类是影响会计等式等号某一边会计要素发生变化的水资源交易或事

项，这类业务不改变涉水单位水资源总额，只会使会计等式等号某一边等额同增同减。这就决定了会计上对第一类水资源交易或事项，应在等式两边的账户中等额记同增同减；对第二类水资源交易或事项，应在等式某一边的账户中等额记增减。

4. 定期汇总的全部账户记录必须平衡

通过复式记账的每笔水资源交易或事项的双重等额记录，定期汇总的全部账户的数据必然会保持会计等式的平衡关系。复式记账试算平衡有发生额平衡法和余额平衡法两种。

发生额平衡法，是将一定时期动态会计等式等号两边账户的发生额增、减相加之和进行核对相等，其计算公式如式（5-7）所示。

水资产账户增加额合计+水负债账户减少额合计-水资产账户减少额合计-
水负债账户增加额合计=净水资产账户增加额合计-净水资产账户减少额合计

(5-7)

余额平衡法，是将某一时点静态会计等式等号两边账户的余额分别加总数进行核对相等，其计算公式如式（5-8）所示。

水资产账户期末余额合计-水负债账户期末余额合计=净水资产账户期末余额

(5-8)

（三）借贷记账法

复式记账法从其发展历史看，曾经有"借贷记账法""增减记账法""收付记账法"等。借鉴我国现行的企业会计准则的规定，水资源会计核算采用借贷记账法。借贷记账法是以"借""贷"为记账符号的一种复式记账方法，用"借"表示水资产的增加、水负债的减少；"贷"表示水负债的增加、水资产的减少。也就是说，用于表示同一性质（指同属资产或同属负债）的会计内容时，"借""贷"二字是对立（含义相反）的，一个表示"增加"、一个表示"减少"。借贷记账法的记账规则是"有借必有贷，借贷必相等"。水资产类账户的记账规则是：获得水资产，记在水资产的借方；使用水资产，记在水资产的贷方。水负债类账户的记账规则是：宣告供水计划或签订供水合同时，水负债增加，记在水负债的贷方；履行供水计划或合同时，水负债减少，记在水负债的借方。例如，某水库用 1 000 m³ 的水转移到灌区，以实现水分配计划。

则会计分录是"贷"记某水库的水量，表示水库的水资产减少，"借"记应供水量——某灌区，表示应供灌区的水量减少。

（四）复式记账法的优点

用复式记账法来核算供用水资源具有以下优点。①对每一项供用水业务都要在相互联系的两个或两个以上的账户中记录，根据账户记录的结果，不仅可以了解每一项供用水业务的来龙去脉，而且可以通过水会计要素的变动全面、系统地了解水资源分配、使用、排放的过程和结果。②存在全部账户体系的平衡关系，可以对账户记录的结果进行试算平衡，以检查账户记录的准确性。③水会计和监督的内容是水资源活动，任何一项水资源分配、使用、排放都会有其来源和去向，涉及相互联系的各个方面。而且，有水资产必然有水资产提供者对水资产的要求权，有水负债必然有债权人对债权的要求权。水会计主体对水资产的供应、使用、排放等经济活动，必然伴随水会计主体之间水权的转移或变动。复式记账法在记录水资源活动的同时，也记录了水权的归属和变动。

三、权责发生制

（一）权责发生制的概念

水资源会计以权责发生制为基础，这是水资源会计区别于其他水核算方法的一大特点。权责发生制原则又称应计制原则，是在水资源核算和管理的应用中，要求水会计报告主体的水资源核算凡是当期已经实现的水资产增加（或水负债减少）和已经发生或应当负担的水资产减少（或水负债增加），不论水是否实际流入或流出，都应当作为当期的水资源和水权的增加和减少；凡是不属于当期的水资产变动或水负债变动，即使水已经在当期实际流入或流出，也不应当作为当期的水资源和水权的增加和减少。换句话说，所谓权责发生制，就是当做出水权交易、转换和相关事项的决策或承诺时，就确认它们的影响。例如，假设一个水会计主体本期负有供给另一个水会计主体一定数量的水的义务，但本期未供给，期末物理水量仍保留在这个水会计主体中，按照权责发生制，它已经成为这个水会计主体的"水负债"（应供而未供给另一个水会计主体的水量）。如果一个水会计主体本期节约了用水指标，按照权责发生制，它把节约的水指标结转到下期使用，成为下期的债权性水资产，登记为"水许可"，这些都是以权责发生制为基础，对水资源和水权的核算。水资产和水负债的划分本质上代表了水会计主体对各项水资源权利和义务的划分，最终体现为对权益（净水资产）的划分和划分结果。尤其重要的是，用权责发生制持续核算水资源的供给和使用有利于国家或地区制订稳定的水分配计划，并促进水资源可持续利用，从而促进水资源的节约使用和优化配置。

例如，假设甲是一个供水企业，它管理着 A 水库和 B 湖泊，而 A 水库和 B 湖泊位于一条河的流域内，河水流入水库后，向下游流去。乙和丙是两个自来水公司。根据政府制订的水量分配方案，甲每年应当向乙公司供水 100 万 m^3，向丙公司供水 200 万 m^3，2021 年末甲企业应供乙公司的水量是 30 万 m^3，应供丙公司的水量是 50 万 m^3。2022 年、2023 年甲企业实际供给乙公司 80 万 m^3 和 130 万 m^3 的水，实际供给丙公司 210 万 m^3 和 180 万 m^3 的水。甲企业应供水量的明细账簿登记如表 5-1、表 5-2 所示。

表 5-1　2022~2023 年乙公司应供水量明细

单位：万 m^3

项目	2023 年	2022 年
期初余额	50	30
加:应供水量增加	100	100
减:实际供水	130	80
本期发生额变动	（30）	20
期末余额	20	50

注：带括号的数字表示其为负值。下同。

表 5-2　2022~2023 年丙公司应供水量明细

单位：万 m^3

项目	2023 年	2022 年
期初余额	40	50
加:应供水量增加	200	200
减:实际供水	180	210
本期发生额变动	20	（10）
期末余额	60	40

以权责发生制为基础进行核算，体现了在持续经营假设下，水会计报告主体的水资源权利和义务是持续核算的。如表 5-1 和表 5-2 所示，甲企业的水负债（应供水量）上期的期末余额结转到下期的期初余额。当宣告水量分配计划时，应供水量增加；当实际供水时，应供水量减少。用应供水量增加减去实际供水，即本期发生额变动（水负债变动）。期末余额等于期初余额加上本期发生额变动。

（二）对权责发生制核算基础的创新

值得注意的是，由于水资源具有流动性、不确定性等特征，在以权责发生制为基础进行核算时，水资源管理部门可根据水资源的不同特征，对各种类型的水资源规定一定的征收率，即用水单位年底未使用的用水指标由国家按照有关政策征收一定的比例，用水单位扣除国家征收量后的余额结转到下年继续使用。例如，依据地下水量相对比较稳定的特征，规定征收取用地下水的单位年度节余水量的 5%~10% 后，可结转下年继续使用。而有些河流年际之间的流量变化较大，可将征收率定得高一点，如 15%~25%，以调节丰水年、枯水年水资源供给的差异。对湖泊、水库、溪涧等不同类型的水资源，根据其特点，规定适当的征收率。这不仅促进了用水单位节约用水、提高水资源管理能力，而且能保证丰水年或枯水年都能给用水单位提供水资源。关于根据不同水资源的特征，设置不同征收率的案例研究，在第八章第四节某市属高校案例假设自来水的征收率为 10%，在此基础上编制水会计报表；第五节内蒙古河套灌区案例假定地下水的征收率为 10%，黄河引水的征收率为 15%，在此基础上编制了内蒙古河套灌区水资源会计报表。本章第六节"水资源主要业务的核算"也进行了举例说明。

用水户当年节约的用水指标扣除征收量之后，结转到下年使用，既是对我国现行水资源管理制度的有益变革，同时也拓展了会计理论中权责发生制的概念，对经济活动的核算是一种创新性启发。

当然，实行权责发生制核算的前提是水资源的权利和义务受法律保护，有健全的水权制度，水权的划分和权能明确，具有法律上的效力和约束。如果新增业务、新增用水需求，就得在水权市场上购买，这将大大地促进水权交易的发展和水权市场的完善。以权责发生制为基础的水资源会计核算成为保护水资产、划分水权益的机制。

第六节　水资源主要业务的核算

一、水资源主要业务概述

水资源会计把会计学和水文学结合在一起来核算和反映水会计报告主体的水资源和水权变动情况及结果。在引起水资源和水权变动的因素中，有管理因素和非管理因素两种。管理因素是管理部门可控制的因素，主要表现在流出量上，通过修建输水设施及管理流量来进行水资源分配，例如分配给城市、农业灌溉、工业使用、生态利用等方面。而对于流入量来说，其受气候、地形等因素的影响较大，不能完全控制，但如果能够买水或控制上游的流量（如上游是否允许修建水库以及上下游之间协商水量分配方案等），则流入量可以算是部分可控制的因素，或称部分管理因素。其他因素（如降水量、蒸发量、渗漏量、地表水和地下水之间的转换、从需求返回的水量等）则是不可控制的，属于非管理因素。由于在水资源紧缺的地方存在水量分配的内在需要，所以各地区往往通过建造各种水利设施来管理流入量和流出量，并且通过行政指令或交易合同等方式管理水资源的分配和使用。

水资源会计既核算和反映管理因素，也核算和反映非管理因素，这样才能全面揭示水资源和水权的状况及变动的原因和结果。但是，由于管理因素和非管理因素的可控制性不同，水资源会计对它们核算和反映的方式也不相同。由于非管理因素不可控制，因此只需要以实际发生数来反映非管理因素，而管理因素是可控制的，即可以通过行政指令或交易合同来管理水资源的流入和流出，并且水的实际流动与水应流入或流出的权利与义务的归属期不一定相同，因此需要用权责发生制来核算那些属于管理因素的水和水权的状况及变动情况，这样可以通过设置应供水量、应收水量、预供水量、预收水量等反映往来水资源经济业务的科目来反映它们的期末（期初）余额，这些科目属于水资产和水负债表科目，并且用应收水量增加、应收水量减少、应供水量增加、应供水量减少、水分配宣告等科目反映它们的变动，这类科目属于水资产和水负债变动表科目。

二、水资源主要业务核算

根据上文所述，水资源会计既核算管理因素引起的水资源变动，又核算非管理因素引起的水资源变动。以实际发生数反映非管理因素，以权责发生制反映管理因素。而管理因素主要表现为通过行政指令或交易合同来管理水资源的流入和流出。水资源会计的特点在于以权责发生制反映由管理因素引起的水资源和水权的状况及变动。

下面举例说明水资源会计中常用的核算方法。

（一）地表水资产

地表水资产是水会计报告主体拥有或负责管理，并且预期会给水会计主体或其利益相关者带来未来利益的地表水资源，包括湖泊水、水库水、溪流水等。它是水资产的一种类型，在它下面可设湖泊、水库、溪流等不同的总账科目。对它的计量主要是通过现在拥有的水资源的体积。

例如，某地区北部有甲、乙、丙、丁4个湖泊，南部有戊、己、庚、辛、壬5个湖泊，表5-3反映了该地区2023年12月31日地表水资产的具体情况。

表5-3 某地区2023年12月31日地表水资产明细

单位：m^3，%

某地区各湖泊		死库容	可提取数	现存数	总库容	现存数占总库容
北部	甲湖泊	18 920	23 650	42 570	94 600	45
	乙湖泊	94 500	239 400	333 900	630 000	53
	丙湖泊	236 000	1 652 000	1 888 000	2 950 000	64
	丁湖泊	66 000	115 500	181 500	330 000	55
	合计	415 420	2 030 550	2 445 970	4 004 600	61
南部	戊湖泊	18 400	29 440	47 840	92 000	52
	己湖泊	16 638	78 650	95 288	151 250	63
	庚湖泊	50 400	330 400	380 800	560 000	68
	辛湖泊	3 443	12 150	15 593	20 250	77
	壬湖泊	16 779	51 324	68 103	98 700	69
	合计	105 660	501 964	607 624	922 200	66
总　计		521 080	2 532 514	3 053 594	4 926 800	62

表 5-3 中的死库容是水文学上的一个概念，也叫垫底库容。死库容的水量除遇到特殊的情况外（如特大干旱年），不直接用于调节径流，也不放空。它一般用于容纳水库淤沙，提高坝前水位和库区水深。可提取数是超过死库容的水量。现存数即死库容加上可提取数之和。总库容是指水库的最大蓄水量，是水库的设计容量。

如果该地区编制水资产和水负债表，那么表 5-3 中的各类湖泊的现存数即水资产和水负债表中地表水资产下各类项目当期的期末数，它表示 2023 年 12 月 31 日这些湖泊的现存水量。

（二）地下水资产

地下水资产是水资产的一种类型，是水会计报告主体拥有或负责管理的、预期会给水会计主体或其利益相关者带来未来利益的地下含水层水量。只有水会计报告主体拥有并能可靠计量的地下含水层水量才能作为水资产列示于水资产和水负债表，如果不能可靠计量并且根据相关政策在环境可持续方面具有开采限制的地下含水层水量，就不能作为水会计报告主体的水资产列入水资产和水负债表。例如，根据相关水许可制度，某水会计报告主体在 2023 年 12 月 31 日的水资产和水负债表上列出其拥有的某地下含水层水量为 60 000 m^3，意味着该地区地下含水层总水量估计约为 600 000 m^3（假设规定总水量的 10% 为其可开采量），其余 540 000 m^3 的含水量可被认为是或有水资产，即未来如果可开采限制变化，这些水资源有可能被用于消费。

尽管含水层的可开采水量不能被可靠地计量，但一些用户确实提取了水作为其地下水许可证的一部分，这种做法被认为是可持续的，因为以现在的开采速度，地下水位没有低于历史水平。依据水会计报告的目的，估计这种情况补给量等于它的开采量。例如，某地下水管理区有两个地下含水层甲和乙。甲含水层水量能被可靠计量，在水资产和水负债表中作为水资产确认；乙含水层水量不能被可靠计量，也没有开采限额，它就不能在水资产和水负债表上确认为水资产，但一些用户确实提取了水作为其地下水许可证的一部分，根据水会计报告的目的，可以估计乙含水层的补给量等于其开采量。相关信息举例如表 5-4 所示。

表 5-4　地下含水层的水开采和补给

单位：m^3

含水层	某供水系统的地下水分配引水	其他水体的地下水分配引水	从受管制的某河流补给	从某河流系统景观补给	从其他水会计主体景观补给
甲含水层	15 400	1 600	3 900	25 800	3 900
乙含水层	11 100	0	0	11 100	0
总　计	26 500	1 600	3 900	36 900	3 900

表 5-4 反映了该管理区地下含水层的水使用和补给的情况。表中的各项目将记入该水会计报告主体的水流量表，如某供水系统的地下水分配引水、其他水体的地下水分配引水是水流量表中的地下水流出类科目，从受管制的某河流补给、从某河流系统景观补给、从其他水会计主体景观补给则构成地下水流入类的科目。

（三）其他水资产

其他水资产是水资产类科目，它包含了水会计主体已购买或已取得的用于保障用水但期末还未使用的水权。一个国家或地区通常会在取水许可制度或其他水资源管理制度中对期末未使用的水权能否结转到下期继续使用进行规定。根据不同性质水资源的特点，有不同的处理方法，有的地方是制定征收率，按规定扣除征收的水量后结转到下期使用。下面举例说明各种情况下对其他水资产的核算。

假设取水许可制度允许甲水库期末未使用的水权水量在被征收 10%之后，可转到下期继续使用。甲水库每年被许可使用 18 250 m^3，2022～2023 年甲水库取水许可明细如表 5-5 所示。

表 5-5　2022～2023 年甲水库取水许可发生额和余额

单位：m^3

项目	2023 年	2022 年
期初余额	7425	0
加:水分配宣告	18 250	18 250
减:水分配转移	（25 675）	（10 000）
	（7 425）	8 250
减:征收	0	（825）
期末余额	0	7 425

表 5-5 中，2022 年甲水库实际使用水 10 000m³，余下 8 250m³，按照 10%征收，被征收了 825 m³，其余 7 425 m³转移到 2023 年继续使用。2023 年获得 18 250 m³的水许可，用了 25 675 m³，把期初余额和本期分配的水许可都用完了，期末余额为 0，不征收，也不结转至下期。

假设某地区地下水取水许可制度不允许把未使用的水权结转至下期。甲企业每年被许可取地下水 10 000 m³，2022 年取了 10 000 m³水，但在 2023 年由于引入了海水脱盐厂，该企业只取了地下水 8 000 m³，剩余的 2 000 m³的取水许可被征收了。其取水许可发生额和余额如表 5-6 所示。

表 5-6　2022~2023 年甲企业取水许可发生额和余额

单位：m³

项目	2023 年	2022 年
期初余额	0	0
加:水分配宣告	10 000	10 000
减:水分配转移	（8 000）	（10 000）
	2 000	0
减:征收	（2 000）	0
期末余额	0	0

假设甲村子每年允许取地下水 10 000 m³，最近两年的水分配量是水许可的 60%，任何未使用的水在被扣除 8%的征收量后结转到下期。甲村子取水许可发生额和余额如表 5-7 所示。

表 5-7　2022~2023 年甲村子取水许可发生额和余额

单位：m³

项目	2023 年	2022 年
期初余额	920	0
加:水分配宣告	6 000	6 000
减:水分配转移	（5 000）	（5 000）
	1 000	1 000
减:征收	（154）	80
期末余额	1 766	920

（四）环境水负债

环境水负债是负债类科目，是指在报告期末输送给环境（如河流），但根据相关制度必须输送给环境的水的余额，相关制度通常要求当期未输送的水应当结转到下期继续输送。

例如，某地区负有对甲河流输送水的义务，期末未输送的水量就构成了环境水负债，结转到下期继续输送（见表5-8）。

表5-8　2022~2023年甲河流环境水负债发生额和余额

单位：m^3

项目	2023 年	2022 年
期初余额	8 034	2 123
加：根据许可制度被要求放水量	35 823	73 147
减：实际放水量	43 484	67 236
本期发生额变动	（7 661）	5 911
期末余额	373	8 034

另一种情况是，环境水负债包括根据许可协议应当结转的未交付水量，减去水务管理部门同意不结转的水负债。例如，根据对 A 湖泊环境评估报告，相关水务部门同意注销由甲水电站承担的向 A 湖泊供水的未清债务，2022 年和 2023 年分别注销水量 1 050 m^3 和 2 070 m^3。相关数据及核算如表5-9所示。

表5-9　2022~2023年 A 湖泊环境水负债发生额和余额

单位：m^3

项目	2023 年	2022 年
期初余额	1 300	1 500
加：根据许可制度被要求放水量	23 300	25 000
减：实际放水量	21 130	24 150
本期发生额变动	2 170	850
本期发生额变动+期初余额	3 470	2 350
期末余额	1 400	1 300
环境水负债变动	100	（200）
注销未转移负债	2 070	1 050

根据表 5-9，2023 年初，甲水电站应当向 A 湖泊放水 1 300 m³，这是 2022 年底结转过来的。根据相关制度，2023 年甲水电站被要求向 A 湖泊放水 23 300 m³，甲水电站实际放了 21 130 m³。本期发生额变动为 2 170 m³（23 300-21 130），用本期发生额变动 2 170 m³ 加上期初余额 1 300 m³，即本期期末应当结转到下期的水负债 3 470 m³。由于相关水务部门对 A 湖泊进行了环境评估，同意减少甲水电站本期放水量 2 070 m³，这样，本期期末应当结转至下期的水负债是 1 400 m³（3 470-2 070），本期环境水负债变动为 100 m³（1 400-1 300），注销未转移水负债 2 070 m³。2022 年环境水负债——A 湖泊的发生额及余额计算原理同上所述，计算结果如表 5-9 所示。

（五）应供水量与应收水量

应供水量是负债类科目，它是按照水量分配方案或交易合同等规定的水会计主体应当供给另一家水会计主体但期末还未转移的水量。应收水量则是水资产类型的科目，它是按照水量分配方案或水权交易合同等规定的水会计主体应当收到但期末还未收到的其他水会计主体供给的水量。

假如，水库管理单位作为供水方，自来水厂作为用水方，双方对于水资源的分配和使用是怎么核算的呢？

假设甲是一个水库管理单位，乙是一个自来水厂，甲、乙双方通过签订交易合同（或者根据政府制定的水量分配方案），规定甲方每年应当向乙方供水 100 万 m³。2021 年末甲应供未供的水量是 30 万 m³。2022 年、2023 年甲实际供给乙方的水量分别为 80 万 m³ 和 130 万 m³。2022 年、2023 年甲方在应供水量的账户登记明细如表 5-10 所示。

表 5-10 2022～2023 年乙方应供水量发生额和余额

单位：万 m³

项目	2023 年	2022 年
期初余额	50	30
加：应供水量增加	100	100
减：应供水量减少	130	80
本期发生额合计	（30）	20
期末余额	20	50

根据上述资料,2022 年甲方"应供水量——乙方"的期初余额为 30 万 m³(即 2021 年的年末余额),本期"应供水量——乙方"增加 100 万 m³,实际供了 80 万 m³,本期发生额合计为 20 万 m³(100-80),即"应供水量增加——乙方"为 20 万 m³,这样,账户"应供水量——乙方"2022 年的期末余额为 50 万 m³(期初余额 30+本期发生额合计 20)。把该余额转为 2023 年的期初余额,2023 年"应供水量——乙方"增加 100 万 m³,实际供了 130 万 m³,本期发生额合计为-30 万 m³(100-130),即账户"应供水量增加——乙方"为-30 万 m³,这样,"应供水量——乙方"2023 年的期末余额为 20 万 m³(期初余额 50+本期发生额合计-30)。作为用水方的乙方在"应收水量——甲方"账户的登记明细如表 5-11 所示。

表 5-11　2022~2023 年甲方应收水量发生额和余额

单位:万 m³

项目	2023 年	2022 年
期初余额	50	30
加:应收水量增加	100	100
减:应收水量减少	130	80
本期发生额合计	(30)	20
期末余额	20	50

如表 5-11 所示,2022 年乙方"应收水量——甲方"的期初余额为 30 万 m³(即 2021 年的期末余额转入),本期"应收水量——甲方"增加 100 万 m³,实际收到 80 万 m³,本期发生额合计为 20 万 m³(100-80),即"应收水量增加——甲方"为 20 万 m³,这样,"应收水量——甲方"2022 年的期末余额为 50 万 m³(期初余额 30+本期发生额合计 20)。把该余额转为 2023 年的期初余额,2023 年"应收水量——甲方"增加 100 万 m³,实际转入 130 万 m³,本期发生额合计为-30 万 m³(100-130),即"应收水量增加——甲方"为-30 万 m³,这样,"应收水量——甲方"2023 年的期末余额为 20 万 m³(期初余额 50+本期发生额合计-30)。

(六) 地表水增加/流入

地表水增加是水资产和水负债变动表中的项目,属于水资产增加,它包括降水、径流、灌溉回流、地下水排放以及城市废水经过处理达标后流入河流的水（城市污水回流）等，它通常也构成水流量表中的地表水流入项目。例如，甲供水系统的地表水增加数据如表 5-12 所示。

表 5-12　2022~2023 年甲供水系统地表水增加情况

单位：m^3

项目	2023 年	2022 年
降水	9 900	5 100
来自上游水会计报告实体的流入	1 380	150
径流流入	725 000	530 000
地下水排放	3 450	3 450
灌溉回流	71 900	59 100
城市污水回流	9 860	9 720
地表水增加小计	821 490	607 520

（七）地下水增加/流入

地下水增加是水资产和水负债变动表中的项目，属于水资产增加，包括地下水回灌、从地下水系统外部流入报告实体、地下水分配调整等，它们通常也是水流量表中的地下水流入量项目。例如，甲供水系统的地下水增加相关数据如表 5-13 所示。

表 5-13　2022~2023 年甲供水系统地下水增加情况

单位：m^3

项目	2023 年	2022 年
地下水回灌	3 980	3 980
从地下水系统外部流入报告实体	36 970	36 970
地下水分配调整	3 940	5 140
地下水增加小计	44 890	46 090

（八）地表水减少/流出

地表水减少是水资产和水负债变动表中的项目，属于水资产减少，它包括蒸发、渗漏、未管理的流动（如地表水存储被盗、从不受管理的存储中许可转移）等，它们同时也构成水流量表中的地表水流出项目。例如，甲供水系统的地表水减少相关数据如表 5-14 所示。

表 5-14　2022~2023 年甲供水系统地表水减少情况

单位：m^3

项目	2023 年	2022 年
蒸发	101 550	137 050
渗漏	3 940	3 940
未受管理的流动		
从不受管制的存储中许可转移	6 660	8 730
地表水存储被盗	1 230	1 560
地表水减少小计	113380	151 280

在表 5-14 中，蒸发、渗漏、未受管理的流动是总账科目，而从不受管制的存储中许可转移、地表水存储被盗是未受管理的流动的明细科目。

（九）地下水减少/流出

地下水减少是水资产和水负债变动表中的项目，属于水资产减少，包括地下水排放、未受管理的流动（如地下水偷采）、蒸散等。例如，甲供水系统的地下水减少相关数据如表 5-15 所示。

表 5-15　2022~2023 年甲供水系统地下水减少情况

单位：m^3

项目	2023 年	2022 年
地下水排放	5 780	5 780
未受管理的流动		
地下水偷采	654	769
蒸散	8 698	9 798
地下水减少小计	15 132	16 347

在表 5-15 中，地下水排放、未受管理的流动、蒸散是总账科目，而地下水偷采是未受管理的流动的明细科目。

（十）未说明的差异

在水资产和水负债表中对物理水资产（不包括仅含有水权的其他水

资产）的计量与水流量表中对水流入流出计量产生的蓄水量之间有可能产生误差，可通过水流量表中的"未说明的差异"来反映。

接"地表水资产"的例子，某地区北部有甲、乙、丙、丁4个湖泊，南部有戊、己、庚、辛、壬5个湖泊，这9个湖泊的期末测量水量即表5-3中"现存数"，用本期流入量减去流出量计算得出的湖泊净蓄水量为表5-16中的"从物理流量计算"，二者之间存在差异，用"未说明的差异"来反映，编制该地区水资产及未说明的差异情况如表5-16所示。

表5-16 某地区水资产及未说明的差异情况

单位：m^3，%

某地区各湖泊		测量湖泊水量	从物理流量计算	未说明的差异	
					占比
北部	甲湖泊	42 570	44 693	2 123	5.0
	乙湖泊	333 900	347 595	13 695	4.1
	丙湖泊	1 888 000	1 974 032	86 032	4.6
	丁湖泊	181 500	170 610	（10 890）	（6.0）
	合计	2 445 970	2 536 930	90 960	3.7
南部	戊湖泊	47 840	50 182	2 342	4.9
	己湖泊	95 288	90 234	（5 054）	（5.3）
	庚湖泊	380 800	361 200	（19 600）	（5.1）
	辛湖泊	15 593	15 158	（435）	（2.8）
	壬湖泊	68 103	73 637	5 534	8.1
	合计	607 624	590 411	（17213）	（2.8）
总 计		3 053 594	3 127 341	73 747	2.4

从表5-16可以看出，测量各个湖泊的蓄水量的值与通过水流入量与水流出量计算得出的净蓄水量的值很有可能是不相等的，这就形成了计量上的误差，在水会计报表中用"未说明的差异"来反映，该值越大，说明对水资源的管理和控制越差。

第六章　水资源会计报告

水资源会计报告是水会计报告主体向报告使用者交流相关的、可靠的水信息的一种方式，编制和对外报送水会计报告是水资源会计的一项重要内容，是对水核算工作的全面总结，也是及时提供合法、真实、准确、完整水会计信息的重要环节。本章主要阐述水资源会计报告与水资源会计报表的定义、水资源会计报表列报的要求、基本水资源会计报表（水资产和水负债表、水资产和水负债变动表、水流量表）的格式和内容、水资源会计报表附注的内容及其披露，剖析水资源会计报表的编制方法，完成对三张报表的编制原理、列示项目、勾稽关系、编制流程、编制规则、报表分析与利用等的系统设计。

第一节　水资源会计报告概述

一、水资源会计报告的定义

水资源会计报告，是指水会计报告主体对外提供的反映水会计主体某一特定日期的水资源状况和某一会计期间的经营成果（净水资产变动）、水流量等信息的文件。水资源会计报告包括水资源会计报表和其他应当在水会计报告中披露的相关信息和资料。

水资源会计报告体现了水会计报告主体确认与计量水资源活动的最终结果，投资者、债权人、政府、公众等利益相关者通过水会计报告来了解涉水单位的水资源状况、水资源管理成果和水流量等情况，预测水会计主体未来的发展趋势，为其决策提供量化依据。

二、水资源会计报告的构成

水资源会计报告仿照财务会计报告，由总体陈述、管理责任声明、水资产和水负债表、水资产和水负债变动表、水流量表、附注六大块内容组成，如表6-1所示。

表 6-1　水资源会计报告的结构和内容概况

报告结构	内　　容
总体陈述	提供水会计报告主体实体和行政管理方面的信息,包括水会计报告主体水资产和水负债的总体情况、对水资产和水负债管理有影响的因素等
管理责任声明	提供信息帮助水会计报告使用者评估水会计报告是否按公认的 GPWA 准则编制
水资产和水负债表	反映水会计报告主体在水会计报告日的水资产和水负债的性质和数量
水资产和水负债变动表	反映在报告期间水会计报告主体的净水资产变动的性质和数量
水流量表	反映水会计报告主体在报告期间水流入和流出的性质和数量
水资源会计报表附注	对水资产和水负债表、水资产和水负债变动表以及水流量表等列示项目的文字描述或明细资料,以及对未能在这些报表中列示项目的说明等

（一）　总体陈述

总体陈述提供水会计报告主体实体和行政管理方面的信息,包括水会计报告主体水资产和水负债的总体情况。例如,水资源的详细地理位置、实际蓄水量和最大蓄水量、对水资产和水负债管理有影响的因素等。对水资产和水负债管理有影响的因素主要包括:①报告期前和报告期间的气候状况;②对水会计报告主体的水资产和水负债管理方面的外部需求,如水利设施;③有关水会计报告主体的制度安排,如水分配计划;④被水会计报告主体的管理层所采取的管理水资产和水负债的政策和行为等。

受水会计报告主体特征的影响,在总体陈述中还可以披露以下事项:水分配和提取限制、水资源使用服务和运行机制、水权交易和其他对水的要求权、环境水管理、水战略或计划、水会计报告主体的未来展望等。

（二）　管理责任声明

管理责任声明部分应提供信息帮助水会计报告使用者评估水会计报告是否按公认的水会计准则编制。如果水会计报告没有按公认的水会计准则编制,则应在管理责任声明部分说明原因,并披露不符合水会计准则规定的事项,同时还应参考报告里披露的其他事项,提供关于不遵守公认的水会计准则的更多信息。

（三）三张水资源会计报表

在财务会计中，财务会计报告包括反映财务状况的资产负债表、反映经营业绩的利润表、反映现金流入与流出的现金流量表以及附表和附注。这些会计报表之间是相互关联的：利润表反映核算期间的经营成果，从本质上反映资产负债表从一个年度到下一个年度的变化；现金流量表则反映核算期间内的现金流动及结果。三张报表互相勾稽，互相补充。

在传统实务中，水信息通过统计报表反映，而不是应用相互联系的方式反映。然而，在标准化水会计核算中，需要编制和对外报告相互联系的水资源会计报表。Sinclair Knight Merz（SKM）（2006）认为，独立的各种报表不能有意义地把信息联系起来，不能揭示水的具体情况，不能体现水资源管理者的管理责任。

因此，水资源会计报告仿照财务会计报告，是水会计报告主体对外提供的反映水会计报告主体水资源状况及其变动和流动情况的文件。编制水资源会计报表是根据账簿记录的数据资料，采用一定的表格形式，定期、综合地反映各水会计报告主体水资源活动过程和结果的一种方法。编制水资源会计报表是对日常核算的总结，是在账簿记录的基础上对核算资料的进一步加工整理。水资源会计报表包括水资产和水负债表、水资产和水负债变动表、水流量表。水资产和水负债表既反映水权和其他对水的要求权，又反映水负债，即提供水或水权或其他与水资源相关的利益给别的主体的现时义务。水资产和水负债变动表类似于利润表，反映水资产和水负债在报告期间内的变动状况。水流量表反映水会计报告主体拥有或控制的水资源在报告期间内的实际流入量和流出量。这三张水资源会计报表的理论框架如表 6-2 所示。

表 6-2　水资源会计报表的理论框架

水资源会计报表	定义	性质	会计基础	水会计等式
水资产和水负债表	反映水会计报告主体在某一时点的水资产和水负债的性质和数量	静态报表	权责发生制	水资产－水负债＝净水资产

续表

水资源会计报表	定义	性质	会计基础	水会计等式
水资产和水负债变动表	反映在核算期间水会计报告主体的净水资产的数量和性质的变动	动态报表	权责发生制	水资产增加+水负债减少-水资产减少-水负债增加=净水资产变动
水流量表	反映在核算期间水会计报告主体的水流动的性质和数量	动态报表	收付实现制	水流入量-水流出量=净蓄水量变动

由于编制水资源会计报表是水资源会计的最终成果，也是其他方法之集大成者，所以本书将在后面几节重点论述。

（四）水资源会计报表附注

水资源会计报表附注是对水资产和水负债表、水资产和水负债变动表、水流量表列示项目的文字描述或明细资料，以及对未能在这些报表中列示项目的说明等。附注是水资源会计报表不可或缺的组成部分，报表使用者若要了解企业的水资源状况、水经营成果和水流量，应当全面阅读附注，附注相对于报表而言，同样具有重要性。

在水资源会计报表附注中，水会计主体应当披露水资源会计报表的编制基础，相关信息应当与水资产和水负债表、水资产和水负债变动表、水流量表等报表中列示的项目相互照应，对各项目的计量依据、计量方法、期初余额、期后事项、或有负债等进行说明，使水资源会计报表科学合理、清晰明了。

在水资源会计报表附注中，水会计主体一般应按下列顺序披露信息：①除了陈述水流量表，水资源会计报告按照权责发生制编制；②编制水资源会计报告所采用的重要的水会计政策，包括编制水会计报表所使用的计量属性、计量单位和计量方法，以及其他具体的水核算政策；③水会计准则要求披露而在水资源会计报告其他地方没有披露的信息；④水会计准则没有规定但有助于水会计报告使用者了解水会计报告主体的水资产、水负债及其管理的其他额外的信息。

三、水资源会计报告的编制主体

在财务会计中，公司既是报告主体，又是编制报告的实体，即使由个人签署了财务报告，但他也是代表公司签署的。但在水资源会计中，报告对象和报告的编制者之间的区别则更大。为了满足不同层次对水资源信息的需求，一个特定的物理水系可能会成为不同层级的政府或组织编制水资源会计报告的基础，但报告编制者的身份不会改变报告的内容。例如，海河流域包括北京、天津、河北、山西、山东、河南、内蒙古、辽宁8个省份，这些省份以及下辖的水库、灌区、自来水公司等位于海河流域内，都需要分别编制各自负有管理责任范围内的水资源会计报告。海河水利委员会负有管理整个海河流域的责任，需要编制整个海河流域的综合水资源会计报告。而各个水会计主体编制的水资源会计报告可能有交叉重叠的现象，即一个水会计主体编制的报告中包含另一个水会计主体编制的水信息的一部分，所以，合并水会计报表是一项复杂的任务。如果这些不同层级、不同形态的组织编制的水资源会计报告的信息是决策相关的、可靠的，而且能满足报告使用者的需求，则它们将有利于政策的制定。

四、水资源会计报表列报的基本要求

水资源会计报表列报和披露应当遵循以下基本要求。

第一，遵循各项水会计准则进行确认和计量。水会计主体应当根据实际发生的水资源各项交易或事项，遵循各项具体水会计准则的规定进行确认和计量，并在此基础上编制水资源会计报表。水会计主体应当在管理责任声明部分对遵循水资源会计准则编制的水资源会计报表做出声明，只有遵循了水会计准则的所有规定，水资源会计报表才应当被称为"遵循水会计准则"。

第二，列报基础。水会计主体应当以水资源持续经营为基础，根据实际发生的交易或事项，按照水会计准则的规定进行确认和计量，在此基础上编制水资源会计报表。当以持续经营为基础编制水资源会计报表不再合理时，水会计主体应当采用其他为基础编制水资源会计报表，并在附注中披露这一事实。水会计主体不应以附注披露代替确认和计量。

第三，列报的一致性。为使同一水会计主体在不同期间以及在同一期间不同水会计主体的水会计报表相互可比，水会计信息披露的一项重要质量要求就是可比性，因此水资源会计报表项目的列报应当在各个水会计期间保持一致，不得随意变更，这一要求不仅针对水资源会计报表中的项目名称，还包括水资源会计报表项目的分类、排列顺序等方面，但下列情况除外：①水会计准则要求改变水资源会计报表项目的列报；②水会计主体经营业务的性质发生重大变化后，变更水资源会计报表项目的列报能够提供更可靠、更相关的水会计信息。

第四，按照重要性判断水资源会计报表项目是否单独列报。重要性是指若水资源会计报表某项目的省略或错报会影响使用者据此做出经济决策，则该项目具有重要性。重要性是判断水资源会计报表项目是否单独列报的重要标准。企业应当根据所处环境，从项目的性质和数量大小两方面予以判断。性质或功能不同的项目，应当在水资源会计报表中单独列报，但不具有重要性的项目除外。性质或功能类似的项目，其所属类别具有重要性的，应当按其类别在水资源会计报表中单独列报。

第五，水资源会计报表项目数量间的相互抵销。水资源会计报表中的水资产项目和水负债项目的数量、水资产变动和水负债变动的数量不得相互抵销，但其他水会计准则另有规定的除外。

第六，比较信息的列报。水会计主体在列报当期水资源会计报表时，至少应当提供所有列报项目上一可比会计期间的比较数据，以及与理解水资源会计报表相关的说明，但其他水会计准则另有规定的除外。

当水资源会计报表项目的列报发生变更时，水会计主体应当对上期比较数据按照当期的列报要求进行调整，并在附注中披露调整的原因和性质，以及调整的各项目数量。对上期比较数据进行调整不切实可行的，应当在附注中披露不能调整的原因。不切实可行，是指水会计主体在做出所有合理努力后，仍然无法执行某项规定。

第七，水资源会计报表表首的列报要求。水会计主体在水资源会计报表的表首部分至少披露下列各项信息：①编制水会计主体的名称；②水资产和水负债表日或水资源会计报表涵盖的会计期间；③水资源计量单位。

第八，报告期间。水会计主体至少应当按年编制水资源会计报表。年度水资源会计报表涵盖的期间短于一年的，应当披露年度水资源会计报表的涵盖期间，以及短于一年的原因。

第二节　水资产和水负债表

水资产和水负债表是反映水会计主体在某一特定日期水资源状况的报表，它表明水会计主体在某一特定日期所拥有或控制的水资源数量、所承担的现时义务和使用者对净水资产的要求权。

一、水资产和水负债表的意义

水资产和水负债表的作用在于提供水会计报告主体在某一时点的水资产总额、水负债总额和净水资产总额及其各自的构成情况，以便于水会计报告使用者了解水会计报告主体的水资源及其分布情况，了解水会计报告主体的水资产和水负债结构、净水资产保护和增值情况，并可据以评价和预测水会计报告主体的供水能力和偿债能力，评价和预测水会计报告主体的经营绩效。水资产和水负债表是水会计报告主体对外提供的主要水资源会计报表之一，每一个水会计报告主体都必须编制水资产和水负债表。

二、水资产和水负债表的内容和格式

水资产和水负债表是反映水会计报告主体在水会计报告日的水资产和水负债的性质和数量的水资源会计报表。它是静态报表，类似于财务会计中的资产负债表，以权责发生制为基础，即以权责的实际归属反映"水资产"和"水负债"的存量。资产负债表反映企业在某一特定日期的财务状况，水资产和水负债表揭示水会计报告主体在一定时点上水资产、水负债以及净水资产的数量。

水资产和水负债表采用报告式资产负债表的格式，按照"水资产－水负债＝净水资产"的原理，依据重要性从上到下把水资产、水负债、净水资产项目垂直排列，这种排列方式，称为抵销式（Offsetting）。

（一）水资产

水资产包括地表水、地下水和其他水资产。其中，地表水又分为水库、湖泊、沟渠、溪涧、再生水、海水淡化、城市供水管网里的水等；地下水分为浅层地下水和深层地下水；其他水资产包括根据合同或水量分配方案制定的应收水量、水许可（根据取水许可证获得的取水指标）等。只要满足下列条件，就应当确认为水资产：①与水资产相关的未来利益很可能被水会计主体或其利益相关者获得；②水资产的体积能被可靠地计量。

（二）水负债

水负债包括应供水量和其他水负债。其中，应供水量指按照合同或水量分配方案等，会计期末应供给某单位而未供的水量，它是报表编制单位过去的交易或事项形成的现时义务，该供水义务将持续到下期履行。只要满足下列两个条件，就应当在水资产和水负债表中确认为水负债：①对现时义务的履行有可能导致水会计报告主体的水资产减少或另一项水负债增加；②水负债的数量能被可靠地计量。

（三）净水资产

净水资产是水资产合计减去水负债合计的差额，它反映水会计报告主体对拥有或管理的水资源的合法权利或限制。

三、水资产和水负债表举例

以第五章第五节权责发生制所举的例子为基础，进一步编制甲企业水资产和水负债表。甲企业 2022~2023 年实际供水量和应供乙公司和丙公司的水量数据如表 5-1 和表 5-2 所示。

假设 A 水库 2023 年末、2022 年末的蓄水量分别为 3 000 万 m^3、3 500 万 m^3，B 湖泊 2023 年末、2022 年末的蓄水量分别为 4 000 万 m^3、4 500 万 m^3，另外 2021 年末甲公司的净水资产为 7 420 万 m^3，编制水资产和水负债表如表 6-3 所示。

表 6-3 展示了甲企业 2022 年和 2023 年管理的水资源状况。2022~2023 年期末净水资产按照"水资产合计-水负债合计"计算为 7 910 万 m^3（8 000-90）和 6 920（7 000-80）万 m^3，2022 年期初净水资产即 2021 年末的净水资产 7 420 万 m^3（7 500-30-50），2023 年期初净水资产即 2022 年期末净水资产 7 910 万 m^3。可以看出，2021~2023 年甲企业拥有的净水资产分别是 7 420 万 m^3、7 910 万 m^3 以及 6 920 万 m^3，这反映了甲企业在分配和使用水资源方面的权利和限制。

表 6-3　水资产和水负债表

2023 年 12 月 31 日　　　　　　　　　单位：万 m³

项目	2023 年	2022 年
水资产		
A 水库蓄水量	3 000	3 500
B 湖泊蓄水量	4 000	4 500
地下含水层水量	0	0
应收水量	0	0
水资产合计	7 000	8 000
水负债		
应供水量——乙公司	20	50
应供水量——丙公司	60	40
水负债合计	80	90
净水资产	6 920	7 910
期初净水资产	7 910	7 420
净水资产变动	（990）	490
期末净水资产	6 920	7 910

　　表 6-3 展示了水资产和水负债表的结构和内容，它具体地反映了案例企业水资产、水负债的构成，以及水资产、水负债、净水资产之间的关系。

第三节　水资产和水负债变动表

　　水资产和水负债变动表是反映报告期间水会计报告主体的净水资产变动的性质和数量的水资源会计报表，它是一张动态报表。

一、水资产和水负债变动表的意义

　　水资产和水负债变动表类似于利润表，采用权责发生制，反映水会计主体在会计期间以权利和义务为基础的各项水资产和水负债的变动情况，即反映各项资产和负债在会计期间怎样变动和变动多少的问题，它根据"水资产增加+水负债减少-水资产减少-水负债增加=净水资产变动"原理编制，从上到下依次列示水资产增加、水负债减少、水资产减少、水负债增加各项目，最终计算得出净水资产变动。它是水资产变动和水负债变动内在关系的集中体现，不仅能够反映水会计主体在一定时期内管理水资源的成果，而且能综合反映水资源的管理和控制水平。通过水资产和水负债变动表可以分析水资源变动的原因，据以评价水会计主体管理水资源的优劣，并预测未来的发展趋势，有助于评价和考核水管理单位的绩效。

二、水资产和水负债变动表的内容和格式

水资产和水负债变动表反映那些引起水资产变动或水负债变动的交易、转换和事项的信息，不管交易、转换和事项是否伴随物理水流动。水资产和水负债变动表的结构原理是第五章第四节中的式（5-3）。它的实质是这一水会计等式的表格化、项目化，从上至下以抵销式的形式反映。

如果报告期内水资产和水负债可能存在未做解释的变动，则把它记在水资产和水负债变动表中的"未说明的差异1"部分，以便更好地计量总体上的误差，于是，可以得出式（6-1）：

$$水资产增加+水负债减少-水资产减少-水负债增加+$$
$$未说明的差异1=净水资产变动 \tag{6-1}$$

水资产和水负债变动表依据式（6-1）编制，其中净水资产变动反映了当期（期末-期初）净水资产的变动量，这使得水资产和水负债变动表反映了水资产和水负债表中净水资产从期初到期末的变动原因，两张表之间的勾稽关系使水资源会计报表的编制具有试算平衡的功能。而且，未说明的差异能反映水资源管理和控制的水平，如果未说明的差异越大，说明水资源管理和控制的水平越低，反之则越高。如果气候干旱，或者水资源管理不当，发生的水资产减少和水负债增加之和超过水资产增加和水负债减少之和，净水资产变动为负数，水会计报告主体的期末净水资产就减少了；反之，水会计报告主体的期末净水资产增加。水会计报告主体应当定期核算水资源管理成果，并将核算结果编制成报表，这就是水资产和水负债变动表。

水资产和水负债变动表中应当包括和呈现报告期间以下项目的数量：水资产增加、水资产减少、水负债增加、水负债减少、净水资产变动。

如果这些项目的子分类项目分开列示有助于水会计报告使用者了解水会计报告主体的水资产变动和水负债变动的性质、数量和功能，则应当分别列示。例如，水会计报告主体的蒸发量相比其他水资产减少项目来说较为重要，则应在水资产减少项目下列示蒸发量。除此以外，水资产减少项目下还可设置渗漏、地表水流出等。水资产增加项目下可设置降水、径流流入、沟渠流入、补充地下水、灌溉回流、再生水流入等。水负债增加项目包括下达（或宣告）城市水分配计划、环境水分配计划等。水负债减少项目包括履行水分配计划使物理水流出等。

三、水资产和水负债变动表举例

以第五章第五节权责发生制所举的例子为基础，进一步编制水资产和水负债变动表。假设 2022 年、2023 年非管理因素引起的水资源变动信息如表 6-4 所示，而管理因素引起的水资源变动数据按照第五章第五节中的举例情况，编制甲水资源管理单位的水资产和水负债变动表如表 6-5 所示。

表 6-4　非管理因素引起的水资源变动信息表

2023 年 12 月　　　　　　　　　　　　　　单位：万 m^3

项目	2023 年	2022 年
水资产增加		
河水流入	2 450	3 000
降水	500	600
水资产减少		
河水流出	2 400	2 300
蒸发	730	660
渗漏	90	85

表 6-5　水资产和水负债变动表

2023 年 12 月　　　　　　　　　　　　　　单位：万 m^3

项目	2023 年	2022 年
水资产增加		
河水流入	2 450	3 000
降水	500	600

续表

项目	2023 年	2022 年
应收水量增加水资产	0	0
水资产增加合计	2 950	3 600
水负债减少		
应供水量减少——乙	30	(20)
水负债减少合计	30	(20)
水资产减少		
河水流出	2 400	2 300
蒸发	730	660
渗漏	90	85
分配流出——乙	130	80
分配流出——丙	180	210
水资产减少合计	3 530	3 335
水负债增加		
应供水量增加——丙	20	(10)
水负债增加合计	20	(10)
未说明的差异 1	(420)	235
净水资产变动	(990)	490

表 6-5 显示了甲企业 2022~2023 年水资源变动的原因和结果。2022 年由于河水流入和降水多，水资产增加了 3 600 万 m³，而河水流出、蒸发、渗漏、分配给乙公司和丙公司的水量总计为 3 335 万 m³，最终净水资产增加 490 万 m³。2023 年水资产仅增加 2 950 万 m³，减少达到 3 530 万 m³，最终净水资产减少了 990 万 m³，这与水资产和水负债表中的净水资产变动是一致的，说明二者之间内在的勾稽关系。另外，2022 年未说明的差异是 235 万 m³，占水资产合计（8 000 万 m³）的 2.9%，2023 年未说明的差异是-420 万 m³，其绝对值占 2023 年水资产合计（7 000 万 m³）的 6%，未说明的差异比 2018 年提高了，说明报表上的误差增大，水资源管理水平有所下降。

第四节　水流量表

水流量表是以收付实现制为基础，反映水会计报告主体在报告期间水流入和流出的性质和数量的水资源会计报告，属于动态报表。

一、水流量表的意义

水会计报告主体编制水流量表的主要目的，是为水会计报告使用者提供其在报告期间引起水流动的交易、转换和事项的信息，以便于水报告使用者了解和评价其获取水资源的能力，并据以预测其未来的水流量。所以，水流量表在评价水资源管理者的经营业绩、衡量水会计报告主体的水资源状况以及预测水会计报告主体的未来前景方面有着十分重要的作用。水流量表有助于评价水会计报告主体的运营能力、偿债能力，有助于预测未来的水流量，有助于分析水会计报告主体净水资产变动的质量以及影响水流量的因素。

二、水流量表的内容和格式

水流量表类似于现金流量表，用收付实现制编制。所谓收付实现制，就是以水是否实际流入和流出为标准进行确认是否登记在水流量表中。例如，未完成的水分配计划，形成了水负债，在水流量表中，表示为履行分配计划而供水造成的水负债减少的影响，但不包括在报告期间做出了分配计划仍未转移的水量的影响，这是因为在报告期间还未发生水流动。

水流量表的结构原理为式（6-2），它的实质是这一水会计等式的表格化、项目化。

$$水流入量-水流出量=净蓄水量变动 \qquad (6-2)$$

水流量表的项目，分为水流入、水流出、蓄水量变动、期初蓄水量和期末蓄水量五类。其中，水流入项目包括河水流入、地下水流入、从需求返回、降水、再生水流入、水分配转入等。水流出项目包括河水流出、地下水流出、蒸发、渗漏、水分配转出等。蓄水量的变动是水流入量合计减去水流出量合计之差。期初蓄水量表示水会计报告主体在报告期初的蓄水量。期末蓄水量表示水会计报告主体在报告期末的蓄水量。

水流量表中反映的蓄水量仅与水会计报告主体拥有或管理的物理水资产有关，它并不包括没有被转移的水权性质方面的水资产，如应收水量。如果会计期间水资产流入或流出的数量存在未说明的差异，则在水流量表中列出"未说明的差异 2"一栏。则式（6-2）就变更为式（6-3）。

$$水流入量-水流出量+未说明的差异 2=净蓄水量变动 \qquad (6-3)$$

水资产和水负债变动表上的"未说明的差异 1"一定等于水流量表中的"未说明的差异 2"，否则，存在概念上的错误。

三、水流量表举例

水流量表依据"水流入量-水流出量=净蓄水量变动"原理编制，从上到下依次反映水流入量、水流出量和净蓄水量变动。净蓄水量变动反映水会计主体拥有或控制的物理水资产增加或减少。根据第五章第五节权责发生制所举例子的数据以及表 6-4 提供的非管理因素引起的水资源变动信息，按照收付实现制，编制水流量表（见表 6-6）。

表 6-6　水流量表

2023 年 12 月　　　　　　　　　　单位：万 m³

项目	2023 年	2022 年
水流入量		
河水流入	2 450	3 000
降水	500	600
应收水量转入	0	0
水流入量合计	2 950	3 600
水流出量		
河水流出	2 400	2 300
蒸发	730	660
渗漏	90	85
应供水量转出——乙	130	80
应供水量转出——丙	180	210
水流出量合计	3 530	3 335
未说明的差异 2	（420）	235
净蓄水量变动	（1 000）	500
期初蓄水量	8 000	7 500
加：净蓄水量变动	（1 000）	500
期末蓄水量	7 000	8 000

水流量表显示了甲企业管理的水资源流入和流出的性质和水量。其中，净蓄水量变动是按式（6-3）计算出来的。2022 年净蓄水量变动为 500 万 m^3（即 3 600-3 335+235），表示 2022 年比 2021 年净蓄水量增加了 500 万 m^3，这与例题中提供的 2022 年与 2021 年净蓄水量变动为 500 万 m^3（8 000-7500）是一致的；而 2023 年净蓄水量变动为-1 000 万 m^3（即 2 950-3 530-420），表示 2023 年比 2022 年净蓄水量减少了 1 000 万 m^3，这与水资产和水负债表上水资产 2023 年期末蓄水量减去 2022 年期末蓄水量的值（7 000-8 000）一致。这反映了水流量表与水资产和水负债表之间内在的勾稽关系。水流量表中"未说明的差异 2"与水资产和水负债变动表中"未说明的差异 1"一致，它们反映了水会计核算的误差。

第五节　水资源会计报表附注

一、水资源会计报表附注的概念与作用

水资源会计报表的内容具有一定的固定性和规定性，只能提供定量的会计信息，因此其反映的会计信息受到一定的限制。附注是对在会计报表中不能包括的内容，或者披露不详尽的内容做出进一步补充、解释和说明，有助于会计报表使用者理解和使用会计信息。水资源会计报表附注属于表外信息，是会计报表的必要补充，其主要有以下几个方面的作用。

（一）增进水资源会计信息的可理解性

水资源会计报表提供的会计信息专业性比较强。阅读理解水资源会计报表需要一定的会计基础和水文知识，比较适合专业人士或有一定基础知识的管理者使用。然而，水资源会计信息使用者具有的会计知识和水文知识深浅程度各不相同。在这种情况下，通过报表附注以文字、图表等方式对水资源会计报表信息进行解释，将一个个比较抽象或含糊的数据分解成若干具体项目，并说明各项目产生的计量方法和核算过程等，不仅能让会计人员深刻理解，而且能让非会计专业的水资源信息使用者明白。例如，地表水资产作为一个报表项目，只能反映水会计报告主体拥有或管理的各种地表水资源在报告日的存量，无法反映其具体状况。通过附注可以将各类水资产的具体情况反映出来，使水会计报告使用者

获得更多的信息。如通过附注可以将水库水资产的死库容、可提取数、现存数、总库容、现存数占总库容的百分比反映出来，使报表使用者充分了解其实际可用资产及可容纳总资产的情况，判断水资源供给能力。

（二）提高水资源会计信息的可比性

通常，水资源会计报表依据水会计准则和相关水管理制度编制，而水会计准则和相关水管理制度在某些方面提供了多种处理方法，如不同类型、不同地区未使用的取水指标在结转至下期时的相关规定有所不同，有的直接征收，不能结转到下期继续使用；有的需要扣除征收量后结转至下期使用，而征收率也会因水资源类型和地区的不同而有所不同等，不同的会计处理方法会对水资源状况及经营成果产生不同的影响，这就导致不同涉水单位就同一类水资源业务提供的会计信息会产生差异。此外，在某些情况下，水会计准则也允许涉水单位在所给出的会计政策中进行选择，这可能会使得因涉水单位所有会计政策发生变动而导致不同期间的会计信息失去可比性。水资源会计报表附注披露的水会计估计的变更原因及其后的影响，可以使不同行业或同一行业的不同涉水单位的会计信息的差异更具可比性，可以使报表使用者了解会计信息的上述差异及影响的大小，提高水会计信息的可比性。

（三）提高水资源会计信息的充分性

水资源会计报表只能报告能够用体积计量的水会计信息。而在实际工作中，存在大量不能用体积计量的会计信息，如重要水会计政策、重要计量方法等。这些会计信息对水会计信息使用者做出正确决策有一定的影响。水资源会计报表附注采用文字说明和图表的方式披露与水会计主体经营活动密切相关的信息，拓展了水会计主体水资源信息的内容，突破了报表在内容设计上必须符合会计要素定义的局限，披露了不能定量的会计信息，满足了会计核算一般原则中的相关性和可靠性的要求。因此，水资源会计报表附注可以充分披露会计报表所不能提供的重要信息，为广大水会计信息使用者正确决策提供尽可能充分的信息服务。

二、水资源会计报表附注的内容及其披露

就内容看，附注同报表项目是密切相关的。没有主表的存在，附注

就失去了依靠；而没有附注恰当的补充，水资源会计报表主表的功能就难以有效地实现。附注的重要任务就是补充、解释、说明报表项目的详细内容，以及编制报表所运用的会计政策和水资源管理政策。因此，水资源会计报表附注是水资源会计报表的重要组成部分，是为便于会计信息使用者理解会计报表的内容而对其编制依据、原则和方法及主要项目等做出的解释。

附注应当披露水资源会计报表的编制基础，相关信息应当与水资产和水负债表、水资产和水负债变动表、水流量表等报表中列示的项目相互参照。涉水单位一般在编制年度、半年度水资源会计报表时编制附注。国家统一的水会计准则规定，年度、半年度、季度水资源会计报告需要编制水资源会计报表附注。

水资源会计报表附注没有统一的格式与要求，一般可以按照下列顺序和内容进行披露。

第一，主要水会计政策。阐明水资源会计报表以权责发生制为基础编制（除水流量表以外）；阐明水资源会计报表使用的量化属性和计量单位，如说明以体积为计量属性，以立方米（m^3）为计量单位；在编制通用目的水会计报告时所使用的其他水核算政策，其与理解水资源会计报表是相关的。如各项水资产和水负债的确认标准、水资产变动和水负债变动的确认标准等。

第二，水资源会计报表的支持信息。为了帮助水会计报告使用者理解和比较水会计信息，水资源会计准则通常要求附注中包括水资源会计报表中各项目的支持信息，这些支持信息包含以下内容：关于比较信息重述的信息、前期差错、报告期结束后非调整事项、计量方法、与水流量表相关的调节信息和其他信息。即要说明地表水资产、地下水资产、其他水资产、未使用的分配、其他水负债等项目的构成、详细情况、数据处理过程、相关水资源政策等。应当披露的水资源政策包含最低流量义务、地下水可持续开采限制等。

第三，计量方法。附注中应当阐明编制报告所用的计量方法，这些报告项目可能采用了不同的计量方法，附注中披露计量方法的相关信息可以帮助水会计报告使用者理解各项目的数量是怎样得出来的。计量方法相关信息包括以下内容：所使用的计量方法、关于这些方法是否符合相关量化标准的声明；有关应用于量化方法的任何质量保证过程的信息、通过各种定量过程达到的准确度、应用量化方法时使用的关键假设。

第四，对账。阐明在水流量表中的净蓄水量变动与水资产和水负债变动表中净水资产变动的对账情况，说明水流量表中期初蓄水量和期末蓄水量的项目，阐明关于水流量表中期末蓄水量与水资产和水负债表中水资产合计之间的对账。对账的目的是提供关于水资源会计报表之间的联系与区别的信息。

第五，展望、或有水资产和或有水负债。展望相关的陈述帮助水报告使用者理解报告期的水资产有可能解决下一年的水负债和未来的水承诺问题。附注上的水量信息是水资产和水负债表上的水信息和未来承诺与预期流入量假设信息的组合。它将在各种气候条件下提供有关流入水会计报告实体的预期流入量的信息。或有水资产和或有水负债没有包含在水资源会计报表中，但可在附注中披露。或有水资产是指由过去事件产生的可能水资产，其存在只能通过一个或多个不确定的未来事件的发生或未发生来确认，这些事件不完全在水会计报告主体的管理范围内。或有水负债是指由过去事件产生的可能水负债，其存在只能通过一个或多个不确定的未来事件的发生或未发生来确认，这些事件不完全在水会计报告主体的管理范围内。

第六，水用于环境、社会、文化和经济的效益。水会计报告主体应当在附注中披露相关信息揭示在报告期使用水所获得的环境、社会、文化或经济利益。水会计报告主体应当提供与其管理的水相关的社会和文化利益有关的任何权利或习俗的详细信息，以及这是否源于外部强加的要求或良好做法，水会计报告主体还应当提供报告期内为经济利益而获取、占用或转移的水的目的、性质和数量的详细信息。

第七，水权、水分配和水开采限制相关的信息。在附注中应当披露相关信息，帮助水会计报告使用者理解水会计报告主体的水资产和水负债有关的水权、水分配和水资源开采限制的性质和数量，披露水权性质概况以及水权的属性，包括份额或数量、可靠性分类、水质分类和可交易性、有关水权的任何新增、取消或转换的信息等，以及在报告期影响水权、水分配或水开采限制的行政管理政策变动的信息。

第八，水市场活动。在附注中应当披露相关信息，帮助水会计报告使用者理解报告期水市场活动的性质和数量。例如，如果外部对水会计报告主体的水权交易施加限制，遵守这些限制以及报告期内限制的任何变化，都应当详细说明。

第九，水质。在附注中应当披露水资源会计报表中各项水资产的质量状况以及其在报告期内的变化情况，帮助水会计报告使用者了解与水质相关的水资源的经济价值或用途。

第十，有助于理解和分析水资源会计报表需要说明的其他事项。

第六节　水资源会计报表分析与应用

前面几节分别论述了三张水资源会计报表以及附注的结构和内容，本节将深入剖析报表之间的水量平衡关系，挖掘水资源会计报表的核心技术，讨论水资源会计报表分析的目的，阐述水资源会计报表的应用方法。并通过案例研究，展示合并水资源会计报表的方法，从而具体地揭示 GPWA 报表的特点。

一、水资源会计报表之间的内在勾稽关系

水资源会计报表是水会计报告中的核心内容，它具体地反映了水会计报告主体的水资源状况、水资产和水负债变动情况以及水流动情况。而且，与国际上其他水核算不同的是，水资源会计报表汲取会计学原理，用三张具有勾稽关系的水资源会计报表来全面、综合、系统地反映水的来龙去脉，同时揭示水的权属关系及其变动。下面把三张水资源会计报表放在一起，阐述它们的内容和格式，分析它们之间的关联关系，揭示它们内在蕴藏的水量平衡关系，表 6-7 展示了三张水资源会计报表的框架。

表 6-7　水资源会计报表框架

单位：m^3

水资产和水负债表（A1）	水资产和水负债变动表（A2）	水流量表（A3）
水资产	水资产增加	水流入量
水库蓄水量	河水流入	河水流入
地下含水层蓄水量	从需求（如灌溉）返回	从需求返回

续表

水资产和水负债表（A1）	水资产和水负债变动表（A2）	水流量表（A3）
河流水量	降水（入水库、河流和沟渠）	应收水量转入
沟渠水量	城市再生水流入	降水（入水库、河流和沟渠）
应收水量	补充地下水（从河渠等）	补充地下水
	应收水量增加水资产	城市再生水流入
水负债	水负债减少	水流出量
应供水量	水分配调整	河水和地下水流出
	应供水量减少	应供水量转出
其他水负债	水资产减少	蒸发（从水库、河流、沟渠）
期末净水资产	河水和地下水流出	渗漏（从水库、河流、沟渠）
期初净水资产	应供水量减少水资产	水分配转移
净水资产变动	蒸发（从水库、河流、沟渠）	
	渗漏（从水库、河流、沟渠）	净蓄水量变动
期末蓄水量	应收水量减少	
期初蓄水量	水负债增加	未说明的差异2
	水分配宣告	
	应供水量增加	
净蓄水量变动	净水资产变动	
	未说明的差异1	

资料来源：WASB 和 ABM（2012）、Momblanch 等（2014）。

在水资源会计报表中不同概念之间存在相互制约的恒等关系，如式（6-4）~式（6-10）所示。

$$期末净水资产 - 期初净水资产 = 净水资产变动 \quad\quad (6-4)$$

$$期末蓄水量 - 期初蓄水量 = 净蓄水量变动 \quad\quad (6-5)$$

$$水资产增加合计 + 水负债减少合计 - 水资产减少合计 -$$
$$水负债增加合计 = 净水资产变动 \quad\quad (6-6)$$

$$未说明的差异 1 = 式(6-4) - 式(6-6) \quad\quad (6-7)$$

$$入量合计 - 流出量合计 = 净蓄水量变动 \quad\quad (6-8)$$

$$未说明的差异 2 = 式(6-5) - 式(6-8) \quad\quad (6-9)$$

$$未说明的差异 1 = 未说明的差异 2 \quad\quad (6-10)$$

A1 类似于公司资产负债表，它反映公司在某个特定时点（通常是报告期末）的资产和财务状况，包括三部分：资产、负债和权益。水资源会计报告中的水资产和水负债表（A1）中，资产是水会计报告主体拥有物理上的或投资权的水资源。在财务会计中的负债指报告主体必须在到期日前偿还的现时义务。在水资源会计报表中，负债指合同规定的在报告期间的水供给义务。在财务会计中，资产减负债等于净资产。类似地，水会计中有：水资产减水负债等于净水资产。净水资产代表了没有包含在供水义务中的可使用的水资源（WASB，2012；Momblanch et al.，2014）。

A2 相当于利润表，它概括了公司的财务活动，展示了在特定期间的利润或损失。在财务会计中，以权责发生制为基础来核算报告期间的收入和费用，用收入减去费用得到利润。在水资源会计报表中，权责发生制意味着当决策或义务发生时确认水交易或转移的影响，但这不一定是水从物理上转移、交易或消费的时间。因此，水资源增加或减少包括物理上的和权责关系上的获得或损失。

从理论上说，式（6-6）中计算得出的净水资产变动一定等于式（6-4）中计算得出的数。然而，由于计量和记录上的误差，或者某水资源的遗漏，实际算出来的值通常不相等。为了更好地计量总体上的误差，式（6-7）中代表"未说明的差异1"的数，提供了对水资源会计报表可靠性的估计。这个值越高，说明对水资源及其流动越缺少控制。

最后，A3 类似于现金流量表。现金流量表反映报告主体在会计期间现金和现金等价物的变动信息。A3（水流量表）反映水会计报告主体物理上拥有或管理的水资源流入和流出的信息，净蓄水量变动等于水流入量合计减去水流出量合计。理论上，式（6-8）中计算得出的净蓄水量变动一定等于式（6-5）中计算得出的结果，然而由于上述原因，二者相等的情况不经常发生，因此，为了计量表中的误差，在式（6-9）中介绍了"未说明的差异2"，这个数值一定等于式（6-10）中的结果，否则，在总体水平衡上存在概念性的错误，即报表编制有错误。

由于三张水资源会计报表之间存在上述内在的本质的勾稽关系，因此可以通过试算平衡来检验报表编制是否正确。同时，也要求水资源计量要比较准确，否则，未说明的差异值比较大。

二、水资源会计报表分析

（一）水资源会计报表分析的目的

真实可靠的水资源会计报告能够在一定程度上反映涉水单位管理水资源的业绩，帮助内部和外部使用者正确决策，为政府部门提供所需的信息等。但是，不同的报表使用者的性质和地位不同，与水会计主体的经济利益关系不同，在进行水资源会计报表分析时，他们所要达到的目的也不相同，下面对几个主要的分析主体的分析目的进行分析。

1. 满足水资源管理部门和国家对水资源监督和宏观调控的需要

水资源管理部门和各类政府部门通过对微观涉水单位提供的水资源会计报告进行审查分析，可以判断各单位对各种水资源管理制度的执行情况及国民经济各部门供水、用水、耗水、排水等情况，以便及时采取相应措施，发挥宏观调控作用，实现水资源的优化配置。

2. 满足投资者和债权人分析水资源经营管理状况以及进行投资决策的需要

投资者和债权人是涉水单位外部最重要的水会计报告使用者。水会计报告披露的水会计信息是投资者和债权人据以评价涉水单位经营水资源的业绩、偿债能力、发展前景等的最直接的、主要的信息来源。对于潜在的投资者来说，水会计报告也是其投资决策的重要依据。

3. 满足内部管理的需要

与其他水统计资料相比，水资源会计报告提供的关于涉水单位水资源状况及其变动、水流量等方面的水会计信息更为系统和完整，它能帮助水资源管理者具体地掌握水资源和水权的状况及其变动，有助于经营管理人员分析检查单位管理水资源过程中取得的成绩和存在的问题，进而采取相应的措施改善水资源经营管理，并且，精确的水会计信息能支撑其生产经营活动中关于用水方面的决策。水权的核算和披露，能满足其保护水资产、维护水权的目的。

4. 满足其他利益相关者了解水信息和企业的发展状况

水资源作为一种重要的生产资料，关乎很多行业、企业的生存和发展，供应商、客户通过水资源会计报告了解企业的水资源来源、分配和使用情况，以便关注企业的发展，并做出相关决策。例如，假设供应商常年所供应材料的客户，因水资源管理不善，超额使用水资源，就可能因此承担相关责任和损失，短期内不再采购他所生产的材料，且这个客户采购材料的比重相对较大，那么这种突然中止采购的行为，极有可能导致他的生产活动瘫痪，进而可能将其推向破产的境地，因此，供应商等利益相关者必然会关注客户的水资源经营活动，并及时做出更换客户的决策，以免遭受损失。同时，水资源也是必不可少的生活资料，社会公众和企业职工依据水资源会计报告了解水资源的供给状况，评估企业提供报酬、福利和就业机会的能力信息等。

（二）水资源会计报表分析的内容和方法

水资源会计报表分析的主要内容是企业内、外部信息。所谓内部信息，是指主要从企业内部取得的水资源会计核算资料，其中水资源会计报告是最主要的，它是涉水单位向债权人、投资者、政府部门等与本单位有利益关系的组织或个人提供的，反映水资源状况、经营成果及影响本单位未来水流量的重大事项的书面文件，包括水资产和水负债表、水资产和水负债变动表、水流量表和报表附注等。除了上述内部信息，在水资源会计报表分析时，还要结合各种能获得的社会评价报告，主要包括审计报告、水资源公报、水利政策等。本书主要论述水资源会计报告的分析与应用，可归纳为以下几点。

1. 水权状况及其变动过程和结果分析

依据水会计报告主体对水资源的权利和义务的不同将其拥有或管理的水资源划分为水资产和水负债两种，用水资产和水负债表来反映某一特定日期水资产、水负债和净水资产的状况，用水资产和水负债变动表来反映一定时期内各种水资产、水负债的变动过程和结果。两个表之间具有内在的本质的勾稽关系，前者反映水权变动的结果，后者反映水权变化的过程，二者之间可以互相核查。

例如，本章所举的例子，甲企业编制了水资产和水负债表、水资产和水负债变动表、水流量表，分别如表6-3、表6-5、表6-6所示，它们反映了甲企业2022~2023年水资源和水权状况及其变动，在这三张水资源会计报表之后，甲企业还应当编写水资源会计报表附注，在水资源会计报表附注中披露主要的水会计政策、报表中相应科目的数据来源、计量方法、水权和水市场活动等。例如，在水资源会计报表附注中披露

表5-1和表5-2，说明水资产和水负债表中的"应供水量——乙公司"和"应供水量——丙公司"的数据来源，说明水资产和水负债变动表中"应供水量减少——乙公司""应供水量增加——丙公司""分配流出——乙公司""分配流出——丙公司"的数据来源。水资产和水负债变动表中的"应供水量增加"和"应供水量减少"反映了水负债的变动，"分配流出"反映了水资产的减少，最终水负债期末余额反映在水资产和水负债表上。如此披露，详细地揭示了水资产、水负债变动的过程和结果，对于甲企业、乙公司和丙公司来说，不但明晰了各自水资源的权利和义务，而且有利于维护水资源产权及其变动。水权明晰，有利于水权主体保护水资产，珍惜水资产，更好地利用水资产。

2. 水资源分配和使用情况分析

在水资源会计报表中，伴随对水资源权利和义务的核算和披露的，还有对水资源分配和使用情况的核算和披露。这是同一水资源业务的两个角度，正如上面这个例子，"应供水量增加"，一方面反映了供水义务（即水负债）的增加，另一方面也反映了水资源分配活动中供水计划的出台或供水合同的签订；而"应供水量减少"一方面反映了供水义务的（即水负债）减少，另一方面也反映了水资源分配活动中对供水计划或供水合同的履行。所以，对于水负债项目来说，"增加"反映的是供水计划或供水合同的签订，"减少"反映的是供水计划或供水合同的履行，而"应供水量"则反映了期末应供而未供的水量（供水义务）。因此，通过分析水资产和水负债变动表中的水负债增加和水负债减少项目，可以了解供水义务的分配和履行过程，通过分析水资产和水负债表中的水负债项目，可以掌握期末还未履行的供水义务。

对于水资产增加或减少也是同样道理，用水资产增加来反映获得水分配的活动，用水资产减少来反映使用水资源的活动。下面分析水资产变动的例子。假设某地区甲水资源管理局和乙灌区之间签署了水量分享协议，乙灌区获得 A 水库所有水流入量的 20%，甲水资源管理局获得 A 水库所有水流入量的 80%，以及全部流入 B 河道的水。假设 2022 年和 2023 年流入 A 水库的水量分别为 530 288 m³ 和 725 520 m³，计算 2022～2023 年甲水资源管理局和乙灌区之间的水量分配协议见表6-8。

表 6-8   2022~2023 年甲水资源管理局和乙灌区水量分配情况

单位：m^3

项目	2023 年	2022 年
乙灌区获得的水资源		
A 水库全部流入量的 20%	145 104	106 058
乙灌区获得的总水量	145 104	106 058
甲水资源管理局获得的水资源		
A 水库全部流入量的 80%	580 416	424 230
加：流入 B 河道的径流	45 345	32 840
加：灌溉回流	71 978	59 160
加：从 C 城回流的水	9 860	9 860
甲水资源管理局获得的总水量	707 599	526 090

乙灌区获得的水资源主要用于农业灌溉，甲水资源管理局获得的水资源主要分配给灌溉、商业和工业、城市用水和文化目的的相关水权持有者。

根据上述水量分配协议，某地区通过编制水资产和水负债变动表以及水流量表来反映上述信息，如表 6-9、表 6-10 所示。

表 6-9   2022~2023 年某地区水资产和水负债变动表部分信息

单位：m^3

项目	2023 年	2022 年
水资产增加		
径流流入主要的调节池	725 520	530 288
径流流入受管制的河道	45 345	32 840
灌溉回流	71 978	59 160
城市废水回流	9 860	9 860
水资产增加小计	852 703	632 148

表 6-10   2022~2023 年某地区水流量表部分信息

单位：m^3

项目	2023 年	2022 年
水流入量		
径流流入主要的调节池	725 520	530 288
径流流入受管制的河道	45 345	32 840
灌溉回流	71 978	59 160
城市废水回流	9 860	9 860
水流入量小计	852 703	632 148

在这里，这几类地表径流量都是实际发生数，相当于未使用的分配量，所以，在水资产和水负债变动表中反映在水资产增加项目下的各科目名称和数量与在水流量表中水流入量项目下的各科目名称和数量相一致。即当水流入的期间和权利取得的期间一致时，用权责发生制核算和用收付实现制核算的结果是一样的。除了在这两张表中分别反映水资产增加和水流入，还应当在水资源会计报表附注中对甲资源管理局和乙灌区的水量分配协议进行详细披露，即表6-8上方举例的文字描述和表6-8都应当在报表附注中反映，以说明水资源会计报表中相关科目的数据来源和计量方法，为报告使用者提供水资源分配和使用的具体信息。

总之，水资源会计报表和附注反映和监督了水资源的分配和使用情况，使水资源的分配和使用变得透明和可理解，政府、公众、投资者、债权人等利益相关者都能获得水资源分配和使用的信息，这加强了全社会对水资源分配和使用的监督，能够减少水资源分配方面的机会主义行为，降低偷挖盗采现象。尤其是水会计报告主体对外报送水资源会计报告需包含审计报告，通过独立审计作用的发挥，更好地监督和评价水资源管理者的管理行为。投资者了解水资源分配和使用情况，能更好地进行投资决策。公众了解水资源分配和使用情况，以掌握工业、商业、居民生活用水、环境用水、文化用水等的来源和使用情况，促进水资源使用效率的提高。

3. 水资源变动全过程分析

水资源会计报表把水会计主体拥有或管理的各种水资源全面、连续、系统、综合地核算和报告出来，其反映的水资源变动信息既包括管理因素（如受管制的径流量、应供水量、应收水量、水许可、环境负债等），又包括非管理因素（如降水量、蒸发量、渗漏量等），细致入微，甚至包括地下水和地表水之间的转换、灌溉回流、小溪流入的水量等，还把降水量细分为降到水库、沟渠或土地等的水量。可见，水资源会计报表编制的项目较为精细，它是会计学和水文学结合的产物。一方面，精细核算有利于全面、准确地反映水资源变动的全过程和结果，有助于水务管理部门及时准确掌握地水资源的状况，为政府分析水资源政策的执行效果并制定或修订水资源政策提供依据。另一方面，对于水会计报告的编制者或水资源的管理者来说，通过水会计信息分析，能更加全面地了解水资源状况，做出准确判断，及时做出正确决策。

4. 水资源管理者的受托管理责任分析

我国《企业会计准则——基本准则》第一章总则第四条规定：财务会计报告的目标是向财务会计报告使用者提供与企业财务状况、经营成果和现金流量等有关的会计信息，反映企业管理层受托责任履行情况，有助于财务会计报告使用者做出经济决策（财政部会计司编写组，2006）。这说明管理者的受托管理责任可通过反映管理者的经营行为的财务报告来评估。假设公司经营的目标是利润最大化，则会计报告中的利润表是评估管理者的责任的重要机制，其他报表（资产负债表、现金流量表和附注）可帮助评价现实的利润和预测未来的利润。

如果把这种方法简单地用于水会计中，则暗示着净水资产变动将有利于评价水管理者的责任。然而，净水资产变动本质上区别于利润产生的原因。第一，水流入量主要取决于自然，如降水或上游流入（尽管当水管理者有能力从外部购买水时可能产生例外），这就扩大了管理水和管理企业的区别；第二，水流出量经常取决于水流入量可及和水资源使用者的需求（包括环境和人类用水需求），于是，净水资产变动仅仅只是部分取决于管理者的控制（通过分配决策），如果把它作为对管理者业绩考核的代理变量，则支持力较弱。因此，水资产和水负债变动表中净水资产变动的信息连同水资产和水负债表、水流量表的信息有助于帮助报告使用者了解水系的特点，但它们在评价水管理者的责任方面作用不大。

如何解决水会计报告主体的管理责任问题呢？可行的方案是在水资源会计报表附注中披露水管理计划的遵循程度，管理计划包括分配限制、供给需求、最小流速等。水资源会计报告使用者把水资源会计报表和管理计划结合起来，有助于了解水系的特点以及水管理者的管理行为以及业绩。

5. 水资源管理者的管理水平分析

由于水资源会计报表是基于某地区或某水会计主体建立的包含水资源使用在内的各要素之间的水量平衡关系，并按特定的格式报告出来，因此需提供所有水资产和水负债的准确计量，计量的好坏会影响到整体水量平衡，这直接增强了对水管理的监督力量（Hughes et al.，2012）。也就是说，水资源会计报表中的"未说明的差异"项目直接反映了水资源管理和控制的水平，具有客观的衡量标准，水资源报告使用者通过分析报表中的未说明的差异，就能了解水会计报告主体对水资源的管理或控制水平。通常，用未说明的差异和水资产或净水资产等水会计要素进行对比，看未说明的差异占水资产总量的比率是多少，比率越高，说明水资源的管理或控制水平越低。

三、合并水资源会计报表的编制与应用

为了说明水资源会计报表的内容和编制方法，以及三张报表之间的逻辑关系，本书选用澳大利亚水会计准则委员会和气象局编制的《水会计报告案例集》中的一个案例——特拉公司水供给系统（Terra Firma Water Supply System）的水会计报表编制作为案例[①]，展示水会计报表的编制原理，重点揭示权责发生制在编制水资源会计报表中的应用，并反映合并水资源会计报表的方法。

（一）特拉公司水供给系统的物理信息和行政管理信息

本案例的水会计报告主体是特拉公司水供给系统，该系统包括克洛市（1 226 km²）的城市水分配、海水淡化厂、污水处理厂。特拉公司水供给系统位于海边，在汉利州的东部。水供给系统包含一个 4 059 km²的积水区，支持克洛市的 861 851 名消费者。同时，建在 Gladstone 河上的 Newton 坝和 Lower Gladstone 坝都位于克洛市的东北部，建在 March 河上的 Colonial 坝位于克洛市的西北部。特拉公司是由汉利州政府在 2003 年成立的国有企业，负责克洛市的水供给管理，它被许可从 Gladstone 河、Bridge 河和 March 河取水，供克洛市的居民使用，并负责对河流和大坝里的水进行监控、取样和分析水质。

（二）特拉公司水供给系统的水会计报表

表 6-11、表 6-12、表 6-13 分别是特拉公司水供给系统 2011 年末的水资产和水负债表、水资产和水负债变动表以及水流量表。

---

① WASB 和 ABOM 为了指导水会计报告主体按照《澳大利亚水会计准则第 1 号》编制水会计报告，在 2012 年编写了《水会计报告案例集》（Illustrative Water Accounting Reports for Australian Water Accounting Standard 1），并在气象局网上公布，供水会计报告主体编制水报告时借鉴。在这本案例集中，以四种类型水会计报告主体为例，详细、具体地编制了它们的水会计报告，这四种类型分别是水系、水电站、城市供水系统、水务管理部门。本书选择城市供水系统这个案例，是因为它不仅完整地展示了用权责发生制编制三张水资源会计报表的情形，代表了水资源会计的主要功能，而且反映了合并报表的编制。参见澳大利亚气象局网站，www.bom.gov.au/water/standards/wasb。

表 6-11　特拉公司水资产和水负债表

编制单位：特拉公司　　　2011 年 12 月 31 日　　　单位：mL

项目	2011 年	2010 年
水资产		
地表水资产		
Colonial 坝	355 426	356 482
Mercantile 坝	153 000	150 738
Newton 坝	12 000	13 810
Lower Gladstone 坝	8 500	8 920
运输蓄水	5 302	3 302
输水管	2 669	2 594
地表水资产小计	536 897	535 846
其他水资产		
水许可——Burns 蓄水池	0	7 425
水许可——Hamer 盆地	0	0
水许可——Pura 土丘	1 766	920
其他水资产小计	1 766	8 345
水资产合计	538 663	544 191
期初净水资产	544 191	499 808
净水资产变动	5 528	44 383
期末净水资产	538 663	544 191

表 6-12　特拉公司水资产和水负债变动表

编制单位：特拉公司　　　2011 年 12 月　　　单位：mL

项目	2011 年	2010 年
水资产增加		
降水	66 980	86 206
水流入量	453 827	501 554
地表水许可增加——Burns 蓄水池	18 250	18 250
地下水许可增加——Hamer 盆地	10 000	10 000
地下水许可增加——Pura 土丘	6 000	6 000
段间转移	20 094	0
水资产增加小计	575 151	622 010
水资产减少		
蒸发	151 632	151 632

续表

项目	2011 年	2010 年
流出	128 019	138 703
特拉公司供给消费者	255 312	243 845
损失	19 360	16 940
段间转移	20 094	0
征收——Burns 蓄水池	0	825
征收——Pura 土丘	154	0
征收——Hamer 盆地	2 000	80
水资产减少小计	576 571	552 025
未说明的差异	(4 108)	(25 602)
净水资产变动	5 528	44 383

表 6-13　特拉公司水流量表

编制单位：特拉公司　　　　　2011 年 12 月　　　　　单位：mL

项目	2011 年	2010 年
水流入量		
降水	66 980	86 206
从河/径流流入	453 827	501 554
从地表水许可流入——Burns 蓄水池	25 675	10 000
从地下水许可流入——Pura 土丘	5 000	5 000
从地下水许可流入——Hamer 盆地	8 000	10 000
段间转入	20 094	0
水流入量小计	579 576	612 760
水流出量		
蒸发	151 632	151 632
流出到河	128 019	138 703
特拉公司水供给消费者	255 312	243 845
损失	19 360	16 940
段间转出	20 094	0
水流出量小计	574 417	551 120
未说明的差异	(4 108)	(25 602)
蓄水量净变动	1 051	36 038
期初蓄水量	535 846	499 808
期末蓄水量	536 897	535 846

(三) 特拉公司水供给系统的水资源会计报表编制说明

关于地表水资产中各个坝内蓄水量的计量是基于报告期末的测量,输水管道内的蓄水量是根据计算得出的。类似地,降水量、蒸发量、从江河流入以及流出到江河的水量都是按模型推算,废水流入(流出)、海水流入、海水淡化流出、供给消费者的饮用水、供给消费者的再生水等都用测量值,损失是估计值。

水流入量是蓄水量增加的主要来源,总计 264 486 mL,其中,从 Gladstone 河和 March 河分别流入了 155 715 mL 和 108 771 mL。降在水库里的水量为 66 980 mL。其他水资产、地表水许可和地下水许可增加及征收的数量根据政府制定的规章制度和特拉公司的许可条件核算得出。其中,其他水资产包括特拉公司已购买但在报告期末未转移的水量,扣除水权征收的水量后,余额为 1 766 mL。

特拉公司取得的 Burns 蓄水池的取水许可在期末未转移的数量扣除 10% 的征收量后可转移到下期使用,2010 年和 2011 年特拉公司都获得 Burns 蓄水池 18 250 mL 的取水许可,见表 6-14 所示。

Hamer 盆地的地下水许可期末未转移的水权不允许延续到下期使用,因此期末余额是 0。10 年期的取水许可规定每天取水量为 35mL,每月最多为 900mL,每年封顶是 10 000mL。2010 年,特拉公司开采了全部许可量,但 2011 年由于海水淡化厂的建成使用,特拉公司只开采了 8 000mL,没开采的 2 000 mL 水权自动征收(见表 6-15)。

表 6-14　Burns 蓄水池水分配计划及执行情况

单位:mL

项目	2011 年	2010 年
期初余额	7 425	0
加:分配计划	18 250	18 250
减:分配转移	(25 675)	(10 000)
	(7 425)	8 250
减:征收	0	(825)
期末余额	0	7 425

表 6-15　Hamer 盆地水分配计划及执行情况

单位：mL

项目	2011 年	2010 年
期初余额	0	0
加：授权	10 000	10 000
减：分配转移	（8 000）	（10 000）
	2 000	0
减：征收	（2 000）	0
期末余额	0	0

　　Pura 土丘地下水开采许可每年 10 000 mL，2010 年和 2011 年分配计划达到授权的 60%，期末未转移的水权扣除 8% 的征收量转移到下期（见表 6-16）。

表 6-16　Pura 土丘水分配计划及执行情况

单位：mL

项目	2011 年	2010 年
期初余额	920	0
加：水分配计划	6 000	6 000
减：分配转移	（5 000）	（5 000）
	1 920	1 000
减：征收	（154）	（80）
期末余额	1 766	920

（四）分部门信息及合并报表

　　从特拉公司运行管理的业务和部门来看，可分为三大块：①蓄水和城市水分配系统——包括淡水储蓄和城市供水系统；②废水和再生水系统——污水处理和再生水排放到环境和提供给停车场及娱乐场所使用；③海水淡化厂——把海水转化为饮用水供居民使用。这三大部门都在同样的行政管理结构下运行，这在前述行政管理信息中已提到过。废水和再生水系统表示废水被处理后再排放到环境中，海水淡化厂的水资产增加表示海水流入。在水资产和水负债变动表中水资产增加包括这三个部门的水资产增加的数量，具体如下：蓄水和城市供水系统增加 385 810

mL（占 67%），废水和再生水系统增加 162 750mL（占 28%），海水淡化厂增加 26 591mL（占 5%）。水资产减少也包含三个部门的水量减少数，分别如下：蓄水和城市供水系统减少 389 305 mL（占 68%），废水和再生水系统减少 162 750 mL（占 28%），海水淡化厂减少 24 516 mL（占 4%）。此外，2011 年供给 Crowe 市的用水 255 312 mL，是由饮用水 204 897 mL 和再生水 50 415 mL 组成的。特拉公司鼓励停车场和娱乐场所使用再生水，2011 年有 50 415 mL 再生水用于灌溉，比 2010 年增加了 10 000 mL。没有用于冲洗目的的再生水被排放到 April 河，报告期有 107 453 mL（占 66%）再生水排放到 April 河，这比 2010 年排放115 903 mL 再生水到河里的数量有所降低，表明再生水利用率提高了。

下面将分部门列出三张水资源会计报表，见表 6-17、表 6-18、表 6-19，以展示分公司编制的报表和总公司编制的合并报表之间的关系。

表 6-17 特拉公司合并水资产和水负债表

编制单位：特拉公司　　　　　　　2011 年 12 月 31 日　　　　　　　单位：mL

项目	蓄水和城市供水系统		废水和再生水系统		海水淡化厂		合并报表	
	期末数	期初数	期末数	期初数	期末数	期初数	期末数	期初数
水资产								
地表水资产								
Colonial 坝	355 426	356 482	0	0	0	0	355 426	356 482
Mercantile 坝	153 000	150 738	0	0	0	0	153 000	150 738
Newton 坝	12 000	13 810	0	0	0	0	12 000	13 810
Lower Gladstone 坝	8 500	8 920	0	0	0	0	8 500	8 920
运输蓄水	2 150	2 150	1 152	1 152	2 000	0	5 302	3 302
输水管	594	594	2 000	2 000	75	0	2 669	2 594
地表水资产小计	531 670	532 694	3 152	3 152	2 075	0	536 897	535 846
其他水资产								
水许可——Burns 蓄水池	0	7 425	0	0	0	0	0	7 425
水许可——Hamer 盆地	0	0	0	0	0	0	0	0
水许可——Pura 土丘	1 766	920	0	0	0	0	1 766	920

续表

项目	蓄水和城市供水系统		废水和再生水系统		海水淡化厂		合并报表	
	期末数	期初数	期末数	期初数	期末数	期初数	期末数	期初数
其他水资产小计	1 766	8 345	0	0	0	0	1 766	8 345
水资产合计	533 436	541 039	3 152	3 152	2 075	0	538 663	544 191
期初净水资产	541 039	496 656	3 152	3 152	0	0	544 191	499 808
净水资产变动	(7 603)	44 383	0	0	2 075	0	(5 528)	44 383
期末净水资产	533 436	541 039	3 152	3 152	2 075	0	538 663	544 191

表 6-18　特拉公司合并水资产和水负债变动表

编制单位：特拉公司　　　　　　2011 年 12 月　　　　　　单位：mL

项目	蓄水和城市供水系统		废水和再生水系统		海水淡化厂		合并报表	
	期末数	期初数	期末数	期初数	期末数	期初数	期末数	期初数
水资产增加								
降水	66 980	86 206	0	0	0	0	66 980	86 206
流入	264 486	340 402	162 750	161 152	26 591	0	453 827	501 554
地表水许可增加——Burns 蓄水池	18 250	18 250	0	0	0	0	18 250	18 250
地下水许可增加——Pura 土丘	6 000	6 000	0	0	0	0	6 000	6 000
地下水许可增加——Hamer 盆地	10 000	10 000	0	0	0	0	10 000	10 000
段间转入	20 094	0	0	0	0	0	20 094	0
水资产增加合计	385 810	460 858	162 750	161 152	26 591	0	575 151	622 010
水资产减少								
蒸发	151 632	151 632	0	0	0	0	151 632	151 632
流出	16 675	22 800	107 453	115 903	3 891	0	128 019	138 703
特拉公司水供给消费者	204 897	203 430	50 415	40 415	0	0	255 312	243 845
损失	13 947	12 106	4 882	4 834	531	0	19 360	16 940
段间转出	0	0	0	0	20 094	0	20 094	0
征收——Burns 蓄水池	0	825	0	0	0	0	0	825
征收——Pura 土丘	154	0	0	0	0	0	154	0

续表

项目	蓄水和城市供水系统		废水和再生水系统		海水淡化厂		合并报表	
	期末数	期初数	期末数	期初数	期末数	期初数	期末数	期初数
征收——Hamer 盆地	2 000	80	0	0	0	0	2 000	80
水资产减少小计	389 305	390 873	162 750	161 152	24 516	0	576 571	552 025
未说明的差异	(4 108)	(25 602)	0	0	0	0	(4 108)	(25 602)
净水资产变动	(7 603)	44 383	0	0	2 075	0	(5 528)	44 383

表 6-19　特拉公司合并水流量表

编制单位：特拉公司　　　　　　　2011 年 12 月　　　　　　　单位：mL

项目	蓄水和城市供水系统		废水和再生水系统		海水淡化厂		合并报表	
	期末数	期初数	期末数	期初数	期末数	期初数	期末数	期初数
水流入量								
降水	66 980	86 206	0	0	0	0	66 980	86 206
从河/径流流入	264 486	340 402	162 750	161 152	26 591	0	453 827	501 554
从地表水许可流入——Burns 蓄水池	25 675	10 000	0	0	0	0	25 675	10 000
从地下水许可流入——Pura 土丘	5 000	5 000	0	0	0	0	5 000	5 000
从地下水许可流入——Hamer 盆地	8 000	10 000	0	0	0	0	8 000	10 000
段间转入	20 094	0	0	0	0	0	20 094	0
水流入量小计	390 235	451 608	162 750	161 152	26 591	0	579 576	612 760
水流出量								
蒸发	151 632	151 632	0	0	0	0	151 632	151 632
流出到河	16 675	22 800	107 453	115 903	3 891	0	128 019	138 703
特拉公司水供给消费者	204 897	203 430	50 415	40 415	0	0	255 312	243 845
损失	13 947	12 106	4 882	4 834	531	0	19 360	16 940
段间转出	0	0	0	0	20 094	0	20 094	0
水流出量小计	387 151	389 968	162 750	161 152	24 516	0	574 417	551 120
未说明的差异	(4 108)	(25 602)	0	0	0	0	(4 108)	(25 602)
蓄水量净变动	(1 024)	36 038	0	0	2 075	0	1 051	36 038
期初蓄水量	532 694	496 656	3 152	3 152	0	0	535 846	499 808
期末蓄水量	531 670	532 694	3 152	3 152	2 075	0	536 897	535 846

第七章　水资源会计报告鉴证

本部分主要探索水资源会计报告鉴证理论和方法。鉴证包括审计和审阅两种类型，本章主要讨论审计，兼及审阅。基本思路是结合水资源会计的特点，借鉴财务报表审计理论和实务，研究水资源会计报告的审计要素、目标、基本要求、审计风险、审计过程等，构建水资源会计报告审计理论和方法体系。通过水资源会计报告审计，一方面可以增强水信息的真实性和公允性，另一方面可以客观评价水资源管理者履行水资源管理政策及生态保护责任的情况。

第一节　水资源会计报告鉴证的相关概念

正如第六章所述，水资源会计报告包括：①水资产和水负债表；②水资产和水负债变动表；③水流量表；④水资源会计报表附注；⑤管理责任声明；⑥总体陈述。本章所研究的水资源会计报告鉴证程序的范围仅包括三张水资源会计报表、报表附注和管理责任声明，不包括总体陈述。然而，鉴证者应当阅读总体陈述，以确认总体陈述是否与水资源会计报告的其他部分有重大不相符之处。

一、什么是鉴证？

鉴证的目的是增强除责任方之外的报告信息的预期使用者对信息的信赖程度，例如，通用目的水会计报告。这是鉴证从业人员就报告是否在所有重大方面遵循了适用的报告编制基础发表意见获得的。鉴证是具有系统的流程和程序，被应用于财务和非财务信息的专门学科。

由于对水信息需求的增长，公众对通用目的水会计报告的信赖变得越来越重要，因此，通用目的水会计报告鉴证也在被研究中。

二、水资源会计报告鉴证的目标

水资源会计报告鉴证的目标是关于水资源会计报告所包含的水资源会计报表、附注及管理责任声明是否不存在因错误、舞弊导致的重大错报而获取合理保证或有限保证，并发表相关鉴证意见。

所谓合理保证，是指鉴证者执行水资源会计报表鉴证业务，使鉴证风险降低到可接受的低水平，并以积极的方式对水资源会计报表整体发表鉴证意见，提供高水平的保证。合理保证通常执行水资源会计报表审计业务，通过询问、分析程序、观察、检查、函证、重新计算、重新执行七种程序，获得充分、适当的证据，从而得出高水平的保证。其意见通常这样表达："水资源会计报告所包含的水会计报表、附注及管理责任声明在所有重大方面遵循了水会计准则，并实现公允表达。"

所谓有限保证，是指鉴证者执行水资源会计报表鉴证业务，提供有意义水平的保证，其保证程度低于合理保证，并以消极的方式对水资源会计报表整体发表鉴证意见。有限保证通常执行水资源会计报表审阅业务，主要采取询问和分析程序来获取证据，其意见通常这样表达："基于执行的程序和获得的证据，鉴证者没有注意到任何事项使鉴证者相信包含在水会计报告内的水会计报表、附注和管理责任声明在所有重大方面没有遵循水会计准则，没有实现公允反映。"

三、水资源会计报告鉴证的准则

鉴证是国家通用目的水会计的关键要素，有必要制定鉴证准则，以提高通用目的水会计报告的鉴证业务和鉴证报告的质量和可比性。鉴证准则提供了对鉴证业务的一致性要求和应用指南以及其他解释性材料，涉及从事此类业务的鉴证从业人员的责任和工作能力、技术标准。它可以被视为一份关于通用目的水会计报告鉴证业务服务质量的隐性的公共合约。从表面上看，鉴证准则是鉴证职业界自身共同达成的，但本质上是鉴证职业界作为职业服务的供给者与需求者所共同"签署"的。鉴证准则这份公共合约有利于降低鉴证职业服务的生产成本，并有助于降低谈判、签约、诉讼等交易成本，其本身还可发挥信号显示的功能。

通用目的水会计报告鉴证业务包括通用目的水会计报告审计和通用

目的水会计报告审阅两种业务，审计提供的是合理保证，审阅提供的是有限保证。在制定通用目的水会计报告鉴证准则时，可以将两种业务分别制定准则，进行规范，即制定通用目的水会计审计准则和通用目的水会计审阅准则，从而对这两种业务分别进行规范；也可以制定一份通用目的水会计鉴证准则，其中就鉴证业务的不同阶段和不同流程，分别规定适用的审计程序或审阅程序。

第二节　水资源会计报告审计

一、水资源会计报告审计的意义

财务会计报告是由企业对外提供的反映企业某一特定日期财务状况和某一会计期间经营成果、现金流量的书面文件。由于企业的管理者与投资者之间存在利益上的不一致，企业管理者提供的会计信息的可靠性往往会受到怀疑，需要审计人员以独立第三方身份对会计信息的可靠性进行监督。审计人员所做的审计实质上是对会计信息的可靠性提供合理的保证，进而也为市场经济的正常运行提供合理的保证，这是财务会计的特征。

类似地，水资源会计报告是由水会计报告主体对外提供的反映水会计主体水资产和水负债的状况及其变动情况、水流量的书面文件。水会计报告主体与投资者之间存在利益的不一致，水会计报告主体提供的水会计信息的可靠性会受到怀疑，需要审计人员以独立第三方身份提供合理的保证，进而为水的交易、分配的正常运行提供合理保证。另外，由于水是准公共物品，事关公众的生产生活和生态环境安全，政府和公众需要从水会计报告中了解水管理者的行为是否符合外界的要求或者更宽广意义上的最佳实践，因此，政府和公众也需要有公开透明、可靠的水会计信息。为了保证水资源会计报告真实、公允，提高投资者、政府、公众等利益相关者对水会计信息的信任程度，就需要对水资源会计报告实施审计，于是，水审计就和水会计相伴而生了。国家除了制定和颁布水会计准则，还需制定和颁布水审计准则，以指导和规范水审计业务有序开展。由审计人员依据公认的水审计准则，以独立的第三方身份对水会计信息的可靠性进行审计监督，从而降低水会计信息风险，改善水会计报告主体的经营管理，加强政府宏观管理。为水资源资产任中审计和离任审计找到科学的、可行的路径，落实生态环境损害赔偿和责任追究制度，进而为市场经济的正常运行和生态文明建设提供合理保证。

二、水资源会计报告审计的目标

水资源会计报告审计的目标是审计人员通过执行审计工作，对被审计单位包含水资源会计报表、附注和总体责任陈述在内的水资源会计报告的下列方面发表审计意见：①水资源会计报告是否按照公认的水资源会计准则和相关水资源会计制度的规定编制；②水资源会计报表是否在所有重大方面公允反映被审计的水会计报告主体的水资源状况、水资源的变动情况和水流量。水资源会计报告审计的目标强调的是对水资源会计报告表示意见，即水资源会计报告在所有重大方面都遵守了水资源会计准则，不存在舞弊或错报，而提供合理保证。合理保证即审计人员将审计风险降低到可接受的低水平，作为得出结论的基础。

三、水资源会计报告审计的程序和方法

水资源会计报告审计的过程是审计机构和审计人员在水资源会计报告审计活动中，办理审计事项时自始至终必须遵循的工作顺序，也就是审计工作从开始到结束的基本工作步骤及内容。在确定了审计目标以后，审计人员就需要收集各种审计证据，以实现审计目标。水资源会计报告审计的过程类似于财务报告审计，简要地说，需要经过以下程序。

（一）接受委托

水会计报告审计属于有偿审计，只有客户委托业务、审计机构接受客户的委托后才能够执行审计，因此，水会计报告审计过程的第一阶段是接受客户。在接受客户阶段，主要工作是初步了解被审计的水会计报告主体的基本情况，评价其可审性，评估自身的审计能力，并签订业务约定书。

在评估自身的审计能力时，应考虑审计人员在技术、知识和经验方面是否具备以下条件：①审计人员在水资产和水负债的计量和报告方面拥有充分的审计技术、知识、经验以及胜任能力，对审计结论负责；

②审计小组和外部专家共同拥有在水资产和水负债的计量和报告方面的必要的专业胜任能力，确保根据水审计准则执行审计业务。

（二）审计计划和重要性

审计计划是审计人员为了完成各项审计业务，达到预期的审计目的，在具体执行审计程序之前编制的工作计划。审计计划分为两个层次：总体审计策略和具体审计计划。总体审计策略是对审计的预期范围、时间和方向所做的规划。水会计报告审计的总体审计策略应当包括以下内容：①确定审计项目的特点；②明确审计目标以计划时间和与客户进行必要交流；③考虑审计人员职业判断的影响因素；④考虑接受委托的后果，审计人员从其他审计项目中获得的知识用于该水会计报告主体是否是相关的；⑤确定完成项目所需要的时间、必要的资源以及需要的外部专家和其他审计人员；⑥确定内部审计功能的影响（ABOM，2012）。具体审计计划是依据总体审计策略制订的，对实施总体审计策略所需要的审计程序的性质、时间和范围所做的详细规划和说明，主要包括风险评估程序、计划实施的进一步审计程序和其他审计程序。

如果错报或漏报可能影响水资源会计报表使用者的决策，那么信息就是重要的。在制定总体审计策略时，审计人员应当为水会计报告确定重要性，目的是便于审计师为确定数量或性质重要的错误提供合理的鉴证。为了评估重大错报风险和确定进一步审计的性质、时间和范围，审计人员应当确定实际执行的重要性。如果审计人员在审计期间获得的信息可能导致审计人员最初确定不同金额的信息，则审计人员应修改通用水会计报告的重要性。

（三）了解被审计单位及其环境，识别和评估重大错报风险

审计人员应当充分了解水会计报告实体和它面临的环境，以便确定和评估重大错报风险。对水会计报告主体的了解主要包括：①水报告实体的性质，如水会计报告主体的物理信息和行政管理信息；②影响水会计报告实体运行的行业规章制度和其他外部要求；③水资源管理者的目标和战略，包括相关的经济、法律、环境、社会、文化、物理和声誉等方面的风险；④水会计报告政策的运用和计量方法的选择；⑤水资源管理层是否利用专家来帮助编制水会计报告；⑥是否有重要事项影响水核算信息；⑦与水会计报告中的各要素相关的不确定因素；⑧在水会计报告中应用的估计；⑨水会计报告中水资产和水负债重复计算的可能性；⑩是否有内部审计的功能，如果有，它在编制水资源会计报表以及水资产和水负债的核算方面的活动及主要发现；⑪其他相关的内部审查职能，它们的活动和工作发现；⑫相关技术和同行评审（ABOM，2012）。

重大错报风险产生的原因可能有以下几点：①故意错报；②不遵守那些普遍认为对水会计报告的内容有直接影响的法律法规；③忽略重要的水资产或水负债；④重要的规则变更；⑤业务性质；⑥计量方法不当；⑦水资产和水负债量化的主观程度；⑧是否存在超出水会计报告实体正常业务范围的重大水资产或水负债，或者在其他方面看起来不寻常；⑨如何做出重要估计以及它们所依据的假设、概念和数据等。

（四）对评估的重大错报风险采取的总体应对措施和进一步审计程序

审计人员应设计和实施总体应对措施来防范水会计报告层面评估的重大错报风险，审计人员还应当设计和实施进一步审计程序来应对评估的重大错报风险，进一步审计程序包括控制测试和实质性程序。审计人员在设计和执行进一步审计程序时，需要根据评估的重大错报风险、保证程度等来考虑控制测试和实质性程序的性质、时间和范围。例如，审计人员设计和实施内部控制测试来获取充分的、适当的审计证据以检验相关内部控制运行的有效性。除此以外，审计人员还可以为每一种重要的水资产和水负债的计量和披露设计和实施细节测试或分析程序。因为很多水资产和水负债的计量往往基于模型估计，如降水量、蒸发量、径流量、损失、地下水流入量等，都不能直接获取，所以，审计人员应当通过考察测试估计是如何做出的以及数据是怎样得到的来考虑估计的准确性，审计人员应判断被审计的水会计报告主体所使用的计量方法是否恰当，假设是否合理，做出估计的内部控制运行是否有效。

如果用作审计证据的资料是管理层利用专家的工作准备的，审计人员应在考虑到该专家的工作对审计业务的重要性后，做下列必要的工作：评估专家的能力和客观性，获得对专家工作的了解；评估专家工作作为审计证据的恰当性。

当使用抽样方法时，审计人员在设计样本时，应考虑抽样的目的和总体的特征。

（五）完成审计工作和出具审计报告

完成审计工作是审计人员在执行了对各项交易、事项及账户余额的测试后，编制与签发审计报告前进行的综合性测试工作，是水会计报告审计的最后阶段。这一阶段所做出的决定，对审计报告有着直接且重要的影响，通常由审计项目的负责人或高级经理来执行，其主要特点是在水资产和水负债表日后执行，关注综合影响而不注重特定交易或账户余额。完成审计工作的主要内容包括：期初余额审计、复核期后事项与或有损失；评价审计结果，复核工作底稿；确定审计意见，与被审计单位沟通，提出审计报告。

对于法律法规或会计师事务所要求进行质量控制复核的项目，质量控制复核人员应对审计团队做出的重大判断以及在编制审计报告时得出的结论进行客观评估，评估的内容包含：①审计人员对重要事项的讨论，审计团队在水资产和水负债的计量和报告方面的专业胜任能力；②水会计报告和审计报告的复核；③对审计团队做出重大判断和重要结论的文件进行复核；④评估在编制审计报告时得出的结论，并考虑拟出具的审计报告是否适当。

在形成审计意见时，应主要考虑以下标准：①所选择和应用的计量方法和报告政策与应用的标准是一致的、恰当的；②在水会计报告中做出的估计是合理的；③水会计报告反映的信息是相关的、可靠的、完整的、可比的和可理解的；④对应用的标准和其他事项进行充分披露，包括不确定性，使潜在的报告使用者能理解在水会计报告编制中做出的重要判断；⑤水会计报告中应用的术语是合适的。

水会计报告审计的意见类型包括四种：无保留意见、保留意见、否定意见和无法表示意见。其中，无保留意见和保留意见可以加强调事项段。当审计人员认为水会计报告中的水会计报表及其附注、管理责任声明已实现公允反映，并在所有重大方面都遵从了适用的标准，则出具无保留意见。应当发表保留意见的情形有两种：①在获取充分、适当的审计证据后，审计人员认为错报单独或汇总起来对水会计报告影响重大，但不具有广泛性；②审计人员无法获取充分、适当的审计证据作为形成审计意见的基础，但认为未发现的错报（如存在）对水会计报告可能产生的影响重大，不过不具有广泛性。应出具无法表示意见的情形有两种：①审计人员无法获取充分、适当的审计证据，但认为未发现的错报（如存在）对水会计报告可能产生的影响重大且具有广泛性。②在极少数情况下，可能存在多个不确定事项。尽管审计人员对每个单独的不确定事项获取了充分、适当的审计证据，但由于不确定事项之间可能存在相互影响，以及可能对水会计报告产生累积影响，审计人员不能对水会计报告形成审计意见。应出具否定意见的情形只有一种：在获取充分、适当的审计证据后，审计人员认为错报单独或汇总起来对水会计报告的影响重大且具有广泛性。

水审计报告应当包括以下基本信息：①标题；②收件人；③审计范围，识别通用水会计报告，包括其涵盖的期间，如果该报告中的任何信息未包含在审计人员的结论中，明确标识审计的信息以及排除的信息，和审计人员未对排除的信息执行任何鉴证程序的声明，因此没有对此发表任何结论；④管理层对水会计报告的责任；⑤关于水资产和水负债的量化存在固有的不确定性的声明；⑥确定审计适用的标准；⑦审计责任的描述；⑧审计意见；⑨形成审计意见的基础；⑩审计人员签名；⑪审计报告日期；⑫会计师事务所的名称、地址和盖章。

第三节　水资源会计报告审阅

对水资源会计报告进行鉴证，除水资源会计报告审计外，还有水资源会计报告审阅，二者在目标、程序上存在明显区别。

一、水资源会计报告审阅的目标

与水资源会计报告审计不同，水资源会计报告审阅的目标是注册会计师在实施审阅程序的基础上，说明是否注意到某些事项，使其相信水会计报告没有按照适用的水会计准则和相关水会计制度的规定编制，未能在所有重大方面公允反映被审阅的水会计报告主体的水资源状况及其变动，以及水流量情况，提供有限保证，该保证水平低于合理保证。

二、水资源会计报告审阅的程序和方法

水资源会计报告审计需要收集充分的、适当的审计证据，证据收集的程序实施范围较广，程度较深，种类较多，包括检查记录或文件、检查水利基础设施、观察、询问、重新计算、重新执行、分析程序、细节测试等。而水资源会计报告审阅收集证据的方法以询问和分析程序为主，只有当有理由相信所审阅的水会计报告可能存在重大错报时才需要追加其他程序。

水资源会计报告审阅提供的是有限保证，水资源会计报告审计提供的是合理保证，二者在程序和方法上的区别主要表现在以下几个方面。

（一）了解水会计报告实体及其环境，识别与评估重大错报风险

审阅业务对重大错报风险的识别和评估所要求的对水会计报告实体及其环境的了解程度低于审计业务，并且主要通过询问获得。审阅业务的执行者通过询问，了解水会计报告实体关于水资产、水负债的计量和报告相关的内部控制有以下几个组成部分：①控制环境；②水信息系统，包括相关水业务过程、水核算和报告的沟通，以及与水核算和报告相关的责任和重要事项；③水会计报告实体风险评估过程及结果。

而审计业务的执行者在了解水会计报告实体关于水资产、水负债的计量和报告相关的内部控制时，需了解以下几个方面：①控制环境；②水信息系统，包括相关水业务过程、水核算和报告的沟通，以及与水核算和报告相关的责任和重要事项；③水会计报告实体风险评估过程和结果；④控制活动，即鉴证从业人员认为有必要了解的活动，以便评估重大错报风险，并设计应对评估风险的进一步程序。鉴证业务不需要了解与每项重大水资产和水负债及其披露相关的所有控制活动；⑤控制的监督。

由此可见，审阅业务并不要求了解水会计报告实体内部控制的所有要素，也不要求评估内部控制的设计和执行情况。审计和审阅在识别和评估重大错报风险时所用的程序的性质和范围是不同的。

（二）对评估风险的总体应对措施和进一步程序

对评估风险的总体应对措施和进一步程序，审阅业务和审计业务有

以下区别：①程序的性质侧重点不同。例如，与审计业务相比，审阅业务相对更强调查询和分析程序，相对较少强调（如有）控制测试和从外部来源获取证据。而且，在审阅业务中，鉴证人员可决定通过查询相关事项来应对已评估的重大错报风险。而在相同情况下，审计业务的鉴证人员可决定检查与该事项有关的记录或独立测试该事项。②进一步程序的范围不同。审阅业务的进一步程序的范围比审计业务的小。包括减少要检查的项目数量，例如，减少细节测试的样本量；执行较少的程序，例如，审阅业务的鉴证人员只进行分析程序，而在同样的情况下，审计业务的鉴证人员既执行分析程序，又执行细节测试；在较少的地点执行程序。③分析程序的性质。在审计业务中，为应对重大错报的风险评估而执行的分析程序可能涉及制定对记录的数量和附注披露相关的预期，这些预期对识别重大错报足够精确。在审阅业务中，分析程序通常旨在支持对趋势和关系方向的预期，而不是像审计业务中预期的精确程度那样来识别错报。此外，当发现重大的波动、关系或差异时，通常可以通过向管理层和治理层进行查询，并根据已知的参与情况考虑利用收到的回复来获得审阅业务的适当证据，而无须获得审计业务情况下与责任方答复相关的额外证据。

　　此外，审阅业务的鉴证人员在进行分析程序时，可能会使用聚合程度更高的数据，例如，区域级别的数据而不是某个位置的数据，或者每月数据而不是每周数据。使用未经过单独程序的数据来测试其可靠性，其程序与审计业务相同。

第八章　水资源会计实践案例

本书系统归纳和完善了水资源会计理论体系，并结合产权经济学和可持续发展观，剖析中国水权制度和水管理制度，聚焦我国水企业和水管理部门，探索我国建立水资源会计的有效路径。为了验证本研究的理论推断，实地分析水资源会计报告在我国应用的情况，本章将采用实地调查法、案例分析法，选择典型案例点实际编制水资源会计报表，并把它与我国现行的水统计报表进行比较，剖析在我国现行的水管理制度下应用水资源会计理论编制水资源会计报表的利弊。更进一步地，本章还将假设我国实行权责发生制核算的情形，通过设定相关条件，编制案例点在实行权责发生制核算的情形下的水资源会计报表，具体展示和讨论权责发生制核算的优势，论证本书的观点，提供国内多个编制水资源会计报表的实践经验，丰富水资源会计理论和在我国的应用。具体地说，本章研究水资源会计实践的思路如下。

第一，拟依据多案例研究方法，遵循水会计报告主体的要求，选择具有代表性的供水企业、用水企业及水资源管理部门等作为水会计主体，建立试点，通过实地调查和访谈，了解利益相关者的信息需求，收集有关数据，编制报表，对构建的水资源会计报表进行实地检验。

第二，考察不同类型的水资源管理活动（如供水、用水、水资源分配等）体现在水会计科目、报表项目、报表结构和报表分析与利用方面的不同特点，总结归纳不同类型的水会计主体编制和应用水会计报告的差异及特征。

第三，依据编制的报表进行水量分配决策和其他水资源管理决策分析，评价水资源管理责任的履行情况，分析如何应用水资源会计报告评价最严格水资源管理政策的执行情况，讨论水会计报告在水权交易、生态补偿等方面的重要作用。

第一节　案例选择与分析方法

赵兰芳（2005）提出案例研究不仅是实证研究方法的一种，而且案例研究属于归纳法，从个别到一般，通过对现实中某一具体问题的深入剖析，得出具有普遍意义的研究结论。殷（2017）认为，当研究的问题类型是"怎么样"和"为什么"等解释性的问题，研究对象是目前正在发生的事件，研究者对于正在发生的事件不能控制或只能极少控制时，最适宜采用案例研究方法。依据采用案例研究的适用性条件，案例研究在会计领域中可以有广泛的用武之地，尤其是在处于经济转轨时期的中国，大量的会计实务和鲜活个案可以为案例研究提供很好的素材。我们可以利用案例研究"描述会计实务、探索新会计实务的应用，还可以解释现存会计实务的决定因素"（BobRyan，2002）。本节将探讨本研究中案例研究方法选择、案例点选择和资料收集等问题。

一、案例研究方法选择

相较于单案例研究，多案例研究更可能提供一般化的结论（毛基业、张霞，2008）。本研究采取多案例研究方法，主要出于以下原因：①案例研究法适合特定情景下的问题研究（Eisenhardt，1989）。本书的研究问题具备这个特点，我国水管理部门和水企业是特定情景下的研究问题。目前，探索编制水资源会计报表的只有澳大利亚、西班牙和南非等国，这些国家已开展水权交易多年，水市场交易活跃，且未使用的水权或水负债转移到下期。中国正在逐步开展水权交易工作，目前在大部分地区仍然使用行政手段和计划指标来管理水资源，国内外尚缺乏水资源会计在经济转型国家应用的研究。②多案例研究方法适合过程和机理类问题的研究（Eisenhardt，1989；吴晓波等，2010），有助于揭示组织的整体性、动态性、辩证性（Li and Kozhikode，2008；Li，2007）。本书的研究问题正好属于这个范畴，需要探索各种交易、事项对水会计核算和披露的影响，因而考虑用多案例研究来探索不同类型的水会计报告主体编制的水会计报表在方法和结果方面的异同。③多案例研究方法通常可以获得更为严谨、一般化及可以验证的理论命题（郑伯埙、黄敏萍，2012）。

通过重复、复制的法则进行多案例研究，能够较好地提高研究的外部效度（Yin，2009）。本书的研究目的之一是通过多案例研究，验证我国水资源管理制度下编制水会计报表的特点的理论分析，比较在我国现行体制下编制水会计报表与我国现行水统计报表的异同，进一步比较在权责发生制情形下编制水会计报表与现行体制下编制水会计报表的区别，深入挖掘水资源会计的优越性，尤其是在应用权责发生制核算方面的优越性，研究在经济转型国家应用水会计的关键影响因素。因此，本书采用多案例研究。

二、案例点选择

水资源会计适用于以下任何情况的水会计主体：①拥有或转移水；②拥有水权或其他直接或间接的对水的要求权；③有水流入和（或）水流出；④有相关的管理水的责任。只要符合上述四个条件之一并且有报告使用者的需求的水会计主体都可以成为水会计报告主体，即各种类型的供用水户或水资源管理单位，包括水电站、灌区、自来水公司、水务局、流域管理委员会、用水企业事业单位等，都适合编制水资源会计报告。

本书选取了一个供水户——密云水库和四个用水户——北京市自来水集团、某市属高校、内蒙古河套灌区、燕京啤酒（曲阜三孔）有限责任公司作为案例研究对象，这四个用水户分别代表了城市供水系统、用水企业、行政事业单位和农业灌区。选择它们作为案例研究对象，是因为它们不但符合水会计报告主体的定义，而且符合以下选择标准。

1. 典型性原则

典型案例有助于更加鲜明地展示概念之间的关系（Eisenhardt，1989）。本研究遵循案例研究的典型性要求：选取规模较大、在中国水行业中具有龙头作用、在水资源核算和管理方面具有代表性的供用水户作为案例研究对象。它们具备水会计报告主体的典型特征：拥有或转移水、拥有水权或其他直接或间接的对水的要求权、有水流入和水流出、担负管理水的责任。本书将以案例企业（单位）作为水会计报告主体，实地收集相关信息，编制水会计报表。此外，从案例本身的属性来看，本书选取的研究对象既有供水单位又有用水部门，既有企业又有事业单位，既有城市供水系统又有农村灌区。所研究的水会计主体在物理形态上迥异，在运行方式上各不相同，这能从多角度展示不同水会计报告主体编制的水会计报表中各项目的概念、内涵和相互之间的关系。

2. 遵循多案例研究的复制法则

多案例研究要么能产生相同的结果（逐项复制，Literal Replication），要么由于可预知的原因而产生与之前研究不同的结果（差别复制，Theoretical Replication）（殷，2017）。选择具有对比性的案例，从不同案例中得出结论并相互印证、互相补充，从而提高研究设计的周延性和外在效度，提高结论的说服力。本研究选取了具有代表性的案例，依据复制逻辑，以更好地达到多重检验的效果。Eisenhardt（2007）建议在理论抽样时，选取充分对比案例，以便启发全新理论的创建或原有理论的改进。据此，本研究选择供水户和用水户进行对比，选择城市和农村地区进行对比，选择企业和事业单位进行对比，这几类水会计报告主体在管理和应用水资源的目的、形式和路径上具有明显的差异，对比分析水会计主体能够全面辨析具有不同物理形态、不同管理要求的水会计报告主体在编制水会计报表时所应对的不同的交易或事项，采取不同的核算方法，导致使用不同的报表项目，反映不一样的水资源状况、水资源经营成果和水流动信息，从而找到多样性的水会计报表编制规律。

3. 资料获取的便利性和准确性

笔者长期致力于水会计报表编制问题研究，对北京密云水库、北京市自来水集团、某市属高校、内蒙古河套灌区、燕京啤酒（曲阜三孔）有限责任公司进行了长期跟踪研究，积累了大量的案例素材。此外，前四家单位都位于北京，便于开展调查。内蒙古河套灌区虽然不在北京，但它是离北京较近的一个典型灌区，相关数据完整。更重要的是，在对水会计报告的相关问题研究期间，笔者曾到北京市海淀区水务局挂职锻炼半年，对水务系统的管理工作耳熟能详，与北京市水务局、北京市自来水集团、北京市密云水库管理处等进行多次访谈，了解政府部门对水企业和水管理部门的监管内容、程序和方法。参加中国水权交易所组织的会员活动，与内蒙古河套灌区管理总局（2021 年更名为内蒙古河套灌区水利发展中心，下文使用原名）等单位建立了友好关系，了解燕京啤酒（曲阜三孔）有限责任公司等用水大户的生产经营过程。并且由于工作关系，笔者便于深入调查和了解某市属高校的水资源管理。在长期的合作过程中，研究团队与案例单位形成了良好的协作关系，为收集研究所需的数据和素材提供了极大的便利，相关资料与信息相对真实，这为本研究数据来源的多样性和真实性提供了保障。案例单位的基本情况见表 8-1。

表 8-1　案例单位基本情况

单位	北京市密云水库管理处	北京市自来水集团	某市属高校	内蒙古河套灌区管理总局	燕京啤酒（曲阜三孔）有限责任公司
性质	北京市水务局所属机构	国有独资公司	事业单位	政府部门	上市公司
建立时间	1960 年	1999 年	1980 年	1987 年	1987 年
主要业务	为密云水库正常运行提供管理保障，水文水资源资料收集与分析，向北京供水	负责取水、生产加工成饮用水，向北京中心城区，以及几个郊区县新城供水	教学、科研	农业生产用水管理	啤酒生产和销售
水会计报告主体类型	水库	城市供水企业	用水事业单位	灌区	用水企业
水资产性质	密云水库里的水	公司输水管网和蓄水池里的水、地下水开采许可量、应收水量	自来水、再生水	引黄河水、地下水	自来水
水负债性质	会计期间按计划或合同应供而未供的水量	—	—	—	—

资料来源：笔者调研。

三、资料收集

本研究数据收集的过程包括重复循环的多个收集过程，主要分为两个大的阶段。第一阶段是大量收集案例单位的二手资料。根据研究主题和需要分析的概念，在充分研究大量二手资料的基础上，进行结构化与半结构化访谈提纲的设计以及实地调研的日程安排。第二阶段是实地考察和调研访谈。在每个案例点，笔者不仅观察和记录案例点的物理状态和运行情况，而且与案例点管理部门交换意见，讨论问题。Singleton 和 Straits （2005）把研究者积极、持续一段时间地参与到正在研究的事件中的研究方法定义为"参与式观察案例研究法"（Participant-observation Case Study），本研究主要采用这种研究方法。案例研究法不使用样本、也不遵循为了检验几个有限的变量而设计的研究方案，而是对一个单独的事件进行深度观察（Yin，2003）。

笔者根据调研日程安排，到每个案例点参观访问，从事一系列研究活动。第一步，是获取案例点的物理特征和管理性质的资料，以了解案例点的基本情况。第二步，与案例点的水务管理者和水利专家讨论水核算的相关问题，包括案例点发生的涉水交易和事项类型、对各类交易和事项进行分析和记录。第三步，与案例点的水务管理者和水利专家讨论标准化水核算的应用设想，分析存在的问题并提出解决方法。资料的具体收集方式见表 8-2。

表 8-2　　案例资料来源及收集方式

资料类型	资料来源	资料获取方法
一手资料	直接观察； 领导层深度访谈； 基层员工半结构化访谈	观察案例单位运行； 分别访谈案例单位负责人、总工程师、办公室主管、水资源管理部门主任等
	其他方式	文件、档案记录
二手资料	公开网络资料、统计年鉴、水资源公报、年度总结、研究论文、新闻报道	通过《北京市水务统计年鉴》、《巴彦淖尔市水资源公报》、公司网站搜索相关信息，通过百度、CNKI 搜索相关报道、研究文献

本研究在数据收集的过程中严格按照殷（2017）所提出的数据收集的三大原则：①数据来源多样性。由于本研究主要采用质化研究方法，因此在分析过程中注重证据链的发展以及三角验证的应用。在数据收集方面，本研究注意发掘多重证据来源，将通过直接观察、参与观察与访谈所获得的一手资料，与公司年报、水务统计年鉴、水资源公报、网站数据等二手资料相结合，提高资料的说服力与可信度。②建立案例研究数据库。在处理数据的过程中，建立案例研究数据库。③组成系列证据链。将所获得的数据，从多方角度进行反复比较、验证，并按时间序列及内在逻辑关系进行分析整理，形成证据链。

第二节 密云水库水资源会计报表编制研究

水库是人造的湖泊，具体指在山沟或河流的狭口处建造拦河坝形成的人工湖泊。水库往往藏在深山之中，按"肚量"可分为大、中、小三种类型；从功能来看，既是公众喝水的"大水缸"，也是拦蓄洪水的"镇水重器"，可以用来灌溉、发电、养鱼和旅游。截至目前，我国共有大小水库9.88万座，在削峰错峰、保坝泄洪、蓄水灌溉等方面作用显著。因此，水库成为研究水资源管理和核算的重要对象。以水库为例，可以研究水资源管理制度存在的不足，探索水资源管理改进方案，讨论与之相适应的水核算新方法。构建水库水资源会计报表体系，并进行应用检验，不仅有利于精细化管理各类水库的水资源，完善计划用水制度，促进水资源可持续利用，还可以优化自然资源、经济资源和社会资源的配置。

一、密云水库介绍①

密云水库于1958年动工兴建，1960年建成投入运行，是华北地区最大的水库，坐落在燕山南麓密云区境内，距北京市区中心约90公里。是一座以防洪、供水为主，灌溉、发电、养鱼等多种功能综合利用、多年调节的大型水利枢纽工程。目前，密云水库是北京最重要的地表饮用水源地。

密云水库位于潮白河水系中游，总库容43.75亿 m^3，最大水面面积188 km^2，控制流域面积15 788 km^2，占潮白河全流域面积的88%。潮河、白河是水库的两大入库河流。潮河发源于河北省承德市丰宁县，白河发源于河北省张家口市沽源县，在潮河和白河上分别建有下会水文站和张家坟水文站，负责观测和记录潮河和白河的径流、降雨等水文信息。潮河、白河在天津的北塘与永定新河汇流入渤海。由于北京气候干旱、水资源紧张，密云水库多年没有向潮河、白河下游泄洪，它的主要功能是蓄水并通过白河电站和第九水厂向北京供水。

---

① 笔者于2015年做了密云水库的案例研究。该案例在2016年笔者的博士学位论文《我国建立通用目的水核算制度研究》中使用过；在陈波与杨世忠、林志军老师合作的论文《通用目的水核算在我国应用的潜力、障碍和路径——以北京密云水库为例》中也用过，该论文发表于《中国会计评论》2017年第1期。

密云水库流域属中纬度大陆性气候，主要受西北高压气流控制，冬季干旱，春秋季多风，夏季降雨主要集中在 7~8 月。流域多年平均降雨量为 463.6 mm。降雨量的年际变化较大，最大 992 mm（1950 年），最小 248.9 mm（1941 年），2013 年和 2014 年的降水量分别为 551.7 mm 和 508.9 mm。流域内上游地区蒸发量大，下游地区蒸发量较小。全年蒸发量最大时期出现在 6 月，冬季蒸发量最小。密云水库四站多年平均蒸发量为 816.1 mm 左右。

北京市水务局统一管理北京市水资源（包括地表水、地下水、再生水和外调水），拟订北京市水资源中长期和年度供求计划，并监督实施。北京市密云水库管理处和北京市京密引水管理处都是北京市水务局下属机构，其中北京市密云水库管理处是管理密云水库的职能部门，承担着防汛、供水、工程管理、水资源保护、水源涵养林管理等任务。京密引水管理处则专门负责京密引水工程和怀柔水库的正常运行。从密云水库通过白河电站，进入京密引水渠和怀柔水库的水可供北京市自来水集团下属的门头沟水厂、田村山水厂等水厂使用。每次密云水库向京密引水渠输水，都须由北京市水务局向北京市密云水库管理处发调度令，指明从某月某日开始向京密引水管理处供水多少万立方米，控制流速多少。如需停止供水或变更供水，北京市水务局须再向北京市密云水库管理处发一个调度令，密云水库就停止供水或变更供水方式，密云水库按次执行北京市水务局的行政指令，必须按时按量完成，不能多供也不能少供。当北京市密云水库管理处输水时，就通知白河电站发电及输送尾水。

除了白河电厂，密云水库的另一个出水口是连接着北京市第九水厂取水站的九松山输水隧洞，这个出口由第九水厂根据北京市水务局下达的用水计划控制取水量。同时，北京市密云水库管理处也记录它供给第九水厂的水量。

二、研究设计与方法

（一）方案设计

首先，为了应用 GPWA 理论来编制密云水库的水核算报表，要确定报表使用者的需求并定义水核算的边界，考虑数据的可得性和可靠性，使它满足报告使用者的需求。在这个案例中，密云水库是在潮白河水系上人工建成的一个蓄水池，它本身以及在它上面构建的那些挡水建筑物、泄水建筑物、输水建筑物都是进行水量分配的基础设施，水会计报告主体是北京市密云水库管理处，它所管理的范围就是密云水库，至于库外的输水管网里的水、河流里的水以及水库下面的地下水都不属于它的管辖范围，它也无权开采、转移或使用，所以水核算对象是密云水库里的水。尽管密云水库包括白河、潮河和内湖三个湖，但这三个湖的水体是彼此相连的，我们只需把它们看作一个整体，不用细分。因此，密云水库里的水是这个案例中唯一的水资产。在本案例中，水核算报告的使用者是水库水资源的利益相关者，潮白河流域的城市、工业、农业和与水相关的其他机构都是利益相关者，它们中每一个部门及人员都有权知道密云水库水资源的分配情况，水库里水的库存量，从每一个水源获取的水量以及从每一个出口供出的水量，这些都是水系统的管理因素。编制水核算报告，就是要描述通过现存的水利设施把水资源分配和转移给不同的使用者的情况，满足这些利益相关者的信息需求。

其次，还应考虑相关概念，如流入量、流出量、降水、蒸发、损失等，保持整体水平衡。此外，水核算还需适应当地水管理的特点，正如各个国家有各种不同的对其水管理实践和概念进行反映的水报表。由于北京市密云水库管理处按照北京市水务局发的调度令按次供水，按次核算（以收付实现制为基础），因此在通用目的水会计报表框架和范例表的 A1 中反映水分配剩余的项目不应在密云水库水核算报表中出现，而且没有必要编制水资产和水负债变动表，只需编制水资产和水负债表、水流量表。

（二）计量方法与数据来源

水报表中的各个术语需要计量。理想状态是对每个报表项目都精确计量，使之真实地、细致地核算，但是在现实中，这是不可能实现的。因为在现实的水资源系统中，大部分水量都不能直接获得，只能间接估计，或通过模型计算得出。例如，分配转移到白河电厂和第九水厂的水量可以直接测量得到，而水库蓄水量、潮河流入量、白河流入量、降水量，则需要通过测量和水文模型推算出。另外，需要用水文模型推算出蒸发量，通过量水堰观测漏水量。这些测量方法和计量模型都依据水利部发布的水利行业标准《水文测量规范》来实施。此外，不管是通过直接还是间接计算，所有这些信息都从北京市密云水库管理处的水情年报表或其他报告、资料中获得。表8-3展示了在填制水资源会计报表时不同的数据来源和估计策略。

表 8-3　密云水库水资源会计报表的数据来源和估计策略

数据来源	水核算概念	估计策略
直接测量	分配转移——白河电厂:发电量×耗水率	A
	分配转移——第九水厂:查流量计	A
	地表水分配余额——白河电厂	B
	地表水分配余额——第九水厂	B
混合估计: 直接+间接	水库蓄水量:水位+库容曲线	B
	降水量:全年降水量(mm)×年平均水位对应水面面积	A
	潮河流入量:平均流量×时间	A
	白河流入量:平均流量×时间	A
间接估计	漏水量:通过量水堰观测	A
水文模型推算	蒸发量:蒸发量(mm)×折合系数×水面面积	A

注:A 表示会计期间的累计值,是个时期值;B 表示会计期间的期初数或期末数,是个时点值。

三、案例分析结果与讨论

(一)密云水库现行水资源管理制度下水资源会计报表编制结果与分析

通过实施上述程序和计量方法,在现行水资源管理制度下,编制密云水库水资产和水负债表以及水流量表,如表8-4和表8-5所示。

表 8-4　现行水资源管理制度下密云水库水资产和水负债表

2014 年 12 月 31 日　　　　　　　　　单位:万 m³

项目	2014 年	2013 年
水资产		
地表水资产		
密云水库蓄水量	83 890	124 100
地表水资产合计	83 890	124 100
地下水资产		
地下水许可	0	0
地下水资产合计	0	0
水资产合计	83 890	124 100
水负债		

续表

项目	2014 年	2013 年
应供水量——白河电厂	0	0
应供水量——第九水厂	0	0
水负债合计	0	0
净水资产	83 890	124 100
期初净水资产	124 100	108 650
净水资产变动	(40 210)	15 450
期末净水资产	83 890	124 100

表 8-5 现行水资源管理制度下密云水库水流量表

2014 年 12 月   单位：万 m³

项目	2014 年	2013 年
水流入量		
降水量	4 501.22	5 049.16
潮河流入	7 674.56	13 589.22
白河流入	14 158.40	24 128.08
水流入量合计	26 334.18	42 766.46
水流出量		
蒸发量	5 297.77	4 788.21
分配转移——白河电厂	38 115.43	1 300.08
分配转移——第九水厂	26 220.83	27 355.14
渗漏量	815.27	913.67
水流出量合计	70 449.30	34 357.10
未说明的差异	3 905.12	7 040.64
蓄水量变动	(40 210)	15 450
期初蓄水量	124 100	108 650
加:蓄水量变动	(40 210)	15 450
期末蓄水量	83 890	124 100

密云水库水资产和水负债表展示了密云水库 2014 年末和 2013 年末的净水资产分别为 83 890 万 m³ 和 124 100 万 m³，2014 年末比 2013 年末少了 40 210 万 m³。减少的原因可以从水流量表中分析：从流入量来看，无论是降水量，还是潮河、白河流入量，2014 年比 2013 年都

明显减少，分别减少了 10.85%、43.52%、41.32%，流入总量共减少 16 432.28 万 m³（26 334.18-42 766.46）。这说明了 2014 年的降水量、径流量比 2013 年都大幅减少。与此相反，2014 年比 2013 年水流出量却大幅增加，增加值达 36 092.20 万 m³（70 449.30-34 357.10），其中，分配给白河电厂的水量增加最多，增加了 36 815.35 万 m³（达 28.32 倍），是造成 2014 年水流出量巨额增加以及 2014 年末净水资产比 2013 年大幅减少的主要原因。另外，蒸发量增加了 509.56 万 m³，分配给第九水厂的水量和漏水量也减少了，分别减少 1 134.31 万 m³ 和 98.4 万 m³。经调查了解，为了保障北京市用水安全，2013 年在水利部的组织和协调下，北京市向河北省岗南、黄壁庄、王快及安格庄四个水库调水 5.78 亿 m³，北京市收水 4.82 亿 m³，直供水厂，所以密云水库向京密引水渠供水仅 1 300.08 万 m³。而 2014 年没有再向河北调水，南水北调的水进京直供水厂，补充了供水量，密云水库向京密引水渠供水 38 115.43 m³，所以 2014 年密云水库对白河电厂供水量比 2013 年巨额增长。密云水库分配给第九水厂的水 2014 年比 2013 年减少 1 134.31 万 m³（占 4.15%），这是因为在 2014 年底南水入京，一部分水进了第九水厂，所以第九水厂取密云水库的水量降低了。

除了白河和潮河，还有 5 条小河或溪水流入密云水库，这些溪流上没有设立水文站，也就没有观测值，再加上测量、计量、模型估计等方面的误差以及人类知识的局限性，需要通过"未说明的差异"来反映总体误差，这个项目可通过第六章式（6-7）计算得出。密云水库水流量表揭示了 2014 年未说明的差异为 3 905.12 万 m³，占期末蓄水量的 4.66%；2013 年未说明的差异为 7 040.64 万 m³，占期末蓄水量的 5.68%。这说明密云水库的管理和水文测量精度比较好，计量误差控制在 5%左右，尤其是 2014 年比 2013 年的管理更好，计量更准确，误差控制在 5%以内。

（二）密云水库现行水情报表编制与现行制度下水会计报表比较

北京市密云水库管理处负责监测密云水库的水文信息，执行北京市水务局的调水指令。它每天编日报表，每月汇总编制水情月报表，到年底编制水情年报表，全部上报给北京市水务局，不对外公布。为了对比分析 GPWA 报表与我国现行水核算报表的区别，我们按照密云水库水情年报表的主要格式，编制了 2014 年和 2013 年密云水库的水情年报表，如表 8-6 所示。

表 8-6　2013 年和 2014 年密云水库水情年报表

单位：万 m³

年份	入库水量		区间水量	可利用来水量	反推入库水量
	白河流入	潮河流入			
2013	24 128.1	13 589.2	12 089.8	44 105.2	49 807.1
2014	14 158.4	7 674.6	8 406.3	24 126.2	30 239.3

年份	正常供水量			漏水量	蒸发量	总出库合计
	白河电厂	第九水厂	合计			
2013	1 300.1	27 355.1	28 655.2	913.7	4 788.2	34 357.1
2014	38 115.4	26 220.8	64 336.2	815.3	5 297.8	70 449.3

资料来源：北京市密云水库管理处。

从表 8-6 可知，密云水库现行的水情年报表主要揭示入库水量和出库水量，没有蓄水量信息，但是也对蓄水量进行监测，并且利用蓄水量的变动（期末−期初）和出库水量倒推出可利用来水量、反推入库水量和区间水量。下面式（8-1）、式（8-2）、式（8-3）分别反映了可利用来水量、反推入库水量和区间水量的计算公式：

$$可利用来水量 = 期末蓄水量 − 期初蓄水量 + 正常供水量 \qquad (8-1)$$

$$反推入库水量 = 期末蓄水量 − 期初蓄水量 + 正常供水量 + 漏水量 + 蒸发量$$
$$(8-2)$$

$$区间水量 = 反推入库水量 − 张家坟入库站水量 − 下会入库站水量 \quad (8-3)$$

其中，"区间水量"的含义与水核算报表中"未说明的差异"相似，但是水情年报表把降水量也包括在区间水量中。

由于密云水库根据行政指令按收付实现制核算，水负债为零，我们编制的现行制度下密云水库 GPWA 报表中没有水资产和水负债变动表，只有水资产和水负债表以及水流量表两张报表，没有充分体现以权责发生制为基础的水核算报表的功能。但这两张水核算报表相比现行一张水情年报表仍具有以下优势：①GPWA 报表需对外报送，提供给报告使用者与决策相关的信息，有利于社会监督，反映受托责任的履行情况。现行的水情年报表是内部报表，只提供给政府水务管理部门制定决策使用，其主要目的是帮助管理层正确地确定经营目标、制定水量分配决策、编制水量分配计划、控制水资源管理活动，但无法对政府水资源分配计划和水务管理部门取用水量进行监督和评价。②两张水核算报表能够更充分地反映水资源变动的来龙去脉，而水情年报表只列有出入库水量，没有期初和期末的蓄水量信息，无法揭示水资源的经营成果。③两张水核算报表具有可验证的水量平衡关系，但现行的水情年报表本身没有直接体现水量平衡关系，而且"区间水量"包括了降水量在内的所有未计量的水量，这样得出的"未说明的差异"比较粗糙，不利于反映水资源的管理情况。

（三）权责发生制和现行制度下的水资源会计报表比较

为了更清晰地展示权责发生制核算水资源的报表格式和内容，说明权责发生制的优越性，本书假设密云水库实行权责发生制核算水资源的交易，通过假设 2013 年密云水库期初应供白河电厂的水量以及 2013 年和 2014 年密云水库的水分配计划应供水量，规定本期应供未供水量延续到下期供给，利用现有的实际水流入量、流出量、蓄水量的数据，就可编制实行权责发生制情形下密云水库水资源会计报表。

假设 2013 年密云水库应供白河电厂水量的期初余额为 500 万 m^3，2013 年、2014 年应供白河电厂的水分配计划应供水量是 2 000 万 m^3 和 37 500 万 m^3，其余资料如表 8-4 和表 8-5 所示。编制密云水库应供水量——白河电厂明细如表 8-7 所示，在此基础上，编制以权责发生制为基础的密云水库水资源会计报表如表 8-8 和表 8-9 所示。

表 8-7　密云水库应供水量——白河电厂水分配计划及执行情况

单位：万 m^3

项目	2014 年	2013 年
期初余额	1 199.92	500
加：水分配计划应供水量	37 500	2 000
减：实际供水	38 115.43	1 300.08
本期发生额合计	（615.43）	699.92
期末余额	584.49	1 199.92

表 8-8　以权责发生制为基础的密云水库水资产和水负债表

2014 年 12 月 31 日　　　　　　　　　单位：万 m³

项目	2014 年	2013 年
水资产		
地表水资产		
密云水库蓄水量	83 890	124 100
地表水资产合计	83 890	124 100
地下水资产		
地下水许可	0	0
地下水资产合计	0	0
水资产合计	83 890	124 100
水负债		
应供水量——白河电厂	584.49	1 199.92
应供水量——第九水厂	0	0
水负债合计	584.49	1 199.92
净水资产	83 305.51	122 900.08
期初净水资产	122 900.08	108 150
净水资产变动	（39 594.57）	14 750.08
期末净水资产	83 305.51	122 900.08

表 8-9　以权责发生制为基础的密云水库水资产和水负债变动表

2014 年 12 月 31 日　　　　　　　　　单位：万 m³

分部	项目	2014 年	2013 年
	水流入量		
	降水量	4 501.22	5 049.16
	潮河流入	7 674.56	13 589.22
	白河流入	14 158.40	24 128.08
	水流入量合计	26 334.18	42 766.46
A	水流出量		
	蒸发量	5 297.77	4 788.21
	分配转移——白河电厂	38 115.43	1 300.08
	分配转移——第九水厂	26 220.83	27 355.14
	渗漏量	815.27	913.67
	水流出量合计	70 449.30	34 357.10
	未说明的差异	3 905.12	7 040.64

分部	项目	2014 年	2013 年
A	蓄水量变动	（40 210）	15 450
B	除水流出外的水负债减少		
	应供水量减少——白河电厂	615.43	（699.92）
	除水流出外的水负债减少合计	615.43	（699.92）
	除水流动外的净水资产变动	615.43	（699.92）
C	净水资产变动	（39 594.57）	14 750.08
	期初蓄水量	124 100	108 650
	加：蓄水量变动	（40 210）	15 450
	期末蓄水量	83 890	124 100

在以权责发生制为基础的情形下，水会计报告主要由三张水核算报表组成：水资产和水负债表、水资产和水负债变动表以及水流量表。如果水资产和水负债变动表以及水流量表结合成一张报表能提高水会计报告的可理解性而且没有降低其公允性，则可以将这两张表结合在一起编制（WASB and ABOM，2012）。为了更加清晰地反映水资产和水负债变动表以及水流量表之间的区别和作用，本书把密云水库的水资产和水负债变动表以及水流量表结合在一起，编制表 8-9，其中 A 部分是物理水流动的情况（以收付实现制为基础），B 部分是除物理水流动外水权变动的情况（以权责发生制为基础），C 部分反映以权责发生制为基础的净水资产变动和以收付实现制为基础的蓄水量变动情况。在表 8-9 中的净水资产变动等于表 8-8 中的净水资产变动，都反映以权责发生制为基础的净水资产变动情况；在表 8-9 中的蓄水量变动（-40 210）等于表 8-8 中物理形态的水资产期末数减去期初数（83 890-124 100），都表示以收付实现制为基础的蓄水量变动。这说明了水资产和水负债表、水资产和水负债变动表、水流量表之间的勾稽关系。

以权责发生制为基础编制密云水库水会计报表，充分发挥了通用目的水会计汲取会计理论核算水资源的优势。它与我国现行制度下编制的水情年报表相比，由于存在跨期供水义务，期末水负债不为零，水资产和水负债表以权责发生制为基础编制，存在除物理水流动之外的反映供水义务变动的水负债减少项目，故需编制水资产和水负债变动表，反映基于权责发生制的水资产变动和水负债变动情况。除了供用水等水资源经济活动用权责发生制核算，其他非管理因素的水资源变动（如降水、蒸发、渗漏、自然流入流出等）都用收付实现制反映，在水资产和水负债变动表以及水流量表中同时反映。尽管"应供水量"和"应供水量减少"的数额相比其他水资产和水流入量、流出量来说较小，但它区分了水资源的权责关系，加强了债权人对水资源分配和使用的监督，从而有利于促进整体水资源核算和管理水平的提高。这种基于长期供水计划或长期水权交易而进行的持续核算制更加准确地反映了水和水权的变动，促进了各利益相关者对水资源分配和使用的管理和监督。

（四）结论与建议

水资源核算是制定、实施、监督、考核各种与水相关的政策的基础。目前，我国水核算相当薄弱，没有形成规范的计量、核算、报告和监督管理制度，造成水信息失真、决策支持有效性较弱，对各项政策的制定、实施和评估影响较大。在水危机日益严峻的当代，我国政府应当高度重视水资源核算制度的建设，采取有效措施建立科学的、规范的、与决策相关的水核算制度，为各项水资源管理制度改革保驾护航。

本书研究发现，水资源会计与我国以供用水统计为主的水核算的显著不同之处在于，水资源会计聚焦于外部利益相关者的信息需求，基于水量平衡观来连续、系统、全面、综合地反映水和水权的变动，为报告使用者提供与决策更为相关的信息，有利于加强水资源管理者履行管理责任并进行社会监督，为水资源管理政策的制定、评估、执行、考核提供可靠的、可比的、可理解的信息，是一种值得发展的水核算制度。但在目前我国实行单一水权和按行政指令供水的情况下，难以发挥它的优越性，必须改革水权制度，使水资源的所有权和使用权分离，大力发展水权交易，并实行以权责发生制为基础的核算制度。这样，不仅能充分发挥水会计的优势，而且能有效促进各项水资源管理政策的贯彻落实和水资源的可持续利用。

第三节 北京市自来水集团水资源会计报表编制研究

上节以密云水库为例，详细地论述了供水户——水库的水资源会计报表编制方法，分析了密云水库水会计报表的内容，比较了密云水库水会计报表与现行水情报表的不同，讨论了是否实行权责发生制核算对水会计报告结构和内容的影响，揭示了用权责发生制编制水会计报表的优越性。本节将把水资源会计理论应用到用水户——自来水公司，选择北京市自来水集团作为典型案例①，实地调研，了解城市供水系统的管理和水资源核算，分别编制现行水资源管理制度的情形下和实行权责发生制核算的情形下北京市自来水集团水会计报表，并比较用水户在是否实行权责发生制的情形下水会计报表的结构和内容的区别，以更全面地分析权责发生制在水核算中的应用，论证我国建立通用目的水会计的影响因素。

一、北京市自来水集团及其水资源管理

北京市自来水集团是北京市政府所属的国有独资公司，集团的前身是始建于 1908 年 4 月的京师自来水股份有限公司。1999 年 8 月 26 日，经北京市人民政府批准，北京市自来水集团有限责任公司正式挂牌成立。北京市自来水集团负责北京市中心城区（市区）以及门头沟、延庆、密云、怀柔、房山、大兴、通州等郊区县新城的供水业务，兼营再生水、污水处理，供水工程设计、施工、安装，管网抢修，管件器材、水表制造、供水材料贸易等业务。在供水能力、自来水水质、资产规模、技术装备、企业管理和经济技术指标等方面，北京市自来水集团的成绩均居国内同行业领先水平，是目前我国规模最大、最具影响力的城市供水企业之一。

北京市自来水集团现有二级子、分公司 39 家，企业资产 190 亿元。集团目前拥有市区水厂 12 座、调蓄水厂 2 座、郊区水厂 9 座，日可供水总量 415 万 m^3。全市供水管线总长度超 12 000 km，供水服务面积超 1 000 km^2，供水用户 410 万户。其中，市区日可供水量 370 万 m^3，管网

---

① 笔者于 2015 年做了北京市自来水集团的案例研究。该案例在 2016 年笔者的博士学位论文《我国建立通用目的的水核算制度研究》中使用过；在陈波与樊影菡博士的论文 "Optimization of Coordinated Water Resource Management in Beijing-Tianjin-Hebei Region from the Perspective of Water Accounting" 中也用过，该论文发表于 *China Finance and Economic Review* 2019 年第 4 期。

长度超 9 000 km，供水用户 337 万户，供水服务面积超 700 km²。市区供水范围东至通州卫星城西部，南至大兴西红门、旧宫和丰台东高地，西至石景山鲁谷，北至天通苑。初步形成了以北京市城区供水为主，涵盖郊区新城地区的城乡供水一体化经营格局。

北京市自来水集团现有水厂 23 座，本地水源有密云水库、地下水和张坊拒马河，其中密云水库是最主要的地表水源地。除此之外，还可从河北调水，自 2014 年南水北调中线开通，南水开始输入北京，补充北京用水。南水入京后进了北京市自来水集团的第三水厂、第九水厂、郭公庄水厂、田村山水厂、309 水厂、长辛店水厂、门头沟水厂七个水厂。

北京市自来水集团是北京市水务局管辖的一个用水大户，它的取水、生产及供水都由北京市水务局主管。北京市自来水集团设有供水运行调度中心，负责整个集团所属的各个水厂的供水调度指挥。它接收北京市水务局下发的调度通知单，并根据调度通知单每天向各水厂下发供水计划，指挥各水厂何时从何种渠道取水、取多少水。它 24 小时运行，监测各水厂的取水、供水情况，保证自来水集团所管辖范围内的居民和单位用水。供水后，自来水集团向单位及居民收取水费，交给国家。自来水集团属于财政全额补贴单位。年底，根据北京市水务局的指示，北京市自来水集团向北京市水务局报下一年的用水计划。

二、研究设计与方法

（一）方案设计

编制北京市自来水集团 GPWA 报表，首先要考虑报告使用者的需求，确定水核算对象，其次要考虑数据的可得性和可靠性。在本案例中，北京市自来水集团从密云水库、张坊拒马河、地下水、河北水库、南水北调中获取水资源，按照《国家生活饮用水卫生标准》生产加工成达标的自来水，供北京市使用。北京市自来水集团是水会计报告主体，投资者、贷款人、政府、环境保护组织、公众等利益相关者有权知道北京市自来水集团的水资产状况和取水、供水情况，以作为投资、贷款等决策支持工具，并监督水资源的分配和使用情况。编制 GPWA 报表，就是要核算和反映北京市自来水集团的水资源及其权属状况和变动情况。北京市自来水集团没有自己的水源地，它的水资产只有水厂蓄水池里的水和进水管里的水，因此蓄水池里的水和进水管里的水以及持续取水和供水是通用目的水会计对象。

北京市自来水集团遵守北京市水务局的调度令，每天向各水厂下发供水计划，内容包括几点开几号配水机，从哪个渠道（包括地表水和地下水）取多少水量等。各水厂严格执行集团调度中心下发的供水计划，不能多供少供，也不能不按时供水。与北京市密云水库管理处类似，北京市自来水集团按照行政指令运行，没有实行持续核算，期末不存在已分配未履行的供水计划，因此既没有水负债，也没有债权性水资产（如未用完的水许可），即水负债和债权性水资产为零，只需要编制以收付实现制为基础的水资产和水负债表、水流量表。

（二）计量方法与数据来源

北京市自来水集团对供水量（供消费使用水量或出厂水量）用水表测量，并按实际测量值缴纳水费。各个水厂虽然也测量各种渠道的取水量（水流入量），并上报集团，由集团汇总报北京市水务局，但它只供水管理部门制订用水计划等参考使用。对蓄水池的水量是有测量的，通常夜里 24 点是水池里的水最少的时候，各水厂编制统计日报表报调度中心，调度中心汇总编制日报表报北京市水务局。24 点之后，各水厂陆续进水，到 5、6 点水池的水量较多，以保证供应。但对输水管网的水量没有测量。

北京市自来水集团以数据涉密为由，没有提供相关水量数据。为了展示自来水行业的水资源会计报表的样式，反映北京市自来水集团水资源分配和使用的基本情况，本研究根据关于北京市自来水集团的生产经营状况和取水、供水情况的访谈内容，并查阅《北京市水资源公报（2013）》和《北京市水资源公报（2014）》，推算和间接估计相关数据，方法如表 8-10 所示。在 2013 年和 2014 年的《北京市水资源公报》中公布了地表水、地下水、南水北调、河北调水四种供水量，本书把地表水中的 80% 划分为密云水库的水，20% 划分为张坊拒马河的水。另外，按照公报上的各项供水量乘以折合系数，得到北京市自来水集团水资源会计报表中水流量表的各种流入量。折合系数为 0.45，这是因为考虑到以下因素：第一，水资源公报上的供水量是指各种水源工程为用户提供的包括输水损失在内的毛供水量，地表水从水源工程输入各水厂的过程中发生蒸发、渗漏；第二，北京市供水量不仅供给北京市自来水集团，还有其他用户；第三，参考北京市自来水集团日供水能力为 370 万 m³。[①]所以，本研究按《北京市水资源公报》上的地表水各项目供水量的 45% 折算北京市自来水公司地表水的取水量。虽然开采地下水几乎没有蒸发和渗漏，但是由于北京市城区部分地区和单位不由自来水集团供水，而是开采地下水，郊区自来水集团供水管网未覆盖的地方，也由村镇开采地下水。因此，北京市自来水集团使用地下水的水量也按《北京市水资源公报》上地下水的供水量的 45% 计算。在访谈中北京市自来水集团工作人员称，进水量比出厂水量大 2%，因此供消费使用水量是水流入量合计的 98%。北京市自来水集团水资源会计报表数据来源见表 8-10。

表 8-10　北京市自来水集团水资源会计报表数据来源

数据来源	水核算概念	估计策略
《北京市水资源公报》的供水量×折合系数	密云水库的水流入	A
	开采地下水	A
	南水北调水的水流入	A
	河北调入	A
	张坊拒马河水的水	A
水流入量合计×98%	供消费使用水量	A
间接估计	损失	A
	蓄水池水量	B
	进水管里的水量	B

注：A 表示会计期间的累计值，是个时期值；B 表示会计期间的期初数或期末数，是个时点值。

三、案例分析结果与讨论

（一）现行水资源管理制度下北京市自来水集团水资源会计报表编制结果与分析

本研究实施了上述研究方案和计量方法，编制了现行水资源管理制

①　来自笔者对北京自来水集团调度中心程丽珠主任的访谈资料。

度下北京市自来水集团水资产和水负债表、水流量表,分别如表 8-11 和表 8-12 所示。

表 8-11 现行水资源管理制度下北京市自来水集团水资产和水负债表

2014 年 12 月 31 日 单位:万 m³

项目	2014 年	2013 年
水资产		
地表水资产		
蓄水池水量	85	78
进水管水量	62	55
地表水资产合计	147	133
其他水资产		
未用完的水许可——地下水	0	0
其他水资产合计	0	0
水资产合计	147	133
水负债		
分配水负债	0	0
水负债合计	0	0
净水资产	147	133
期初净水资产	133	118
净水资产变动	14	15
期末净水资产	147	133

表 8-12 现行水资源管理制度下北京市自来水集团水流量表

2014 年 12 月 单位:万 m³

项目	2014 年	2013 年
水流入量		
密云水库的水流入	30 600	17 280
开采地下水	88 200	90 450
南水北调水的水流入	3 600	0
河北调入	0	15 750
张坊拒马河水的水	7 650	4 320
水流入量合计	130 050	127 800
水流出量		
供消费使用水量	127 449	125 244
损失	2 591	2 546

项目	2014 年	2013 年
水流出量合计	130 040	127 790
未说明的差异	4	5
蓄水量变动	14	15
期初蓄水量	133	118
加:蓄水量变动	14	15
期末蓄水量	147	133

表 8-11 反映了北京市自来水集团在 2014 年 12 月 31 日和 2013 年 12 月 31 日夜里 24 点时所有水厂蓄水池的水量和进水管里的水量,表 8-12 反映了北京市自来水集团在 2014 年和 2013 年取水和用水的情况。结合两张表可以看出,水流入量和流出量明显大于水资产的数量,揭示了自来水公司 24 小时不断取水、供水的情况。水流量表显示了在五种取水渠道中,地下水的取水量最多。2014 年各种方式的取水量中,地下水取水占总取水量的 67.82%,使用密云水库的水占 23.53%,取拒马河的水和南水北调的水分别是 5.88% 和 2.77%。2013 年取水量中,使用地下水量占总取水量的 70.77%,密云水库、河北调水、拒马河的取水量分别占总取水量的 13.52%、12.32% 和 3.38%,如图 8-1 所示。

2014 年未说明的差异占水资产的比率为 2.72%(4/147),小于 2013 年的比率 3.76%(5/133),说明北京市自来水集团的水资源管理较好,误差水平控制在 5% 以内,并且 2014 年管理和控制水资源的能力比 2013 年有所提高。

在现行水资源管理制度的情形下,水资源会计报表具有以下特点:从水会计报告主体的性质来说,北京市自来水集团与密云水库不同,它是典型的水用户,它通过取水、生产加工销售,为北京市供水,而且它是企业的组织形式。但是,从经营管理的方式来说,它与密云水库很相似,都是根据北京市水务局的行政指令来管理水资源,按次核算,这体现了中国水资源的所有权属于国家,由政府经营水资源的状况。在这种情况下,编制的 GPWA 报表没有了水负债和债权性水资源,就没有体现出以权责发生制为特点的会计核算在水资源管理中的作用,只能编制水

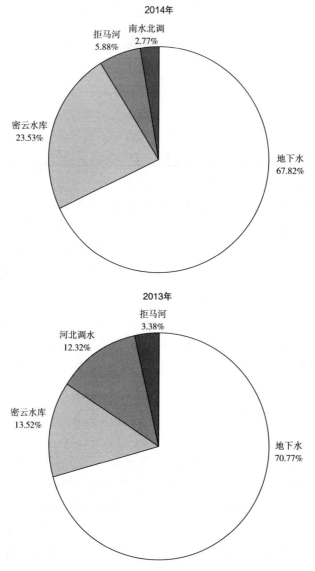

图 8-1 2014 年和 2013 年北京市自来水集团取水量

资产和水负债、水流量表，这两张表分别反映了报告期末物理性水资产的状态和报告期内取水、供水的情况。而且，由于水资源的所有权和使用权都由政府控制，北京市自来水集团只负责买水、生产加工成合格的饮用水，销售饮用水，它没有自己的水源地，所以在水资产和水负债表上显示的水资产很少，只有水厂蓄水池里的水和进水管里的水，而且年际间变动不大。水流量表较好地反映了不同年份取水、供水的情况，揭示了北京市水资源分配和使用的情况。此外，因为 GPWA 报告是对外提供的外部报告，信息公开透明，所以可以为通用目的水报告使用者提供与决策相关的信息，也可使北京市水务局的水资源分配方案及北京市自来水集团的受托管理责任的履行情况受到社会监督，同时为各级水经营管理者提供内部决策所使用的信息。

（二）　以权责发生制为基础的水会计报表编制结果和分析

为了展示用水户在权责发生制核算的情形下编制水会计报表的特点，更充分地论证权责发生制在水核算中应用的优点，本书假设北京市自来水集团实行权责发生制核算，通过给定水分配计划量及规定未用完的水分配计划可延续到下期的相关政策，说明权责发生制核算的方法。

假设北京市自来水集团每年被许可开采地下水 91 000 万 m^3，许可取密云水库的水 24 500 万 m^3，许可取拒马河的水 6 400 万 m^3，本期未使用完的水许可在征收 10% 的水量之后，可以转到下期使用，把 2013 年向河北调水和 2014 年取南水北调的水当作临时取水，不在水分配计划中。表 8-13、表 8-14 和表 8-15 是相关账户的明细表，其他数据如表 8-11 和表 8-12 所示。根据这些资料，编制在实行权责发生制的情形下北京市自来水集团水会计报表，如表 8-16、表 8-17 和表 8-18 所示。

表 8-13　2013~2014 年北京市自来水集团水许可——地下水分配计划及执行情况

单位：万 m^3

项目	2014 年	2013 年
期初余额	495	0
加：分配计划	91 000	91 000
减：分配转移	88 200	90 450
本期发生额合计	2 800	550
减：征收	（330）	（55）
期末余额	2 965	495

表 8-14　北京市自来水集团水许可——密云水库水分配计划及执行情况

单位：万 m³

项目	2014 年	2013 年
期初余额	6 498	0
加：分配计划	24 500	24 500
减：分配转移	30 600	17 280
本期发生额合计	（6 100）	7 220
减：征收	40	（722）
期末余额	358	6 498

表 8-15　北京市自来水集团水许可——拒马河水分配计划及执行情况

单位：万 m³

项目	2014 年	2013 年
期初余额	1 872	0
加：分配计划	6 400	6 400
减：分配转移	7 650	4 320
本期发生额合计	（1 250）	2 080
减：征收	62	（208）
期末余额	560	1 872

表 8-16　假设实行权责发生制北京市自来水集团水资产和水负债表

2014 年 12 月 31 日　　　　　　　　单位：万 m³

项目	2014 年	2013 年
水资产		
地表水资产		
蓄水池水量	85	78
进水管水量	62	55
地表水资产合计	147	133
其他水资产		
水许可——地下水	2 965	495
水许可——密云水库	358	6 498
水许可——拒马河	560	1 872
其他水资产合计	3 883	8 865

续表

项目	2014 年	2013 年
水资产合计	4 030	8 998
水负债		
分配水负债	0	0
水负债合计	0	0
净水资产	4 030	8 998
期初净水资产	8 998	78
净水资产变动	（4 968）	8 920
期末净水资产	4 030	8 998

表 8-17　假设实行权责发生制北京市自来水集团水资产和水负债变动表

2014 年 12 月 31 日　　　　　　　　　单位：万 m³

项目	2014 年	2013 年
水资产增加		
临时取水	3 600	15 750
水许可增加——地下水	91 000	91 000
水许可增加——密云水库	24 500	24 500
水许可增加——拒马河	6 400	6 400
水资产增加合计	125 500	137 650
水资产减少		
供消费使用	127 449	125 244
损失	2 591	2 546
征收——地下水	330	55
征收——密云水库	40	722
征收——拒马河	62	168
水资产减少合计	130 472	128 735
未说明的差异	4	5
净水资产变动	（4 968）	8 920

表 8-18　假设实行权责发生制北京市自来水集团水流量表

2014 年 12 月　　　　　　　　单位：万 m³

项目	2014 年	2013 年
水流入量		
地表水许可流入——密云水库	30 600	17 280
地表水许可流入——拒马河水	7 650	4 320
地表水调入——南水北调	3 600	0
地表水调入——河北	0	15 750
地下水许可流入——地下水	88 200	90 450
水流入量合计	130 050	127 800
水流出量		
供消费使用水量	127 449	125 244
损失	2 591	2 546
水流出量合计	130 040	127 790
未说明的差异	4	5
蓄水量变动	14	15
期初蓄水量	133	118
加:蓄水量变动	14	15
期末蓄水量	147	133

　　把现行制度下编制的北京市自来水集团水会计报表和假设实行权责发生制情形下编制的北京市自来水集团水会计报表进行比较，权责发生制情形下的水会计报表多了一张水资产和水负债变动表，反映水资产变动和水负债变动的情况，揭示水资产和水负债表上的净水资产变动的原因，它与水资产和水负债表都以权责发生制为基础，当年未使用的地下水许可，以及未使用的密云水库和拒马河的水许可量反映在水资产和水负债表中的其他水资产中，当年的计划分配量反映在水资产和水负债变动表中的水资产增加项目中，年末未使用的水分配量按政策被征收 10%，计入水资产和水负债变动表中的水资产减少项目下的征收账户。没有分配计划的临时取水和供消费使用的水流出按实际发生数反映在水资产和水负债变动表中。水资产和水负债表与水资产和水负债变动表中的净水资产变动相等，例如，在水资产和水负债变动表上，2014 年净水资产变

动为 -4 968 万 m³，与水资产和水负债表上用期末净水资产减去期初净水资产算出来的净水资产变动一致，2013 年也是如此。

无论是否实行权责发生制核算，水流量表都以收付实现制为基础编制，所以权责发生制核算的情形和现行制度下编制的 GPWA 报表中的水流量表完全一致。是否实行权责发生制核算对水流量表没有影响。水流量表中蓄水量的变动（14m³）仍然等于水资产和水负债表中物理性质的蓄水量变动（147-133）。而且，水资产和水负债变动表中的"未说明的差异 1"〔（4 030-8 998）-（125 500-130 472）〕和水流量表中的"未说明的差异 2"〔（147-133）-（130 050-130 040）〕相等，都等于 4。证明在权责发生制核算的情形下，可利用"未说明的差异"进行试算平衡。

（三）案例研究发现的问题

在调查和案例分析的过程中，我们发现以下三个问题。第一，北京市自来水集团取水的来源和数量年际之间波动较大。表 8-12 显示，尽管 2013 年和 2014 年水流入量合计差别不大，分别是 127 800 万 m³ 和 130 050 万 m³，但从各个取水渠道取的水量却差异较大，不用说 2013 年从河北应急调水 15 750 万 m³，2014 年南水北调入京补充水量 3 600 万 m³，就是每年固定的取水渠道——密云水库、拒马河和地下水，年际之间的差异分别达到 77.08%、77.08%、-2.49%。北京市自来水集团的取用水量由北京市水务局控制，北京市水务局对全市的水资源进行分配，水量分配计划向水利部报批，不对外公布，笔者无法了解水量分配的依据和办法，但从北京市自来水集团实际取水量来看，各年的取用水量波动较大，不利于水资源的可持续利用和公平分配。第二，调查中发现，北京市自来水集团由政府经营，主要任务是供水，企业没有"水资产"的概念，对水资产的统计不够重视，例如，对进水管里的水量缺乏统计。而且，重出水量的统计，轻进水量和蓄水量的统计，体现了我国以供用水统计为主的现象，缺乏水量平衡观念以及基于水量平衡法则的水核算。第三，从北京市水务局到北京市自来水集团，都不愿提供水资源分配和使用方面的数据，就连北京市水务局编的《北京市水务统计年鉴》也不对外公开。中国水信息缺乏交流与沟通机制，不仅阻碍了资源的优化配置和对水量分配方案的监督，而且不利于对水核算数据的监督，造成水核算数据质量不高（李智慧、任锦文，1995；张颖等，2010）。

第四节　某市属高校水资源会计报表编制研究

2019 年 4 月，国家发展和改革委员会、水利部联合发布《国家节水行动方案》，要求增强全社会节水意识，大力推动节水制度、政策、技术、机制创新，提高用水效率。由此可见，国家对水资源保护和节水制度创新格外重视。随着国家管理水资源的方式发生改变，水权制度逐渐完善，计划用水管理制度暴露出一些弊端，给水资源会计的研究和应用提供了良好的发展机会。高校是用水大户，其用水结构和用水行为极其复杂，同时高校也是实行计划用水单位，加强高校计划用水管理对城市节水非常重要。以高校为例，研究计划用水管理制度存在的不足之处，探索计划用水管理制度的改进方案，讨论与之相适应的水核算新方法，构建高校水会计报表体系，并进行应用检验，不仅有利于精细化管理高校各类水资源，促进高校节约用水，而且有利于完善计划用水管理制度，促进更加广泛的计划用水单位主动节水，优化自然资源、经济资源和社会资源的配置。

一、某市属高校介绍

北京作为我国文化中心，高校数量众多，而且高校已成为北京市第三产业第二大用水户（王瑛等，2014）。因此，选择位于北京城市副中心，并且拥有雨水收集设施、污水处理厂的北京某市属高校作为案例进行研究比较具有代表性。[①] 该校位于北京城市副中心，校园占地面积 670余亩，建筑面积 20 万余平方米。学校目前有本科生 6 000 余人，硕士研究生 700 余人，留学生 300 余人，教职工 694 人，用水群体庞大。需水建筑为学生宿舍、教学楼、实验室、图书馆、食堂、学校宾馆等，其中学生宿舍楼和食堂是校园内的耗水大户。

---

① 笔者于 2019 年做了某市属高校的案例研究，并以此为基础与黄云静合作写了论文《会计治理导向的高校水资源管理优化研究——基于某市属高校水资源管理的案例分析》，该论文发表于《会计之友》2023 年第 17 期。

二、研究设计与方法

（一）方案设计

首先，编制水统计报表，把各年计划用水指标和实际用水量进行对比，分析二者之间的关系，挖掘计划用水管理制度对实际用水量的影响，证明现行计划用水管理制度存在弊端。

其次，按照本书提出的改进思路，未用完的计划用水量可持续到下期使用，以权责发生制为基础，编制水会计报表。这需要考虑报告使用者的需求和确定数据的可得性和可靠性。通过实地调查和与学校水资源管理者的访谈进行有关数据收集，从而编制出水会计报表，并与高校现在实行计划用水管理制度的水统计表进行比较。

该学校的用水指标根据北京市通州区节水事务中心下达的年计划用水总量分解为月计划用水量，并向通州区节水事务中心报备，通州区节水事务中心实行双月考核制度，对超出部分实行超计划累进加价制度。该高校建立了污水处理厂、雨水收集设施和人工蓄水池，水资源类型多样，可编制水会计报表，全面反映各种类型的水资源的使用情况，满足校内外利益相关者对水资源信息的需求，尤其是校内外水资源管理部门需要了解水资源的分配和使用情况，制定水资源管理制度。

（二）计量方法与数据来源

编制水会计报表需要考虑报表中各个项目的计量。本案例所涉及的用水指标、实际用水量、污水处理量、雨水收集量、环境用水量的数据都是通过与该学校节水办负责人进行访谈，以及从节水办的用水统计资料或相关用水情况工作总结中获得。

三、案例分析结果与讨论

（一）现行水统计

目前，该学校按照计划用水管理制度的规定，每月抄录自来水实际用水量，并将统计数据上报给通州区节水事务中心和统计局。与该学校节水办的负责人进行访谈的过程中，我们得到了以下用水数据的统计资料（见表8-19）。

表8-19　某市属高校2016~2018年用水指标与实际用水量统计资料

单位：m³

项目	2018 年	2017 年	2016 年
用水指标	438 000	440 000	450 000
实际用水量	470 669	439 265	408 870

资料来源：笔者实地访谈。

从表8-19可以看出，2016年、2017年该学校的实际用水量分别低于计划用水指标41 130 m³和735 m³，节约的用水指标被征收。其中，2016年节约用水4万多m³，学校没有得到任何奖励，反而造成2017年的用水指标比2016年减少了10 000 m³。2017年实际用水量比较接近用水指标，但超过2016年用水量30 395 m³，约占2016年实际用水量的7.4%。这证明了在现行计划用水制度下，年末未使用的水量被收回，并使得下年的用水指标减少，较大地挫伤了用水户节约用水的积极性，导致用户在计划用水指标范围内，尽量多用水，以实现其利益最大化。2018年用水指标为438 000 m³，实际用水量为470 669 m³，超出用水指标32 669 m³。按照计划用水管理制度，学校对超额部分做出了说明。实际用水量超额是由于学校扩建留学生食堂，改建咖啡厅，且合并了商务科技学校，教师和学生人数增加。通州区审核后，未对该学校实行超计划累进加价制度，计划用水指标缺乏刚性约束。

学校设立了污水处理厂、雨水收集设施和人工蓄水池。污水处理厂日污水处理量为1 000 m³，每年处理污水120 000 m³，雨水年收集量为20 000 m³，处理过的污水和收集到的雨水都蓄积到容积为6 300 m³的人工蓄水池，用于洗手间冲厕，校园绿化。在现行管理制度下，学校不需对污水处理利用量和雨水收集利用量进行核算上报，学校没有准确的测量数据，以上环境用水量及雨水收集量均为学校节水办计算估测。春季人工蓄水池的水大量用于园林灌溉，水位较低，蓄水量较少，之后随着季节变化，绿化用水减少，降雨增多，到年末，蓄水池的水量基本维持在最大容积6 300 m³，多年来未向外排水。

（二）按照改进后的方案编制以权责发生制为基础的水会计报表

按照本研究提出的改进后的计划用水管理制度，用水户年末未使用的用水指标可持续到下年使用，即可以权责发生制为基础编制水会计报表。假设该学校每年被许可的用水指标均为 445 000 m³，2016 年"水许可——自来水"账户年初余额为 0。本年未用完的水许可征收 10% 的水量后转到下期使用，分配转移的水量按上述实际用水量来计，水分配计划及执行情况见表 8-20。

表 8-20　某市属高校自来水许可分配计划及执行情况

单位：m³

项目	2018 年	2017 年	2016 年
期初余额	34 427	32 517	0
加：分配计划	445 000	445 000	445 000
减：分配转移	470 669	439 265	408 870
本期发生额合计	（25 669）	5 735	36 130
减：征收	（876）	（3 825）	（3 613）
期末余额	7 882	34 427	32 517

编制以权责发生制为基础，包含自来水、雨水、再生水等全部水资源在内的水资产和水负债表以及水资产和水负债变动表（见表 8-21 和表 8-22）。编制以收付实现制为基础的水流量表（见表 8-23）。

表 8-21　某市属高校水资产和水负债表

2018 年 12 月 31 日　　　　单位：m³

项目	2018 年	2017 年
水资产		
人工池蓄水量	6 300	6 300
地表水资产合计	6 300	6 300
其他水资产		
水许可——自来水	7 882	34 427
其他水资产合计	7 882	34 427
水资产合计	14 182	40 727

项目	2018 年	2017 年
水负债		
应供水量	0	0
其他水负债	0	0
水负债合计	0	0
净水资产	14 182	40 727
期初净水资产	40 727	38 817
期末净水资产	14 182	40 727
净水资产变动	(26 545)	1 910

表 8-22 某市属高校水资产和水负债变动表

2018 年 12 月 31 日   单位：m³

项目	2018 年	2017 年
水资产增加		
水许可增加——自来水	445 000	445 000
雨水收集量	20 000	20 000
再生水流入	120 000	120 000
水资产增加合计	585 000	585 000
水资产减少		
教学生活用自来水量	470 669	439 265
征收——自来水指标	876	3 825
雨水利用量	20 000	20 000
再生水利用量	120 000	120 000
水资产减少合计	611 545	583 090
未说明的差异 1	0	0
净水资产变动	(26 545)	1 910

表 8-23 某市属高校水流量表

2018 年 12 月 31 日   单位：m³

项目	2018 年	2017 年
水流入量		
自来水流入	470 669	439 265
雨水收集量	20 000	20 000
再生水流入量	120 000	120 000

续表

项目	2018 年	2017 年
水流入量合计	616 069	579 265
水流出量		
教学生活用自来水量	470 669	439 265
园林绿化用水量	140 000	140 000
水流出量合计	610 669	579 265
未说明的差异 2	0	0
蓄水量变动	0	0
期初蓄水量	6 300	6 300
加:蓄水量变动	0	0
期末蓄水量	6 300	6 300

在水资产和水负债表中，由于该高校是用水单位，因此不存在水负债。它呈现了该高校 2018 年和 2017 年人工蓄水池蓄水量均为 6 300 m^3，年末保持最大容积不变。2018 年和 2017 年结转到下年的用水指标"水许可——自来水"分别为 7 882 m^3 和 34 427 m^3，2018 年比 2017 年减少了 26 545 m^3。2018 年年末和 2017 年年末的净水资产分别为 14 182 m^3 和 40 727 m^3，2018 年比 2017 年减少 26 545 m^3。发生以上变动的原因可以从水资产和水负债变动表和水流量表中得出，这是由于 2018 年自来水的实际用水量超过当年分配得到的用水指标，靠 2017 年节约的用水指标来弥补超额用量。净水资产数值的大小反映了该高校当年所拥有的水资源的合法权利。

水资产和水负债变动表呈现了该高校 2018 年和 2017 年水资产的变动状况。由于每年分配到的用水指标相等，而且学校没有统计每年雨水收集和污水处理的准确数据，只是估计每年雨水收集量是 20 000 m^3，污水处理量约是 120 000 m^3，因此 2018 年和 2017 年的水资产增加合计都为 585 000 m^3。由于学校扩建和人员数量增多，2018 年供教学生活用水量为 470 669 m^3，比 2017 年的 439 265 m^3 增多 31 404 m^3。最后得出的 2018 年和 2017 年的净水资产变动分别为 $-26\ 545$ m^3 和 1 910 m^3，与水资产和水负债表中净水资产变动的数值相等，体现了水资产和水负债表与水资产和水负债变动表之间的勾稽关系。

水流量表呈现该高校 2018 年和 2017 年水流入量和水流出量的情况。

由于自来水的流入量和流出量相等，雨水和再生水的收集与使用没有准确数据，根据学校节水办负责人员的估计，二者相等，所以水流出量约等于水流入量，蓄水量没有发生变动，为人工蓄水池最大容积。2018 年水流入量和水流出量均为 616 069 m³，2017 年水流入量和水流出量均为 579 265 m³，期末蓄水量相等，都为 6 300 m³，是人工蓄水池的最大容积。与水资产和水负债表中的地表水资产项目数值相等。

（三）讨论

1. 结论

通过研究高校计划用水管理制度的实施情况，并对某市属高校进行案例分析，本研究发现《计划用水管理办法》对于提高计划用水管理规范化和精细化水平有一定的作用，但没有调动用水户节水的积极性。用水户每年分配得到的用水指标未使用完的数量在年末被收回，且根据每年的实际用水量，用水指标将逐年减少。用水单位为了在下一年度不被削减用水指标，会在本年度的用水指标范围内尽可能地使用水资源，从而造成水资源浪费。而当用水户实际用水量超过用水计划时，往往存在"等靠要"的思想，寄希望于向用水主管部门申请新增用水指标，这就违背了《计划用水管理办法》促进用水户节约用水的初衷。而且，由于每年都会重新分配用水指标，每一年度的水资源使用情况都会重新进行核算，水资源计划缺乏长期稳定性，用水户不能长期规划自己的水资源使用。

2. 建议

为了解决上述问题，我们提出了完善计划用水管理制度的方案，即用水主管部门分配给用水户的用水指标应当确定为用水户的水资产，年末未使用完的水资产可以留存到下年使用，或者根据规定征收一部分（如水资产的 10%），节余的保留至下一年继续使用。如果下一年度水资源使用量超计划了，也可通过上一年度结存下来的用水指标进行弥补。当然，用水户也可以根据自己的实际情况和发展趋势自由选择，将多余的用水指标出售。如果用水户扩建改建，新增用水用途等，用水指标不够用，需到水权市场上购买用水指标。用水主管部门核定的用水指标具有法律上的刚性约束，并且保持长期稳定性。

根据上述持续经营和持续核算水资源的思想，我们借鉴会计理论，以权责发生制为基础，核算用水户的水资源状况及变动。为了贯彻《国家节水行动方案》，我们提出了把用水户拥有或管理的各项水资源（包括自来水、雨水、河湖水、再生水等）进行全面全过程核算的方法，构建了水会计报表理论框架，并以某市属高校为案例，编制了水会计报表，检验了本研究提出的以权责发生制为基础核算和监督用水户水资源状况及变动的水会计报表理论。第一，这种克服计划用水管理制度中存在的弊端的方案，不仅能大大提高用水户节约用水的主动性和积极性，还能保持水资源计划的长期稳定性，增强水资源管理的科学性和可持续性。第二，编制水会计报表要求全面、系统、综合地反映用水户管理的各类水资源的使用情况，并且各项数据要精准，这样能促进用水户加强对其所管理的各项水资源的计量和核算，更大范围地节约用水，促进水权交易发展，提高水资源的配置效率。第三，编制水会计报表不仅可供用水单位的内部管理使用，也可用于定期向外披露水资源信息，有利于社会公众的监督，比现行制度下水统计报表只需向节水事务中心和统计局报送更加透明。第四，高校记录自来水的情况，更多是为了使实际用水量不超过用水指标并向主管部门报告，对高校的水资源管理帮助不大。而本研究提出的改进方案，将大大调动用水户管理各类水资源的积极性，并通过精确计量和核算，帮助用水户更好地计划和管理水资源，实现效益最大化。

3. 研究局限性

如果在计量和记录过程中出现差错，则在水资产和水负债表以及水资产和水负债变动表中会出现未说明的差异，该数值越大越说明对水资源管理控制的效果不好。由于从学校获得的人工蓄水池蓄水量、环境用水量都是估算的，且人工蓄水池的水位没有进行准确测量，每年的变动情况并没有详细记录，因此在编制报表时默认污水处理量和雨水收集量等于环境用水量，人工蓄水池每年年末维持在最大容积不变，最后得出的未说明的差异均为0，无法反映水资源管理和控制的水平。而且，由于上述数据未能获得准确数据，未对雨水收集及再生水利用使用权责发生制进行研究。如果能获得准确的上述数据，将更能体现水会计核算的优势。

第五节　内蒙古河套灌区水资源会计报表编制研究

在我国水资源使用的各个方面中，农业是我国水资源使用的最大用水户，完善灌区水资源管理可以在一定程度上改善我国当前的水资源困境。目前我国灌区水资源存在短缺的问题，灌区的水资源不能充分灌溉农田。灌区的管理也存在许多问题，管理不够细致，存在如灌溉设备老旧、用水环节浪费量大等问题。通过引入权责发生制和水会计核算理论的方法可以完善灌区水资源管理制度，能够更清晰地划分水权界限，提高灌区水资源的使用效率，做到灌区水资源的可持续发展。

一、内蒙古河套灌区介绍[①]

内蒙古河套灌区（简称河套灌区、灌区）位于黄河上中游的冲积平原上，历史悠久，2019 年被列入世界灌溉工程遗产名录。近年来，河套灌区每年引用黄河（简称引黄）的水量大约有 50 亿立方米，引黄灌溉面积为 1100 万亩，农业人口 100 多万人，是全国三个特大型灌区之一，也是国家和内蒙古自治区重要的商品粮、油生产基地。

本研究选择内蒙古河套灌区作为案例研究对象，主要是因为它不但是位于中华民族母亲河上的特大灌区，引水量巨大，符合现代水资源治理主体，满足水核算报表编制要求，引人瞩目，具有代表性，而且它由一个准厅级建制单位——内蒙古河套灌区管理总局负责管理，管理相对严格和规范，相关数据容易获得。此外，研究河套灌区水资源管理及其核算，可以为黄河流域生态保护和高质量发展做出应有的贡献，并可以以小见大，展示我国实施水资源国家治理现代化的路径和效果。

二、研究设计与方法

（一）方案设计

编制水资源会计报表，首先要确定报表使用者的信息需求和水核算的空间范围。河套灌区位于内蒙古自治区巴彦淖尔市境内，气候干旱，降雨量少于蒸发量。引黄水灌溉成为河套灌区人民 2000 多年战天斗地创造的一个人工奇迹。河套灌区以黄河三盛公水利枢纽从黄河支流引水，

---

① 笔者于 2020 年做了内蒙古河套灌区案例研究，并以此为基础写了论文《水资源国家治理现代化研究——以内蒙古河套灌区为例》，该论文发表于《中国软科学》2022 年第 3 期。

由一系列沟渠输配供水至田间地头，由各级排沟排水到乌梁素海，最后退入黄河。除了黄河水外，河套灌区还开采使用部分地下水，以补充农田灌溉。全区有7个中型水库。每年内蒙古自治区水利厅给各个市（盟）下达水资源管理考核指标。内蒙古河套灌区管理总局与巴彦淖尔市水务局负责全市和整个灌区的灌排管理与水资源管理等方面工作，并定期将取水量、排水量等相关信息报给内蒙古自治区水利厅，共同编制《巴彦淖尔市水资源公报》。这些都是水系统的管理因素。编制水资源会计报表，就是为了反映通过水利设施将水资源分配给不同使用者的情况，以满足上下游、左右岸及黄河总体水资源分配和使用等信息需求。在编制水资源会计报表时，应考虑相关概念及数据的可得性和可靠性，保持整体水量平衡。

（二）计量方法与数据来源

根据水资源会计核算思路，如果用水单位水资源产权明晰，持续经营，则用水单位按照水量分配方案获得的用水指标属于其水资产，其年度节约的用水指标在扣除水资源管理部门规定的征收量之后，可结转至下期继续使用。河套灌区由内蒙古自治区水利厅每年下达水资源管理考核指标，由于它的用水主要依靠引黄水和开采地下水，故本书按照近年来实际用水情况，把用水控制指标分解为引黄水和地下水两种。因黄河水量年际变动较大，故假设根据有关政策，引黄水量节余的部分，由国家征收15%后，可结转至下期使用。地下水的蕴藏量相对稳定，故假设根据有关政策，对地下水节余的指标征收10%后，可结转至下期使用。

水资源会计报表中的各个项目在使用中需要计量。本案例中，各类水资产的数量，包括引黄水量、自产的地表径流量、中型水库的水量、地下水资源量，以及各行业水资源使用量，都从2017～2019年《巴彦淖尔市水资源公报》中获得，年用水控制指标也由河套灌区管理总局与巴彦淖尔市水务局共同提供。

2019年、2018年河套灌区用水控制总量指标分别为49.72亿 m³和49.916亿 m³①，近年来河套灌区地下水开采一般在7亿 m³左右，假定地下水控制指标为7.3亿 m³，则引黄水的控制指标是用水控制总量指标减

---

① 河套灌区管理总局与巴彦淖尔市水务局提供。

地下水控制指标，即 2019 年、2018 年引黄水控制指标分别为 42.42 亿 m³ 和 42.616 亿 m³。为了简化计算，假设 2018 年引黄水和开采地下水的期初余额均为 0，按照权责发生制，编制河套灌区引黄水和开采地下水的分配计划及执行情况如下表 8-24 和表 8-25 所示。

表 8-24　内蒙古河套灌区引黄水分配计划及执行情况

单位：亿 m³

项目	2019 年	2018 年
期初余额	0.3009	0
加：分配计划	42.42	42.616
减：实际使用	42.6250	42.262
本期发生额合计	（0.205）	0.354
减：征收	0.0144	0.0531
期末余额	0.0815	0.3009

表 8-25　内蒙古河套灌区地下水分配计划及执行情况

单位：亿 m³

项目	2019 年	2018 年
期初余额	0.1593	0
加：分配计划	7.3	7.3
减：实际使用	6.7434	7.123
本期发生额合计	0.5566	0.177
减：征收	0.0716	0.0177
期末余额	0.6443	0.1593

三、案例分析结果

（一）水资产和水负债表

河套灌区的水资产由地表水资产、地下水资产及其他水资产科目组成，灌区使用的地表水包括引黄水量、自产的地表径流量和中型水库的水量。地下水和地表水在统计过程中有一部分重叠计算的量，在计算总的灌区水资产时需要进行扣除。其他水资产科目是指期末未使用的地表水和地下水指标扣除征收量后的余额，结转至下期使用。因为河套灌区属于用水户，没有对外供水，因此河套灌区不存在水负债。根据现代水资源治理体系，编制河套灌区 2019 年 12 月 31 日的水资产和水负债表（见表 8-26），它反映了河套灌区水资源（水权）状况。

表 8-26　内蒙古河套灌区水资产和水负债表

2019 年 12 月 31 日		单位：亿 m³

项目	2019 年	2018 年
水资产		
地表水		
引黄水量	47.3814	45.078
径流量	1.2759	2.556
中型水库	0.3051	0.3696
地表水资源合计	48.9624	48.0036
地下水		
地下水资源	18.8560	22.011
减：地表水和地下水重复计算水量	14.8539	13.525
其他水资产		
水许可——引黄水量	0.0815	0.3009
水许可——地下水	0.6443	0.1593
其他水资产合计	0.7258	0.4602
水资产合计	53.6903	56.9498
水负债		
分配水负债	0	0
水负债合计	0	0
净水资产	53.6903	56.9498
期初净水资产	56.9498	50.5875
净水资产变动	（3.2595）	6.3623

　　表 8-26 反映了 2019 年和 2018 年底河套灌区水资源的性质和数量，按照权责明晰的原则，河套灌区的水资产不仅包括各类地表水、地下水，还包括节余的水资源控制指标（即水许可）——一种债权性的水资产。从表 8-26 可以看出，河套灌区 2019 年的水资产总量为 53.6903 亿 m³，其中引黄水量为 47.3814 亿 m³，占河套灌区水资产总量的 88%，其他类型的水资产数量从高到低依次是地下水资源、地表径流量、地下水指标节余、中型水库水量、引黄水指标节余，它们的总和不足河套灌区水资产总量的 40%。从 2018 年和 2019 年底水许可——引黄水量和水许

可——地下水项目来看，这两年无论是引黄水，还是开采地下水，节余的水指标都较少，不足 0.7 亿 m³。这说明，一方面，我国实行最严格的水资源管理制度，把分配的用水指标作为考核政府水资源管理绩效的重要内容，确实起到了约束和控制用水总量的作用；另一方面，现行水资源管理制度不允许节约的水指标结转至下期使用，使得用水单位节约用水的积极性弱，基本上是按照用水控制指标来用水，这样，不利于贯彻执行国家提出来的"节水优先"战略，同时，由于节约的水权很少，难以开展水权交易。"净水资产"项目反映了河套灌区 2019 年和 2018 年末拥有的可支配的水资源量，"净水资产变动"项目披露了 2019 年净水资产比 2018 年减少 3.2595 亿 m³。

（二）水资产和水负债变动表

水资产和水负债变动表以权责发生制为基础，反映水资产和水负债的变动。由于用水户没有水负债，也就不存在水负债增加或减少，河套灌区水资产和水负债变动表反映水资产的分配和使用情况。表 8-27 为 2019 年河套灌区水资产和水负债变动表。

表 8-27　内蒙古河套灌区水资产和水负债变动表

　2019 年 12 月　　　　　　　　　　单位：亿 m³

项目	2019 年	2018 年
水资产增加		
水许可增加——引黄水	42.42	42.616
水许可增加——地下水	7.3	7.3
本地地表水流入	0.2233	0.295
中水回用	0.2960	0.276
水资产增加合计	50.2393	50.487
水资产减少		
农灌	46.5651	45.510
林牧渔蓄	1.3180	2.375
工业	0.8539	0.910
城镇公共	0.2457	0.140
生活	0.5845	0.584
生态	0.3205	0.437
征收——引黄水	0.0144	0.0531

项目	2019 年	2018 年
征收——地下水	0.0716	0.0177
水资产减少合计	49.9737	50.0268
未说明的差异 1	（3.5251）	5.9021
净水资产变动	（3.2595）	6.3623

　　表 8-27 中，水资产增加主要来自引黄水、开采地下水的控制指标增加，即水量（水使用权）分配，而本地地表水流入和中水回用量都很小，均不足 0.3 亿 m³。水资产减少主要是用于农灌，占水资产减少总量的 93%，其次是林牧渔蓄、工业、生活、生态、城镇公共及征收的水量。可见，河套灌区农业灌溉是用水大户。"征收"项目反映了按现代水资源治理的相关政策对引黄水和地下水节余指标进行征收后结转至下年，但在现行"年底清零"政策下，用水户节余水指标较少，征收量都很小。未说明的差异 1 反映了水资产和水负债表以及水资产和水负债变动表中所计算得出的净水资产变动的差异，2019 年未说明的差异为 -3.5251 亿 m³，占 2019 年水资产总量 53.6903 的 6.57%，该数据比 2018 年的 10.36% 大大缩小，说明河套灌区水资源管理和控制水平有明显提高。

（三）水流量表

　　水流量表以实物流量为基础，反映水流入量、流出量及蓄水量的变动。表 8-28 为 2019 年内蒙古河套灌区水流量表。

表 8-28　内蒙古河套灌区水流量表

2019 年 12 月 31 日　　　　　　　　单位：亿 m³

项目	2019 年	2018 年
水流入量		
地表水许可流入—引黄水量	42.6250	42.262
本地地表水流入	0.2233	0.295
中水回用	0.2960	0.276
地下水许可流入—地下水	6.7434	7.123
水流入量合计	49.8877	49.956
水流出量		
农灌	46.5651	45.510

项目	2019 年	2018 年
林牧渔蓄	1.3180	2.375
工业	0.8539	0.910
城镇公共	0.2457	0.140
生活	0.5845	0.584
生态	0.3205	0.437
水流出量合计	49.8877	49.956
未说明的差异 2	(3.5251)	5.9021
蓄水量变动	(3.5251)	5.9021
期初蓄水量	56.4896	50.5875
加：蓄水量变动	(3.5251)	5.9021
期末蓄水量	52.9645	56.4896

　　水流量表与水资产和水负债变动表相比，没有了反映水权变动的水许可增加、征收等项目，而是直接反映实物水的流入量和流出量。水流量表反映了河套灌区引黄水和开采地下水是两种主要的水流入方式，地表水流入和中水回用量都比较小，而在流出量中，主要就是用于农业灌溉。此外，由于我国水资源公报是按照供水量等于用水量来编制，水流量表遵循水资源公报，把供水量作为水流入量，用水量作为水流出量。根据净水资产变动、蓄水量变动和未说明差异之间的关系，计算得出未说明的差异 2，可以看出，未说明的差异 2 等于未说明的差异 1。这是三张水会计报表内在的勾稽关系。正如三张财务报表之间内在的关系，这样的恒等关系有利于检验报表编制是否正确。

　　综上，按照水资源会计核算思路，将水资源控制指标从法律上赋予水权的权能，水使用者对每年获得的水资源控制指标享有使用、结转至下期、转让、收益的权利。假设相关制度规定引黄水节余指标扣除 15% 的征收量后可结转至下期，地下水节余指标扣除 10% 的征收量后可结转至下期。河套灌区在 2017~2019 年采取将节余的指标扣除征收量后结转至下年的方式，按照标准化水核算准则的要求编制水资源会计报表——表 8-26、表 8-27 和表 8-28。这三张报表反映了河套灌区包括水资源分配和使用在内的各项水资源和水权状况及变动，经过独立第三方按照水审计准则的规定实施审计后对外披露，让政府、社会公众等利益相关者获取对决策有用的信息，并监督水资源的分配和使用情况，为国家制定和执行有关水资源政策提供可靠的信息。河套灌区水资源报表反映了在目前我国用水控制指标"年底清零"的政策下，河套灌区每年实际用水量非常接近控制指标，缺乏节约用水的动力。实际实施节约的用水指标可结转至下年或转让的政策，将会大大激励地区或单位节约用水的内在积极性。同时，三张报表之间内在的勾稽关系能够检验报表编制的正确性。报表中自带衡量水资源管理水平的项目。这个项目客观显示了河套灌区水资源管理水平有较大提升。

第六节　燕京啤酒（曲阜三孔）有限责任公司水资源会计报表编制研究

制造业直接体现了一个国家的生产力水平，在国民经济中占有重要的份额。很多制造行业都需要大量耗水，其中啤酒业是制造业中典型的用水大户，通常生产 1 吨啤酒要消耗 4.1 ~ 7.1 吨水。啤酒企业建立用水台账，精细化地核算水资源的使用和消耗，对降低成本非常重要。本节以燕京啤酒（曲阜三孔）有限责任公司为例，研究制造业企业水资源会计核算相关问题。[①]

一、燕京啤酒（曲阜三孔）有限责任公司

燕京啤酒集团是中国最大的啤酒企业集团之一，2016 年啤酒产销量为 800 万千升，进入了世界啤酒产销量前八名，它用 20 年的时间跨越了世界啤酒行业 100 年的发展历程。燕京啤酒集团于 2001 年 3 月入驻曲阜，成立了燕京啤酒（曲阜三孔）有限责任公司，注册资本 2.6 亿元，目前公司拥有总资产 3.2 亿元，年生产啤酒能力 30 万吨，员工 1 650 人，为国家大型企业。在技术上其采用总部先进的酿造技术和科学

---

① 笔者在 2018 年指导本科生黄晚彤等做大学生科学研究与创业行动计划项目"会计在水资源管理中的应用研究"时，根据当时获得的资料和数据，对燕京啤酒（曲阜三孔）有限责任公司的水资源会计核算做了研究。

的质量控制体系。公司现已形成燕京、三孔、鲁啤三大系列，60 多个包装方式，产品从瓶装到易拉罐装、从鲜啤到纯生，风格口味各异，满足了广大消费者的需求。产品畅销山东、江苏、河南、河北、安徽、山西等地区。

公司认真执行《水法》《山东省水资源费征收使用管理办法》《山东省水资源管理条例》等法律法规，按照山东省和济宁市政府节能减排实施方案总体部署，进一步完善节水资源管理网络体系建设，加强用水计量、统计、分析，同时通过实施清洁生产、循环经济、能源审计和对用水设备工艺进行改造等一系列措施，使公司水资源管理工作水平不断提高。公司现行用水管理制度主要有《用水采购制度》《节能管理细则》《能源统计与上报制度》。

燕京啤酒（曲阜三孔）有限责任公司执行计划用水，每年由上级主管部门分配用水指标，节余的用水指标年底清零，如果产量上升引起用水指标不够用，要提前 1 个月申请增加用水量，由上级用水管理部门进行审批。公司的水源主要来自地下水和自来水。公司重视节水，节水装置主要有：冷却水循环塔、节水水嘴、节水型厕所、中水回用装置。这些节水装置有效降低了公司用水成本。

二、研究设计与研究方法

（一）方案设计

水会计核算需假设水权制度完善，水权人拥有对水资源的处置权，即期末未使用完的水资源可保留到下期继续使用，或者进行交易。为了进行水会计核算，我们假设企业实行节约的用水指标，在被征收 10% 之后，结转到下期继续使用。由于公司的水源主要是自来水和地下水，我们将分别分析这两类水资产跨期持续利用的情况，并设计水分配计划及执行情况表，编制水资源会计报表。

（二）计量方法与数据来源

由于公司的用水数据涉及公司的工艺及核心数据，公司未给近几年的详细用水数据，而是提供了 2002～2007 年的用水状况表、取水量用水量柱形图、单位产品取水量、用水量对比表、单位产值、增加值新水量柱形图等详细用水资料。

鉴于我们收集到的 2005~2007 年公司各项水资产和水资源使用的详细数据，我们假设燕京啤酒（曲阜三孔）有限责任公司每年被许可取自来水 68.8 万 m^3，被许可取地下水 22 万 m^3，2006 年水许可——自来水年初余额为 0，水许可——地下水年初余额为 3 000 万 m^3。如果本期未使用完的水许可在被征收 10% 的水量之后，可以转到下期使用，水分配计划及执行情况如表 8-29 和表 8-30 所示。

表 8-29　燕京啤酒厂（曲阜三孔）水许可——自来水分配计划及执行情况

单位：万 m^3

项目	2007 年	2006 年
期初余额	2 700	0
加：分配计划	688 000	688 000
减：分配转移	627 000	685 000
本期发生额合计	61 000	3 000
减：征收	（6 370）	（300）
期末余额	57 330	2 700

表 8-30　燕京啤酒（曲阜三孔）水许可——地下水分配计划及执行情况

单位：万 m^3

项目	2007 年	2006 年
期初余额	900	3 000
加：分配计划	220 000	220 000
减：分配转移	220 000	222 000
本期发生额合计	0	（2 000）
减：征收	（90）	（100）
期末余额	810	900

我们根据上面的假设和公司提供的相关水数据，编制燕京啤酒（曲阜三孔）有限责任公司 2007 年的水会计报表，并提供 2006 年的比较信息，以展示制造业企业水会计报表的编制实践。

三、案例分析结果

根据研究设计与方法，编制燕京啤酒（曲阜三孔）有限责任公司水资产和水负债表、水资产和水负债变动表、水流量表，分别如表 8-31、表 8-32 和表 8-33 所示。

表 8-31　燕京啤酒（曲阜三孔）有限责任公司水资产和水负债表

2007 年 12 月 31 日　　　　　　　单位：m³

项目	2007 年	2006 年
水资产		
串联用水量	357 000	323 000
冷却水循环量	580 000	620 000
工艺水回用量	340 000	320 000
锅炉冷凝水回用量	76 000	74 000
地表水资产合计	1 353 000	1 337 000
其他水资产		
水许可——自来水	57 330	2 700
水许可——地下水	810	900
其他水资产合计	58 140	3 600
水资产合计	1 411 140	1 340 600
水负债		
应供水量	0	0
其他水负债	0	0
水负债合计	0	0
净水资产	1 411 140	1 340 600
期初净水资产	1 340 600	1 446 000
期末净水资产	1 411 140	1 340 600
净水资产变动	70 540	（105 400）

表 8-32　燕京啤酒（曲阜三孔）有限责任公司水资产和水负债变动表

2007 年 12 月　　　　　　　　　单位：m³

项目	2007 年	2006 年
水资产增加		
水许可增加——自来水	688 000	688 000
水许可增加——地下水	220 000	220 000
水资产增加合计	908 000	908 000
水资产减少		
用水量	1 076 000	1 137 000
排水量	700 000	750 000

续表

项目	2007 年	2006 年
征收——自来水	6 370	300
征收——地下水	90	100
水资产减少合计	1 782 460	1 887 400
未说明的差异 1	945 000	874 000
净水资产变动	70 540	(105 400)

表 8-33　燕京啤酒（曲阜三孔）有限责任公司水流量表

2007 年 12 月　　　　　　　　　　单位：m³

项目	2007 年	2006 年
水流入量		
地表水——自来水流入	627 000	685 000
地下水——地下水流入	220 000	222 000
水流入量合计	847 000	907 000
水流出量		
排水量	700 000	750 000
用水量	1 076 000	1 137 000
水流出量合计	1 776 000	1 887 000
未说明的差异 2	945 000	874 000
蓄水量变动	16 000	(106 000)
期初蓄水量	1 337 000	1 443 000
加:蓄水量变动	16 000	(106 000)
期末蓄水量	1 353 000	1 337 000

　　表 8-31 显示燕京啤酒（曲阜三孔）有限责任公司的水资产由串联用水量、冷却水循环量、工艺水回用量、锅炉冷凝水回用量组成，由于公司是用水户，没有对外供水，所以水负债为零。2007 年和 2006 年的净水资产分别为 1 411 140 m³ 和 1 340 600 m³。表 8-32 显示水资产增加主要是由于取用自来水、地下水，水资产减少主要是因为生产用水和排水，以及节余指标的 10% 被征收。由于没有水负债，也就没有水负债的增加和减少，2007 年公司净水资产增加 70 540 m³，2006 年公司净水资产减少 105 400 m³。表 8-33 展示了以收付实现制为基础的水实际流入量和流出量，期末蓄水量等于不包含取水指标的各项蓄积在生产工艺过程中的水量之和，即地表水合

计。而且，我们可以看到，水资产和水负债变动表、水流量表中的未说明的差异相等，说明三张表满足内在的水量平衡关系。

尽管我们没有收集到近几年该公司水资产及其利用的详细信息，仅依据 2005~2007 年该公司水资产及其变动的详细数据编制了水会计报表，反映 2006~2007 年公司的水资源利用情况，但仍然可以展示出制造业企业编制水会计报表的方法、相关会计科目设置，以及水会计报表的分析与利用。我们了解到 2013~2017 年燕京啤酒（曲阜三孔）有限责任公司的用水计划和实际用水量如表 8-34 所示。

表 8-34　燕京啤酒（曲阜三孔）有限责任公司 2013~2017 年的用水情况

单位：m^3

年份	用水计划	实际用水量
2013	100	80
2014	80	68
2015	70	54
2016	60	51
2017	60	41

从表 8-34 可见，公司不断使用节水设备，提高了水资源管理水平，在产量不断提高的情况下，用水量逐年下降，2017 年比 4 年前用水量少了一半。

第七节　总结与启示

本部分基于对水资源会计的理论研究和对我国水资源管理制度的分析，选择我国水库管理单位代表供水单位，选择灌区、城市供水集团、高校、用水企业等代表不同类型的用水单位，建立试点，实地调查研究，收集数据，编制水资源会计报表，进一步探讨不同类型的供用水单位如何设置水会计账户，如何进行确认和计量，如何编制水会计报表，讨论水会计报表所反映的信息，揭示它们内在的勾稽关系。不同的水资源核算主体编制的水资源会计报表都依据前述的水资源会计核算和报告理论来编制，但因为水会计主体各有特征，所以编制的水会计报表有不同的特点。下面将结合案例分析，总结不同水会计主体编制的水会计报表的特点，并讨论案例研究带给我们的启示。

一、案例研究总结

通过编制水库、灌区、城市供水集团、用水企业、事业单位等不同主体的水资源会计报表，可以发现，不同水会计主体编制的水资源会计报表存在不同的特点。

（一）会计科目不同

水资源的形态各异，涉水单位在水资源经营过程中的业务多种多样，其所涉及的水资源会计核算内容也非常广泛，它们往往具有不同的性质、形态和作用。会计要素只是对会计内容的基本分类，而会计内容，即涉水单位在水资源经营管理过程中发生的多种多样的业务事项，都会引起水资源会计要素发生不同的增减变化。就同一会计要素而言，不同的水会计主体包括若干不同的具体内容。如密云水库的水资产包括密云水库的蓄水量，水负债包括应供第九水厂和应供白河电厂的水量，水资产增加包括降水、白河流入、潮河流入，水资产减少包括蒸发、渗漏、分配给白河电厂、分配给第九水厂。而北京市自来水集团的水资产则包括蓄水池水量、进水管水量、水许可等，水负债为零，水资产增加为临时取水、水许可增加，水资产减少为供消费使用、损失、征收。可见，不同的水会计主体必须按照各会计要素所包含的具体内容的性质和作用，结合内部经营管理的需要和国家宏观水资源管理的要求，在对水会计内容做出基本分类的基础上进一步分类，即设置水资源会计科目，以提高水资源会计核算信息的有用性。

（二）水资源会计报表的结构大同小异

水资源会计报表通常由水资产和水负债表、水资产和水负债变动表、水流量表三张报表构成。水资产和水负债表是静态报表，水资产和水负债变动表以及水流量表是动态报表，二者与静态报表有着内在的勾稽关系，动态报表说明水资源变动的过程和结果，静态报表反映某个时间水资源的状态。水资产和水负债表、水资产和水负债变动表以权责发生制为基础编制，水流量表以收付实现制为基础编制。为了清楚地说明这三张报表之间的关系，揭示水资产和水负债变动表以及水流量表之间的区别和作用，密云水库水资源会计报表的编制案例用两张表来反映，即水资产和水负债表、水资产和水负债变动表。其中，水资产和水负债变动表分为三个部分，分别说明以收付实现制为基础的水流入、流出情况，以权责发生制为基础的水资产和水负债变动情况，净水资产变动和蓄水量变动情况，它反映了在水资产和水负债变动表中，那些非管理因素引起的水资产增加或减少与水流量表中的水流入量与水流出量是一致的，而管理因素引起的水资产的增加或减少、水负债的增加或减少，以权责发生制核算，在水流量表中是没有的。这说明如果水资产和水负债变动表以及水流量表结合成一张报表能提高水会计报告的可理解性并且没有降低其公允性，因此可以将这两张表结合在一起编制。本研究在编制其他案例的报表时，都正常编制了三张水资源会计报表。

（三）并非所有的水会计主体都有水负债

水负债表示按照交易合同或供水计划，期末应供未供的水量。在五个案例中，只有密云水库是供水单位，有形成水负债的交易或事项存在，因此在假设以权责发生制为基础进行核算的情形下，构建了相关事项，形成了水负债和水负债变动，在水资产和水负债表中有水负债相关科目，在水资产和水负债变动表中有水负债变动相关科目。而在其他四个案例中，都是用水单位，不存在供水义务，因此没有水负债和水负债变动相关科目，换句话说，水负债和水负债变动为零。与水负债不同的是，任何一个水资源会计主体，一定有某些形式的水资产存在，而且往往不止一种水资产，而是有多种水资产，所以任何单位编制水资源会计报表，都必然有水资产和水资产变动相关科目。

二、案例研究启示

通过深入多个供用水单位调研，试点开展水资源会计核算和管理，我们就实施水会计准则、编制水会计报告获得以下启示。

（一）水会计主体可依据管理的要求和技术水平对水会计报表进行详略设计

为了全面、连续、系统、综合地反映水及水权的状况及变动，水资源会计报表把管理因素和非管理因素都计量出来，项目较为精细，它是会计学和水文学结合的产物。精细核算有利于细致、全面地展示水量变动的原因和结果，但是由于对一些非管理因素（如地下水流入等）的准确计量较困难，它的误差会造成水会计报表中"未说明的差异"较大，而且这些项目也不是报告使用者主要关注之处，所以水会计报表中的项目设置可根据报告使用者的需求、管理上的要求以及水文技术的水平来进行设置。一般来说，报告使用者较关注那些因管理因素导致的水量分配和使用的项目，这些项目也比较容易准确计量，而那些不确定性较高的非管理因素是不可控制的，相对来说也是报告使用者不太关心的，因此可以把报表简化设计，主要反映与水量分配和使用相关的基本因素，需要达到最大化水会计报告主体的基本要素和水核算准确性以及严格性之间的平衡（Andreu et al.，2012；Momblanch et al.，2014），提供水会计报告使用者决策相关的信息。

（二）水资源会计报告包含对计量准确性评价的项目，可直接促进水资源管理水平提高

由于水资源会计报表是基于某地区或某水会计主体建立包含水资源使用在内的各要素之间的水量平衡关系，并按特定的格式报告出来的，因此需提供所有水资产和水负债的准确计量，计量的好坏会影响到整体水量平衡，这直接增强了对水管理的监督力量（Hughes et al.，2012）。也就是说，水会计报表中的"未说明的差异"项目直接反映了水资源管理和控制的水平，具有客观的衡量标准，它能直接促进水资源管理水平的提高和改进。

（三）水资源会计报告公开透明，有利于监督和评价水资源管理者的管理行为

水资源会计主要是为外部的水信息使用者呈报水会计报告主体的水资源和水权的状况及其变动情况等有关信息，反映水管理部门受托责任的履行情况，有助于水资源会计报告的使用者做出决策。由于它所呈报的信息旨在提供给所有的外部水信息使用者，而不是特定的水信息使用者，因此所提供的信息一般都采用总括的水会计报告的形式。水会计报告的主要服务对象是水会计报告主体外部不同的社会集团，它们对水会计报告主体有各不相同的利害关系，而且远离水会计报告主体，不直接参与水会计主体的经营管理，只能从水会计报告主体提供的水会计报告中获得有关资料，自然要求水核算站在公正的立场上，不偏不倚，客观地反映情况，这就要求水会计报告统一以体积作为计量属性的形式反映水会计报告主体的水资源活动，严格遵循公认的水会计准则，对水资源相关资料的处理按既定的程序进行，具有比较严密且稳定的基本结构，并且经过独立于水会计报告主体之外的审计人员鉴证是否公允地反映了水资源活动的真实情况，这是使水会计信息能够取信于水会计报告主体外部的投资人、债权人和政府机构等利益相关者所必需的。因此，对外披露的水资源会计报告既可以发挥独立审计的监督作用，又可以发挥公众及其他利益相关者对水资源管理者的管理行为的监督作用。

（四）关于水质的核算和信息披露问题

水资源会计报表以体积为计量属性，反映和监督水会计主体拥有或管理的水资源和水权的变动情况。在水会计报表中无法反映水质及其变化，只能在水会计报告的总体说明部分或者水会计报表的附注中反映水质状况及其变动。任何水核算体系，如果能把水量和水质联系起来反映，将对生态环境和人类健康以及社会福利产生重要意义和深远影响。

（五）实施水会计准则的成本较大，需考虑成本收益问题

虽然水会计有着很多优势，但实施它的成本比较大。不用说国家建立一系列通用目的水会计准则的成本，仅说各水会计报告主体编制水会计报告的成本就比较大。各水会计报告主体需对相关人员培训有关水会计的知识，负责水核算的人必须既精通水利知识，又掌握会计方法，而且需要日常测量、计量、核算水资源和水权的变动，定期编制报告并委托审计，对外报送经过审计的水会计报告。好在我们现有的财务会计软件可较方便地改造为水会计软件。如果在水权交易比较发达、水资源管理严格计量和核算的情况下，水会计所带来的收益有可能大于成本。

（六）实施水会计准则对水计量的精确性要求较高

为了满足水会计报告使用者对包括水资源的分配和使用在内的各种水资源和水权的状况及变动情况的信息需求，需要全面、系统地核算和报告水资源状况及其变动情况，包括管理因素和非管理因素在内，并基

于某个地区的水量平衡关系反映出来。在这种情况下，如果对水资源的计量不准确，会导致报表中的未说明的差异较大，效果不佳。如果缺乏准确、可靠的数据，水会计很难应用到所有的空间范围，例如，从单个的集水区、市县到全国范围（Hughes et al.，2012）。

第九章　研究结论与展望

本章对本研究中的理论推导和案例分析进行总结。本书通过规范研究、实地调查和案例研究的方法对我国建立水资源会计核算体系的系列问题展开研究。第二章综述了水资源会计核算的理论基础和相关文献，提出了基于产权经济学、可持续发展观的水资源会计理论基础，深入讨论了水资源会计的产权功能，从决策有用观和受托责任观分析了通用目的水会计的重要性。第三章对我国系列水资源管理制度和实践以及水核算进行了系统论述，讨论了我国建立水资源会计核算体系的障碍、有效路径和意义。第四章阐述了建立水会计制度的意义，构建了以水会计概念框架、水会计准则和水会计报告鉴证准则为主要内容的水会计制度，并分析了它们的主要内容和作用。第五章研究了水资源会计核算基础，剖析了水资源会计的概念和目标、基本假设、水资源会计信息的质量要求、会计要素和会计等式、设置账户、复式记账与权责发生制，并举例说明了水资源会计主要业务的核算。第六章深入分析了水资源会计报告的结构、内容和意义，详细论述了水资产和水负债表、水资产和水负债变动表、水流量表的表式结构、编制原理和反映的内容，最后进一步分析了三张水会计报表之间内在的勾稽关系，给出了分析和应用水会计报表的方法，并举例说明了合并水资源会计报表的编制与应用。第七章论述了水资源会计报告鉴证的意义和目标、程序和方法等。第八章选择水库、城市供水系统、用水事业单位、灌区、用水企业五个案例，进行典型案例研究，展示权责发生制情形和我国现行水资源管理制度下编制水资源会计报表的特点，并与我国现行水核算报表相比较，讨论了以权责发生制为基础的水会计报表的优越性，进一步揭示我国建立通用目的水会计制度的有效路径。本章将总结三个子研究的结论、提炼理论贡献、实践意义，指出研究存在的局限性，并提出未来研究的方向。

第一节　研究结论与研究贡献

本书基于产权经济学理论和可持续发展观，研究水资源会计的理论基础，并梳理和回顾相关文献。结合我国水资源管理制度和实践，分析实施最严格水资源管理制度、水权制度改革和计划用水管理制度的意义和存在的问题，挖掘我国水资源管理和水核算中存在的不足及解决措施，提出完善水权制度，跨期持续履行水资源的权利和义务，以权责发生制为基础核算水资源和水权变动。在此基础上，研究水资源会计理论与实践应用，构建以微观供用水单位为会计主体，采用会计学和水文学相结合的方法，核算水资源和水权及其变动，编制包括水资产和水负债表、水资产和水负债变动表、水流量表在内的水资源会计报告，反映水资源和水权变动的过程和结果，并经独立第三方审计后对外披露通用目的水会计理论和方法体系，建立系统的水资源核算、报告与审计体系，并以五个供用水单位为会计主体，进行实地调查和案例研究，编制水资源会计报告，验证水资源会计理论，进而提出我国建立通用目的水资源会计的相关政策建议。

一、研究结论

本书从分析我国水资源管理制度和实践出发，讨论了我国实施最严格水资源管理制度、水权交易制度和计划用水管理制度中存在的问题，借鉴国内外有关水资源管理制度改革的成功经验，探究完善水资源管理和水核算的理论和方法体系，提出建立完善的水权制度，构建与之相适应的水资源会计准则，指导涉水单位依据准则，以权责发生制为基础核算水资源和水权的状况及其变动，编制标准化水会计报告，经过独立第三方审计，对外披露水会计报告，为报告使用者提供对决策有用的信息，并反映受托责任的履行情况。在此基础上，选取五种类型的供用水单位作为典型案例，实地调查，收集数据，编制水会计报表，检验水资源会计核算理论。根据前述研究主题的研究内容，本书得出以下几点结论。

结论一：我国水资源管理以行政手段为主，市场发育不完善，激励和约束机制存在短板。水核算缺乏外部监督，难以为精细化管理水资源提供坚强保障。

我国实行最严格水资源管理制度，并探索水权制度改革。最严格水资源管理制度采用行政手段约束水资源的分配与交易行为，是水权市场的约束条件和运行保障，水权制度改革为水量"封顶"政策的实施保驾护航。但是，最严格水资源管理制度只是水量分配方案，而没有把水权落实到水资源使用者。我国初始水权分配、水权交易和水市场监督管理等基本法律制度仍需完善，《水法》没有明确水资源的使用权、收益权和处置权等。《取水许可和水资源费征收管理条例》中的取水许可是一种典型的行政审批，不是水权，不得转让，更不能通过拍卖、抵押、入股等方式发挥资本权能，不符合水权确权登记要求。而且目前取水许可证的5~10年期限仅是许可期限，不是权利期限，难以满足权利稳定性要求。用水户的水权不能通过现行的水量分配方案得到落实，因而也谈不上流转，所以水权交易量很小，大部分地区依旧采用行政手段管理水资源。水资源管理部门依据行政指令供水，用水户按照水务管理部门审批的计划用水量用水，节约的用水指标年底清零，下年度的用水指标将减少。用水户缺乏节约用水的动力。

我国水资源核算采用宏观水统计的方法，由各级政府水务管理部门负责，通过逐级上报的方式，核算国家、区域的水资源状况及其变动，缺少外部监督，无法反映和监督单个微观涉水主体的涉水活动，容易出现使用或调配不合理的情况，并且我国缺乏完善的水资源计量和核算制度，更没有健全的水信息审计监督制度，计量率低。尤其是长期以来，我国将节水重点放在工业节水和城镇居民节水上，而农村节水管理相对薄弱，农民习惯了无偿用水，造成水表损坏率高，导致水资源没有计量或计量较少。各地区为了争取用水指标主观上报用水数据，上报的实际用水量非常接近用水指标，水信息不够准确，偷挖盗采的现象仍然十分严重，这使得水资源浪费现象禁而不止，水资源使用粗放，水资源管理政策的制定、执行和评价依据不足，难以为精细化管理水资源提供坚强保障。水资源会计开始萌芽，但由于水资源管理行政化、水权制度不健全，水资源会计缺乏实施的土壤。

结论二：构建系统、全面、综合的标准化水会计核算理论和制度体系，确保各项水资源管理制度贯彻落实。

本书系统地分析了以微观涉水单位为会计主体，以体积为计量属性，确认、计量、记录和报告水资源和水权变动的通用目的水会计和审计理论框架。与传统的水利统计不同，水资源会计引入了"水权"的概念，任何水资产的数量增减变化都伴随权属关系变化。在此基础上，水资源会计明确了水资产、水负债、净水资产、水资产变动、水负债变动这五个水会计要素的概念及确认条件，并以它们之间数量上的恒等关系为基础，构建水资产和水负债表以及水资产和水负债变动表，分别反映水资产和水负债的状况及变动。同时，以收付实现制为基础构建水流量表，反映水资源实际流入量、流出量和结存数。这三张报表组成水资源会计报告中的三大报表，并且这三张报表具有内在的勾稽关系，自成一体。

在此基础上，本书构建了水资源会计核算框架，系统研究了水资源会计的含义、目标和职能，论述了会计假设和信息质量要求，以及会计要素的分类、定义、确认和计量以及会计等式，讨论了会计科目和账户的设置、权责发生制与复式记账法的应用，并举例说明了主要水资源和水权业务的核算方法。通过登记账簿和编制报表，实现对水资产和权益的状况以及变动情况的核算和监督。进一步研究了水资源会计报告鉴证的目标、程序和内容等，提高水会计报告的可靠性和相关性。它具有以下几个特点：①由于水负债的可计量性和可偿还性，水资源会计的可操作性和应用性大大增强；②三张报表的结构、编制的原理和内在的勾稽关系更加缜密，既能清晰反映水资产和水权益的状况及变动情况，又能揭示水资源的分配和使用情况，而且易于理解；③基于水资源准确测量的困难性，采用"未说明的差异"来计量总体误差，反映水资源管理和控制的水平，具有直接促进水资源管理水平提高的作用；④水资源会计建立了在某个地区或某个供用水单位包括管理因素和非管理因素在内的各因素之间的水量平衡关系，其核算项目更为精细，有利于细致、全面地展示水量变动的各项影响因素，促进精细化管理水资源；⑤通过构建水资源核算、报告和审计制度，促使水会计主体的水资源取、供、用、排严格贯彻执行国家水资源管理政策，增强水会计报表的真实性、公允性。

通用目的水会计是对水资源和水权进行核算和监督的一项基础性、前瞻性的研究成果。对我国加快生态文明体制改革，贯彻执行最严格水资源管理制度，深入发展水权交易，促进"双碳"目标实现，不断完善水资源核算体系，努力完善水资源计划和提高管理水平具有重要意义，对建立自然资源资产负债表编制理论和制度具有参考价值。在进一步细化相关账户的条件下，可先行应用于供用水企业、灌区管理部门、水资源管理部门等，这在一定程度上可发挥会计和审计作为维护市场经济秩序的基石的重要作用，改变政府既是水资源政策的制定者，又是执行者和监督者的状态，促进水权交易健康发展和市场水价的形成，对国家或地区监督和评价各项水资源管理政策的执行情况具有有效的支持作用，进而促进水资源核算和管理向精细化、标准化迈进。

结论三：稳步实施水资源会计准则，促进水资源治理体系和治理能力现代化。

按照"节水优先、空间均衡、系统治理、两手发力"的新时代治水思路，改革我国水资源管理制度，循序渐进地实施水会计准则，促进国家水资源治理体系和治理能力现代化。具体措施和步骤如下。

第一，建立现代水权法律制度，开展水权登记，促进水权交易。修订《水法》，明确水权的类别和权能。结合最严格水资源管理制度确定的水量分配方案，进行确权。修订《取水许可和水资源费征收管理条例》，赋予取水者法律上的使用权主体地位。获得水权的用户，即享有使用、质押、收益、处置等权利，并以水权证书的形式予以确认。水权证书的使用年限应当不少于10年，增强水权的稳定性和可流转性，为水权交易的开展提供制度基础。同时，构建水权登记和交易系统，对水资产实行分类管理，实现用户依托在线平台完成水权信息的登记、更新、查询，促进水权交易，也为政府及其他利益相关者提供可靠、统一、及时的用水及交易信息，实现数据驱动型精准决策。

第二，实行"刚柔相济"的治水制度。首先，严格实施取用水总量控制制度，使其具有刚性约束。当用水总量控制指标（即初始水权）分配完毕，任何单位或地区的超额用水需求必须通过购买现有的水指标方可获得水权，包括政府、新增企业或单位用水以及原有企业改建扩建用水等，无一例外。其次，本年度节余的用水指标可结转下年继续使用或进行转让。各地区在区域用水总量控制的基础上，结合计划用水户的实际需求和取水许可证的许可水量，为用水单位制定计划用水指标。区域分配获得的用水总量控制指标和用水单位获得的计划用水指标都具有水权的权能，区域或用水单位本年度剩余的用水指标均可结转到下年度使用或转让。考虑到水资源在时空方面的不确定性，以及某些水资源的水量损失等因素，由水资源管理部门依据不同类型水资源的特点，规定不同的征收率，如5%~15%。用水户当年节约的用水指标在扣除征收量之后，可结转到下年使用或转让。这样，既保障了水资源的供给，也调动了用水户节约用水的积极性和主动性，可以提高水资源管理水平，促进水资源向高效率的领域配置。

第三，完善监测计量系统。各项水资源管理制度的有效实施关键在于有完善的监测计量系统，及时对水资源和水权的状况及变动进行在线监测。准确、及时的水信息不仅可以为国家制定水资源政策和评价水资源政策执行情况提供坚实的依据，而且会为水资源使用者保护水资产、进行投资决策提供有用的信息。因此，大力推广物联网技术和水利信息化、智慧水务等现代监测计量系统，保障现代水资源国家治理有效落实势在必行。

第四，制定通用目的水会计准则和审计准则，指导涉水主体编制标准化的水会计报告，并经独立审计后对外披露。建立与现代水权制度相适应的标准化水核算、审计和信息披露制度，使供水户、用水户等涉水单位按照统一的、公认的水会计准则定期编制水会计报告，全面、系统、综合地反映包括水资源的分配和使用、水量和水权变动在内的水信息，经过独立第三方按照水审计准则实施审计，出具审计报告，涉水单位对外披露通用目的水会计报告和审计报告，为利益相关者提供对决策有用的信息，反映受托责任的履行情况，满足政府、市场和社会多元主体的信息需求，从而实现水资源国家治理能力现代化。

二、研究贡献

本书的理论贡献体现在从中国水资源管理制度和实践出发，研究水资源会计的关键因素，构建了系统、完整的水资源会计理论与方法体系，并揭示了其运行机制。基于上述研究结论与讨论，对本书的贡献进行阐述，以实现对本书的相关结论进行理论升华和价值提炼。

（一）拓展了水资源会计的研究领域

本书从我国水资源管理制度出发，研究现有的水统计存在的问题，分析水资源会计在我国发展的瓶颈，提出了水资源会计建立的基础条件，拓展了水资源会计理论的研究和应用范围。澳大利亚创建的水资源会计受到广泛关注，很多研究分析澳大利亚政府发展水会计的背景和过程（Godfrey and Chalmers，2012；Melendez and Hazelton，2009；Godfrey，2011；UNESCO，2009；陈波、杨世忠，2015；刘汗、张岚，2015），普遍认为，对水资源准确核算和水资源信息透明化的需求以及政府的推动是水会计产生的主要原因（Godfrey and Chalmers，2012；陈波、杨世忠，2015；刘汗、张岚，2015），较少从制度背景和产权关系研究水资源会计产生的根本原因，也没有文献探讨建立水资源会计的前提条件和制度基础，尤其是国内学者主要挖掘澳大利亚水会计准则的内容和特点，倡导在中国建立水会计准则，但没有深入研究建立水会计的前提条件，剖析我国是否适合建立水会计（陈英新等，2014；陈波、杨世忠，2015；刘汗、张岚，2015）。本书深入剖析我国水资源管理制度，讨论我国水资源核算现状及存在的问题，借鉴国内外水权制度改革的成功经验，分析建立水权制度的重要性，提出跨期持续履行水资源的权利与义务，并以权责发生制为基础核算水资源和水权变动，揭示水资源会计核算和应用的关键要素，为构建水资源会计理论打下坚实的基础。

（二）深化了水资源会计的研究内容

尽管有研究已认识到水资源会计与国际上通行的水核算方法的不同之处在于，它反映水资源和水权的状况和变动为外部的利益相关者提供对决策有用的信息（Chalmers et al.，2012），但并未分析水权在水会计报告中的具体体现。很多研究都讨论水资源会计利用权责发生制编制三张水核算报表的情况，但未揭示权责发生制在水资源管理中的应用（Chalmers et al.，2012；Momblanch et al.，2014；张林涵，2014；陈波、杨世忠，2015；刘汗、张岚，2015）。水资源核算制度是适应和体现水资源管理制度的产物，只有在水资源管理中应用了持续核算制，才能在水资源核算中应用权责发生制。本书重点结合我国水资源管理制度和实践，讨论权责发生制在水资源会计理论构建中的重要性，并基于权责发生制和复式记账法，构建了系统、完整的水资源会计理论，建立了勾稽关联的水会计报表，讨论报表之间内在的关系，分析报表在促进水资源管理中的作用。尤其是结合水资源流动性和不确定性的特点，提出了水资源管理部门根据各种类型的水资源的特点，制定不同的征收率，年底用水户节约的用水指标在扣除征收量后，可结转到下年使用或转让。这既保证了水资源长期稳定供给，又促进了用水户节约用水、有效管理水资源。这是针对水资源的特点，对权责发生制应用到水资源管理和核算方面的改良，拓展了会计理论。在核算体系中，基于某地域的水量平衡关系计算出的整体误差，在客观上能促进水资源的管理，而且提供了改进财务会计报表的思路。

（三）　丰富了水资源会计应用的领域

随着气候变化、人口增长、经济发展和工业化进程加快，全球性水资源危机正在成为事关人类生死存亡的问题（王春晓，2014），应对环境挑战的适应性战略尤为重要。经济转型国家一方面正在转变经济管理体制、快速发展经济，另一方面又面临水资源短缺、水污染严重、水生态环境恶化的严峻问题。如何转变水资源管理体制、提高水资源的利用效率是水资源政策制定者、水务管理者和研究者共同关注的关键问题。水资源会计为这一挑战带来了重要的理论指导和实践启示，以中国水务管理部门和水务企业为研究样本，着眼于水资源管理制度改革情景下的通用目的水会计研究，在研究情景和研究对象上都非常适合通用目的水会计的研究。根据理论推导、实地调查和案例分析总结出具有特定文化背景的经济转型国家建立通用目的水会计的制度基础和有效路径，有助于为通用目的水资源会计理论提供新的研究视角和理论贡献。

现有文献主要研究 GPWA 在水权制度完善、水权交易活跃的国家的应用，例如，澳大利亚（Melendez and Hazelton，2009；Godfrey and Chalmers，2012）、西班牙（Momblanch et al.，2014）和南非（Hughes et al.，2012），尚未有研究讨论在经济转型国家建立通用目的水会计的系列问题，本书首次用理论研究、实地调研和案例分析的方法系统研究通用目的水会计在经济转型国家——中国应用的适应性，从水资源管理制度改革的视角研究建立水资源会计制度的基础。虽然国内也有人研究澳大利亚建立的 GPWA 准则，但并未结合中国水资源管理制度改革的方向来研究建立 GPWA 对中国水资源管理制度改革的影响。本研究通过对水资源会计理论研究、实地调查与案例分析，揭示了贯彻落实最严格水资源管理制度的有效方案——建立通用目的水会计制度，并提出在建立该制度之前，还应全面改革我国的水资源管理体制，建立所有权和经营权相分离的水权制度，发展水权交易，开展权责发生制核算，这样才能充分发挥 GPWA 的优越性，这也正是在经济转型国家开展水资源会计的有效路径。

第二节　研究局限与未来研究方向

为了达到预期的研究目的，本书在研究过程中完全遵循会计的研究范式，并采用理论推导与案例研究相结合的研究方法，力求确保研究过程科学和研究结果准确。尽管本书在理论上扩展和弥补了现有研究的不足，并提出了一些创新性的观点，但由于研究问题的新颖性、复杂性和研究条件的有限性，本书也难免存在一定的局限性。总结本书的研究局限，不仅能够使研究结论的解释力度和适用边界更加清晰，更能够为未来研究提供重要的参考价值。

一、研究局限

由于水资源具有流动性和不确定性的特征以及人类对水资源了解的局限性，对水量的准确计量比较困难（Looowe et al.，2006），再加上在中国水资源是事关国计民生的重要资源，由政府垄断经营，数据获取和整理也存在较大困难。因此，对我国建立水资源会计的研究仍然是具有挑战性的课题。本研究还存在许多局限，需要在今后的研究工作中进一步深入探讨和完善。总的来说，本书在研究内容和研究方法具体实施的过程中，还存在以下不足。

第一，不能涵盖我国水资源管理制度和实践活动的全部类型。本研究主要剖析了目前中国大部分地区政府经营水业、由行政指令配置水资源的状况，并提出了这样的水资源管理制度对水资源会计的影响。但经济转型国家从计划经济向市场经济转变是一个较长的过程，有时计划经济和市场经济两种制度同时存在，本研究不能完全涵盖我国水资源管理制度和实践活动的全部类型及特点。自 2014 年 7 月以来，我国已在 7 省区开展了水权试点工作，山东、河北、山西、新疆等地区因地制宜探索水权确权、水权转让等相关工作，在多个地区开展农业水价综合改革。由于条件限制，本书仅在北京、内蒙古、河北、四川、云南等地做了深入的调研，未能讨论我国建设水权制度的全部情况及其对建立水资源会计的影响。

第二，案例研究部分存在一些固有的研究局限。案例研究的优势在于解释过程和机理的问题，但由于案例的限制和抽样理论本身的局限，案例研究的普适性会受到一定的影响。本书选取了密云水库、北京市自来水集团、某市属高校、内蒙古河套灌区、燕京啤酒（曲阜三孔）有限责任公司作为典型案例进行实地调查和分析，编制水会计报表。这些案例虽然能够代表供水户和用水户的情况，也形成了对供水单位、用水单位的对比研究，而且能代表水库、城市供水系统、高校、灌区、用水企业五种类型的涉水单位，基本能说明本研究的目的和内容，但编制水会计报告的涉水主体范围较广，只要有水流入或流出，或者有管理水的责任的部门都可作为水会计报告主体，它不限于水库、公司、灌区、高校等，还包括流域、地区等较大范围的涉水主体，本书未对这些水会计报告主体类型进行案例研究，有可能会忽略了对这些类型的水会计报告主体编制水会计报告的方法和作用的探讨。

第三，在案例研究相关项目的计量方面。本书采用案例分析法编制中国情景下的水会计报表，主要是为了验证本研究的理论推断，展示水会计报表编制的方法和内容。由于某些案例单位不提供相关数据，本研究只能应用间接估计的方法来计量，或者运用较早时期的数据，或者使用不全面的数据等，这样的报表虽然基本反映了案例单位的水资源管理制度和实践活动，也验证了本研究的理论推导，展示了不同类型的水会计报表内容，但是不能确切地反映该单位的水资源分配和使用情况，也不能如实地揭示该单位的水资源管理和控制水平。

第四，本书仅对水量精细化和水权明晰化核算做了一些探索，缺乏对水质的核算研究。鉴于我国水污染严重，首先亟须加强对水质的研究。初步的想法是在通用目的水会计报告中增加水质量表，用来披露核算单位管理的各项水资源的质量，从而构建科学合理、综合全面、信息公开的水资源管理决策信息系统。其次对水质的核算和披露还需进一步研究。

二、未来研究方向

针对本书存在的研究局限性，结合现有的关于水资源会计的理论研究状况和进展，相关的未来研究问题和改进方向可能包括以下几个方面。

第一，加强对通用目的水会计报告使用者的信息需求研究。水资源会计把会计学理论和制度用到水资源核算和管理中，体现了决策有用观在自然资源管理中的应用，为了达到决策相关的目标，满足信息使用者的需求，应当深入研究水会计报告使用者的需求。澳大利亚在创建GPWA 的过程中，进行了广泛的社会调查，发现存在外部的使用者不能获得水信息的情况（Melendez and Hazelton，2009）。水核算必须适应地区或国家水管理的特征，没有普适的水核算标准，正如总有不同的水管理概念和实践反映在不同的水报表中（Momblanch et al.，2014）。中国的水管理制度与澳大利亚的水管理制度差异较大，需要深入研究中国水资源管理活动及其改革的目标和方向，调查利益相关者的需求，仔细分析水务投资者、水资源经营管理者、公众、政府、环境保护组织等利益相关者对 GPWA 报告的信息需求，研究建立统一的准则来指导水会计报告主体收集、整理和报告水会计信息，在此基础上，研究促进信息的可比性与提高水权市场效率的关系。剖析哪些类型的单位、部门或组织的水资源管理活动存在外部的报告使用者的需求，它们应当成为水会计报告主体编制水会计报告。因此，未来研究应结合研究主题和目的，采用问卷调查、访谈、大样本数据分析等多种方式，深入了解我国水资源核算和管理实践，包括实地调查多个试点建设水权制度和发展水权交易地区的水资源管理活动，分析政策制定者和水市场对水会计信息的反映，研究利益相者对水信息的需求，探讨情景因素对建立水会计的影响机制，关注情境效应与管理实践的关系，以便能有效地贡献全球管理知识（Tsui，2004）。

第二，未来研究在条件许可的情况下，可收集更多类型的水会计报告主体的数据进行案例研究，分析水会计在各种类型的水会计报告主体的应用情况。由于水资源存在方式的多样性，例如河流、湖泊、地下水等各不相同，对水资源的管理活动也不一样，在应用水资源会计理论和方法编制报表时，不同形式的水资源及水管理活动的设计方案、计量方法、报告结构和内容都存在差异。虽然本书已经以供水、取水五种类型的水会计报告主体为研究对象，深入剖析了编制水资源会计报表的方法，讨论了水资源会计的应用价值。但是，为了弥补样本选择等案例研究的不足，提高研究结论的普适性，在条件许可的情况下，案例研究可收集更多类型的水会计报告主体的数据，例如，以某个水系或地区为研究对象，探讨水资源会计在更大范围内的水量平衡方面的应用（Momblanch et al.，2014；Hughes et al.，2012），还可分析水资源会计报表合并的有关问题等，补充对水资源会计的实证检验，完善本书的理论研究并提供更具说服力的证据。

第三，研究和开发水资源会计核算软件，提高水资源会计信息化水平。信息化是当今世界经济和社会发展的大趋势，也是我国产业优化升级和实现工业化、现代化的关键环节。人们通过开发各种会计软件，用计算机代替人工记账、算账和报账，并部分代替人脑完成对会计信息的分析、预测和决策，从而提高财务管理水平和效率。这为水资源会计电算化、智能化奠定了基础，提供了解决方案。未来研究可利用现有的成熟的会计软件，结合水资源会计科目和账户的设置要求及核算要求，将其更新改造为水资源会计软件，在水资源管理单位和供用水单位推广应用。更进一步地，采用新兴技术（如大数据、人工智能、物联网、区块链等），提高水资源会计核算和信息披露的效率和准确度，以应对未来水资源管理的复杂需求，实现水资源管理现代化、智能化。

参考文献

安新代、殷会娟，2007，《国内外水权交易现状及黄河水权转换特点》，《中国水利》第 19 期。

〔美〕贝特拜耳，艾米垂吉特·A.、〔荷〕尼基坎普，皮特，2017，《资源与环境经济学研究方法》，史丹、王俊杰、马翠萍译，经济管理出版社。

〔美〕比弗，威廉·H.，2009，《财务呈报：会计革命（第 3 版）》（英文版），中国人民大学出版社。

财政部会计司编写组，2010，《企业会计准则讲解 2010》，人民出版社。

蔡春、毕铭悦，2014，《关于自然资源资产离任审计的理论思考》，《审计研究》第 5 期。

陈波，2020，《基于权责发生制的通用目的水会计框架构建》，《财会月刊》第 5 期。

陈波，2015，《论产权保护导向的自然资源资产离任审计》，《审计与经济研究》第 5 期。

陈波，2020，《水治理改革与水核算创新》，《会计之友》第 20 期。

陈波，2022，《水资源国家治理现代化研究——以内蒙古河套灌区为例》，《中国软科学》第 3 期。

陈波、黄云静，2023，《会计治理导向的高校水资源管理优化研究——基于某市属高校水资源管理的案例分析》，《会计之友》第 17 期。

陈波、杨存建，2021，《水治理改革背景下中澳水核算创新比较与借鉴》，《经济体制改革》第 1 期。

陈波、杨世忠，2015，《会计理论和制度在自然资源管理中的系统应用——澳大利亚水会计准则研究及其对我国的启示》，《会计研究》第 2 期。

陈波、杨世忠、林志军，2017，《通用目的水核算在我国应用的潜力、障碍和路径——以北京密云水库为例》，《中国会计评论》第 1 期。

陈海嵩，2011，《可交易水权制度构建探析——以澳大利亚水权制度改革为例》，《水资源保护》第 3 期。

陈红蕊、黄卫果，2014，《编制自然资源资产负债表的意义及探索》，《环境与可持续发展》第 1 期。

陈敬德，2006，《可交易水权改革若干问题的思考》，《水资源保护》第 5 期。

陈雷，2012，《保护好生命之源、生产之要、生态之基——落实最严格水资源管理制度》，《求是》第 14 期。

陈献东，2014，《开展领导干部自然资源资产离任审计的若干思考》，《审计研究》第 5 期。

陈燕丽、左春源、杨语晨，2016，《基于离任审计的水资源资产负债表构建研究》，《生态经济》第 12 期。

陈英新、刘金芹、赵艳，2014，《〈澳大利亚水核算准则第 1 号〉的主要内容及对我国的启示》，《会计之友》第 29 期。

曹越、张肖飞，2013，《产权保护、公共领域与会计制度变迁》，《会计研究》第 6 期。

邓坤、张璇、王敬斌等，2020，《最严格水资源管理制度考核实施情况与考核成效分析》，《中国农村水利水电》第 4 期。

窦明、王艳艳、李胚，2014，《最严格水资源管理制度下的水权理论框架探析》，《中国人口·资源与环境》第 12 期。

范军，1997，《水资源核算定价方法研究》，《北京社会科学》第 4 期。

封志明、杨艳昭、陈玥，2015，《国家资产负债表研究进展及其对自然资源资产负债表编制的启示》，《资源科学》第 9 期。

封志明、杨艳昭、李鹏，2014，《从自然资源核算到自然资源资产负债表编制》，《中国科学院院刊》第 4 期。

冯丽、冯平、张保成等，2020，《水会计恒等式探讨及其在水会计核算中应用——以滨海新区为例》，《水资源与水工程学报》第 1 期。

甘泓、高敏雪，2008，《创建我国水资源环境经济核算体系的基础和思路》，《中国水利》第 17 期。

甘泓、汪林、秦长海等，2014，《对水资源资产负债表的初步认识》，《中国水利》第 14 期。

高敏雪，2016，《扩展的自然资源核算——以自然资源资产负债表为重点》，《统计研究》第 1 期。

葛家澍、李若山，1992，《九十年代西方会计理论的一个新思潮——绿色会计理论》，《会计研究》第 5 期。

耿建新，2014，《我国自然资源资产负债表的编制与运用探讨——基于自然资源资产离任审计的角度》，《中国内部审计》第 9 期。

耿建新、胡天雨、刘祝君，2015，《我国国家资产负债表与自然资源资产负债表的编制与运用初探——以 SNA 2008 和 SEEA 2012 为线索的分析》，《会计研究》第 1 期。

耿建新、唐洁珑，2016，《负债、环境负债与自然资源资产负债》，《审计研究》第 6 期。

耿建新、王晓琪，2014，《自然资源资产负债表下土地账户编制探索——基于领导干部离任审计的角度》，《审计研究》第 5 期。

谷树忠、陈茂山、杨艳等，2022，《深化水权水价制度改革 努力消除"公水悲剧"现象》，《水利发展研究》第 4 期。

谷树忠、成升魁等，2010，《中国资源报告——新时期中国资源安全透视》，商务印书馆。

郭道扬，2004，《论产权会计观与产权会计变革》，《会计研究》第 2 期。

何康洁、何文豪，2017，《水资源环境经济核算体系相关问题初探》，《人民长江》第 9 期。

胡鞍钢、王亚华，2002，《如何看待黄河断流与流域水治理——黄河水利委员会调研报告》，《管理世界》第 6 期。

黄溶冰、赵谦，2015，《自然资源核算——从账户到资产负债表：演进与启示》，《财经理论与实践》第 1 期。

黄溶冰、赵谦，2015，《自然资源资产负债表编制与审计的探讨》，《审计研究》第 1 期。

黄廷林、李梅、王晓昌，2002，《再生水资源价值理论与价值模型的建立》，《中国给水排水》第 12 期。

黄晓荣、秦长海、郭碧莹等，2020，《基于能值分析的价值型水资源资产负债表编制》，《长江流域资源与环境》第 4 期。

贾玲、甘泓、汪林等，2017，《水资源负债刍议》，《自然资源学报》第

1 期。

贾绍凤、姜文来、沈大军等，2006，《水资源经济学》，中国水利水电出版社。

贾绍凤、张杰，2011，《变革中的中国水资源管理》，《中国人口·资源与环境》第 10 期。

姜国洲、马亚西，2009，《澳大利亚水资源管理经验》，《前线》第 6 期。

姜文来，2000，《关于自然资源资产化管理的几个问题》，《资源科学》第 1 期。

姜文来、王华东，1998，《水资源价值时空流研究》，《中国环境科学》第 S1 期。

姜文来、武霞、林桐枫，1998，《水资源价值模型评价研究》，《地球科学进展》第 2 期。

李鹤，2007，《权利视角下农村社区参与水资源管理研究：北京市案例分析》，知识产权出版社。

李维明、谷树忠，2019，《我国水权交易基础条件及其建设》，《中国发展观察》第 Z1 期。

李伟、陈珂、胡玉可，2015，《对自然资源资产负债表的若干思考》，《农村经济》第 6 期。

李永中、庹世华、侯慧敏，2015，《黑河流域张掖市水资源合理配置及水权交易效应研究》，中国水利水电出版社。

李智慧、任锦文，1995，《用水统计在水资源研究管理中的重要作用》，《山西水利》第 4 期。

〔英〕丽丝，朱迪，2002，《自然资源：分配、经济学与政策》，蔡运龙译，商务印书馆。

联合国环境与发展大会，1993，《21 世纪议程》，国家环境保护局译中国环境科学出版社。

林忠华，2014，《领导干部自然资源资产离任审计探讨》，《审计研究》第 5 期。

刘汗、张岚，2015，《澳大利亚水资源会计核算的经验及启示》，《水利发展研究》第 5 期。

刘宁、李华姣、边志强等，2022，《基于空间面板 STIRPAT 模型的水足迹影响因素分析——以山东省为例》，《生态学报》第 22 期。

刘普，2013，《中国水资源市场化制度研究》，中国社会科学出版社。

刘思清、运新宝、张鬻，2009，《中国水资源环境经济核算体系研究——传统水利统计与水资源环境经济核算供应使用账户的关系探讨》，《海河水利》第 6 期。

刘思旋、崔琳，2015，《如何编制自然资源资产负债表——基于资源与环境核算的角度》，《财经理论研究》第 2 期。

刘亚灵、周申蓓，2017，《水资源账户的建立与应用研究》，《人民长江》第 5 期。

刘一飞、倪永强，2013，《浙江省工业用水统计制度研究》，《经营与管理》第 2 期。

刘毅、董藩，2005，《中国水资源管理的突出问题与对策》，《中南民族大学学报（人文社会科学版）》第 1 期。

刘玉廷，2011，《中国会计学会七届七次常务理事会工作报告》，《会计研究》第 2 期。

龙秋波、贾绍凤、汪党献，2016，《中国用水数据统计差异分析》，《资源科学》第 2 期。

〔英〕罗宾斯，莱昂内尔，2000，《经济科学的性质和意义》，朱泱译，商务印书馆出版社。

马晓强、韩锦绵，2009，《政府、市场与制度变迁——以张掖水权制度为例》，《甘肃社会科学》第 1 期。

毛春梅、蔡成林，2014，《英国、澳大利亚取水费征收政策对我国水资源费征收的启示》，《水资源保护》第 2 期。

毛基业、张霞，2008，《案例研究方法的规范性及现状评估——中国企业管理案例论坛（2007）综述》，《管理世界》第 4 期。

梅冠群，2016，《国家水安全战略下的节水工作研究》，《中国水利》第 11 期。

秦长海、甘泓、汪林等，2017，《实物型水资源资产负债表表式结构设计》，《自然资源学报》第 11 期。

〔美〕萨缪尔森，保罗、〔美〕诺德豪斯，威廉，2012，《微观经济学》，于健译，人民邮电出版社。

〔美〕桑德，夏恩，2000，《会计与控制理论》，方红星、王鹏、李红霞译，东北财经大学出版社。

尚钊仪、车越、张勇等，2014，《实施最严格水资源管理考核制度的实践与思考》，《净水技术》第 6 期。

沈菊琴、杜晓荣、陆庆春，2005，《水资源会计若干问题探讨》，《生产力研究》第 7 期。

沈菊琴、叶慧娜，2005，《水资源会计研究的必要性和可行性分析》，《水利经济》第 6 期。

沈满洪，2005，《水权交易与政府创新——以东阳义乌水权交易案为例》，《管理世界》第 6 期。

沈满洪、陈庆能，2008，《水资源经济学》，中国环境科学出版社。

审计署上海特派办理论研究会课题组、杨建荣、高振鹏等，2017，《领导干部自然资源资产离任审计实现路径研究——以 A 市水资源为例》，《审计研究》第 1 期。

史丹、张金昌，2014，《自然资源资产负债表编制：问题与出路》，中国会计学会环境会计专业委员会 2014 学术年会论文集。

宋继鹏、程先、刘秀华，2022，《基于水足迹理论的重庆市水资源利用时空分析与评价》，《西南大学学报（自然科学版）》第 11 期。

孙婷、李昊，2014，《关于构建最严格水资源管理考核公众参与机制的思考》，《中国水利》第 3 期。

孙振亢、王世金、钟方雷，2021，《冰川水资源资产负债表编制实践》，《自然资源学报》第 8 期。

田贵良，2018，《权属改革引领下新时代水资源现代治理体系》，《环境保护》第 6 期。

〔美〕瓦茨，罗斯·L.、齐默尔曼，杰罗尔德·L.，2016，《实证会计理论》，陈少华等译，东北财经大学出版社。

汪恕诚，2000，《水权和水市场——谈实现水资源优化配置的经济手段》，《中国水利》第 11 期。

王春晓，2014，《全球水危机及水资源的生态利用》，《生态经济》第 3 期。

王妹娥、程文琪，2014，《自然资源资产负债表探讨》，《现代工业经济和信息化》第 9 期。

王然、卓信、成金华等，2021，《流域水资源资产负债表的编制研究——以清江为例》，《会计之友》第 21 期。

王彦，2013，《完善取用水计量统计体系是落实最严格水资源管理制度的根本保证》，《建筑工程技术与设计》第 12 期。

王寅、刘云杰、徐梓曜，2018，《澳大利亚维多利亚州水权制度经验借鉴》，《人民黄河》第 5 期。

王瑛、陈远生、朱龙腾等，2014，《北京市高校行业用水评价指标体系构建》，《自然资源学报》第 5 期。

王泽霞、江乾坤，2014，《自然资源资产负债表编制的国际经验与区域策略研究》，《商业会计》第 17 期。

王智飞、赫雁翔，2014，《关于自然资源资产负债表编制的思考》，《林业建设》第 5 期。

吴晓波、丁婉玲、高钰，2010，《企业能力、竞争强度与对外直接投资动机——基于重庆摩托车企业的多案例研究》，《南开管理评论》第 6 期。

伍中信，1998，《产权与会计》，立信会计出版社。

伍中信、黄嘉怡、祝子丽、李雅雄，2019，《产权中国进程中的会计与财务使命》，《会计研究》第 12 期。

夏军、石卫，2016，《变化环境下中国水安全问题研究与展望》，《水利学报》第 3 期。

肖国兴，2004，《论中国水权交易及其制度变迁》，《管理世界》第 4 期。

肖建荣，2002，《如何提高城市用水统计数据质量》，《内蒙古电大学刊》第 6 期。

谢志华，2014，《论会计的经济效应》，《会计研究》第 6 期。

许家林，2000，《资源会计研究》，东北财经大学出版社。

许家林、王昌锐等，2008，《资源会计学的基本理论问题研究》，立信会计出版社。

许新宜、杨丽英、王红瑞等，2011，《中国流域水资源分配制度存在的问题与改进建议》，《资源科学》第 3 期。

闫冬、孙昱，2016，《浅谈最严格水资源管理制度考核存在的问题和建议》，《湖南水利水电》第 1 期。

杨纪琬、阎达五，1980，《开展我国会计理论研究的几点意见——兼论会计学的科学属性》，《会计研究》第 1 期。

杨美丽、胡继连、吕广宙，2002，《论水资源的资产属性与资产化管理》，《山东社会科学》第 3 期。

杨世忠、顾奋玲，2023，《基于资源环境资产负债核算的环境责任审计研究》，首都经济贸易大学出版社。

杨世忠、谭振华，2021，《新中国自然资源核算 70 年：一个会计框架式综述》，《财会月刊》第 9 期。

杨世忠、谭振华、王世杰，2020，《论我国自然资源资产负债核算的方法逻辑及系统框架构建》，《管理世界》第 11 期。

杨世忠、温国勇，2023，《自然资源资产负债核算》，人民出版社。

杨艳昭、陈玥、宋晓谕等，2018，《湖州市水资源资产负债表编制实践》，《资源科学》第 5 期。

杨裕恒、曹升乐、李晶莹等，2017，《基于水质水量的河流水资源资产负债研究》，《人民黄河》第 9 期。

〔美〕殷，罗伯特·K.，2017，《案例研究：设计与方法（第 5 版）》，周海涛、史少杰译，重庆大学出版社。

尤洋、来海亮、陈建刚，2015，《对用水计量和用水统计制度的思考》，《城镇供水》第 5 期。

余绪缨，1980，《要从发展的观点，看会计学的科学属性》，《中国经济问题》第 5 期。

张国兴、何慧爽、郑书耀，2016，《水资源经济与可持续发展研究》，科学出版社。

张金锋、郭铁女，2012，《澳大利亚、法国水资源管理经验及启示》，《人民长江》第 7 期。

张林涵，2014，《会计理论和制度在自然资源管理的应用——以澳大利亚水资源会计准则为例》，中国会计学会环境资源会计专业委员会 2014 学术年会会议论文集。

张绍强、沈莹莹，2022，《新形势下中国农业用水量统计调查工作现状及面临的问题》，《中国农村水利水电》第 3 期。

张士锋、陈俊旭、廖强，2016，《北京市水资源研究》，中国水利水电出版社。

张雪芳，2007，《水资源会计核算理论与方法研究》，河海大学硕士学位论文。

张雪芳、沈菊琴、刘玲，2006，《水资源会计基本理论与核算问题探讨》，《财会月刊》第 17 期。

张艳芳、Alex Gardner，2009，《澳大利亚水资源分配与管理原则及其对我国的启示》，《科技进步与对策》第 23 期。

张颖、封晨辉、刘向华，2011，《新形势下河北省供用水统计分析》，《河北水利》第 3 期。

张友棠、刘帅、卢楠，2014，《自然资源资产负债表创建研究》，《财会通讯》第 10 期。

赵璧、刘军，2004，《缺水条件下银川市水市场构建与水价形成机制》，《经济社会体制比较》第 5 期。

赵兰芳，2005，《论案例研究方法在会计领域的应用》，《会计研究》第 10 期。

郑伯埙、黄敏萍，2012，《实地研究中的案例研究》，载陈晓萍、徐淑英、樊景立主编《组织与管理研究的实证方法（第二版）》，北京大学出版社。

周冰、宋智勇，2008，《法律产权、经济产权与会计本质》，《中南财经政法大学学报》第 4 期。

周普、贾玲、甘泓，2017，《水权益实体实物型水资源会计核算框架研究》，《会计研究》第 5 期。

周守华，2015，《推动中国主题会计理论研究在依法治国理念中彰显会计价值——〈会计研究〉新年献辞》，《会计研究》第 1 期。

周守华、陶春华，2012，《环境会计：理论综述与启示》，《会计研究》第 2 期。

朱婷、薛楚江，2018，《水资源资产负债表编制与实证》，《统计与决策》第 24 期。

Allan, J. A., 2000. The Middle East Water Question: Hydropolitics and the Global Economy. London: I. B. Tauris.

Andreu, J., Momblanch, A., Paredez, J., et al., 2012. Potential Role of

Standardized Water Accounting in Spanish Basins. In Godfrey, J. M. and Chalmers, K. eds., *Water Accounting: International Approaches to Policy and Decision-making*. Cheltenham and Northampton MA: Edward Elgar, 123−138.

Australian National Water Commission, Australian Water Markets: Trends and Drivers 2014, 2007−08 to 2012−13.

Ball, R. and Brown, P., 1968. An Empirical Evaluation of Accounting Income Numbers. *Journal of Accounting Research* 6 (2): 159−178.

Burchell, S., Clubb, C., Hopwood, A. G., et al., 1980. The Roles of Accounting in Organizations and Society. *Accounting, Organizations and Society* 5 (1): 5−27.

Bushman, R. M. and Smith, A. J., 2001. Financial Accounting Information and Corporate Governance. *Journal of Accounting and Economics* 32 (1−3): 237−333.

Chalmers, K., Godfrey, J. M. and Lynch, B., 2012. Regulatory Theory Insights into the Past, Present and Future of General Purpose Water Accounting Standard Setting. *Accounting, Auditing and Accountability Journal* 25 (6): 1−22.

Chalmers, K., Godfrey, J. M. and Lynch, B., 2012. Regulatory Theory Insights into the Past, Present and Future of General Purpose Water Accounting Standard Setting. *Accounting, Auditing and Accountability Journal* 25 (6): 1−22

Chalmers, K., Godfrey, J. M. and Potter, B., 2012. Discipline-Informed Approaches to Water Accounting. *Australian Accounting Review* 22 (3): 275−285.

Cordery, I., Weeks, B., Loy, A., et al., 2007. Water Resources Data Collection and Water Accounting. *Australian Journal of Water Resources* 11 (2): 257−266.

Council of Australian Governments (COAG), 2004. Intergovernmental Agreement on a National Water Initiative. Commonwealth of Australia, Canberra.

Denis, A., Hughes, E. C. and Muller, N. W. J., 2012. Potential for the

Application of General Purpose Water Accounting in South Africa. In Godfrey, J. M. and Chalmers, K. eds., *Water Accounting: International Approaches to Policy and Decision-making*. Cheltenham and Northampton MA: Edward Elgar.

Eisenhardt, K. M., 1989. Building Theories from Case Study Research. *Academy of Management Review* 14 (4): 532–550.

Fama, E. F., 1980. Agency Problems and the Theory of the Firm. *Journal of Political Economy 88* (2): 288–307.

Fisher, D. E., 2006. Market, Water Rights and Sustainable Development. *The Journal of Water Law* 23 (1): 100–112.

Gleick, P. H., 2003. Water Use. *Annual Review of Environment and Resources* 28 (1): 275–314.

Gode, D. K. and Sunder, S., 1993. Allocative Efficiency of Markets with Zero-Intelligence Traders: Market as a Partial Substitute for Individual Rationality. *Journal of Political Economy* 101 (1): 119–137.

Godfrey, J. M., 2011. Australia Leads Water Reporting Initiative. http://www.google.com.hk/.

Godfrey, J. M. and Chalmers, K., 2012. *Water Accounting: International Approaches to Policy and Decision-making*. Cheltenham and Northampton MA: Edward Elgar Publishing Limited.

Gray, R., Owen, D. and Adams, C., 1996. Accounting and Accountability: Changes and Challenges in Corporate Social and Environmental Reporting. London, Prentice Hall.

Hines, R. D., 1992. Accounting: Filling the Negative Space. *Accounting, Organizations and Society* 17 (3/4): 313–341.

Hoekstra, A., Chapagain, A., Aldaya, M. M., et al., 2011. *The Water Footprint Assessment Manual-Setting the Global Standard*. Calgary: Earthscan.

Hopwood, A. G., 1990. Accounting and Organisation Change. *Accounting, Auditing and Accountability Journal* 3 (1): 7–17.

Hughes, D. A., Corral, E. and Muller, N. W. J., 2012. Potential for the Application of General Purpose Water Accounting in South Africa. In

Godfrey, J., M. and Chalmers, K. eds., *Water Accounting: International Approaches to Policy and Decision-making.* Cheltenham and Northampton MA: Edward Elgar, 106-122.

Inovact Consulting, 2011. Raising National Water Standards Program: Stage 2 Evaluation Report. Inovact Consulting Pty Ltd. .

International Integrated Reporting Committee (IIRC), 2012. What is Integrated Reporting? http://integratedreporting.org/node/3.

Kirby, M., Van Dijk, A. I. J. M., Mainuddin, M., et al., 2008. River Water Balance Accounting to Evaluate Model Adequacy and Uncertainty in Climate and Development Scenario Assessment. Water Down Under. Adelaide, South Australia.

Li P. P., 2007. Toward an Integrated Theory of Multinational Evolution: The Evidence of Chinese Multinational Enterprises as Latecomer. *Journal of International Management* 13 (3): 296-318.

Li, J., Kozhikode, R. K., 2008. Knowledge Management and Innovation Strategy: The Challenge for Latecomers in Emerging Economies. *Asia Pacific Journal of Management* 25 (3): 429-450.

Lowe, L., Etchells, T., Nathan, R., et al., 2006. Robust Water Accounting: What is it? 30th Hydrology and Water Resources Symposium. Launceston, Tasmania.

Malkiel, B. G. and Fama, E. F., 1970. Efficient Capital Markets: A Review of Theory and Empirical Work. *The Journal of Finance* 25 (2): 383-417.

McSweeney, B., 1994. Management by Accounting. In Hopwood, A. G. and Miller P. eds., *Accounting as a Social and Institutional Practice.* Cambridge: Cambridge University Press, 237-269.

Melendez, E. T. and Hazelton, J., 2009. Standardised Water Accounting in Australia: Opportunities and Challenges. 32*nd Hydrology and Water Resources Symposium* 30: 1591-1602.

Melendez, E. T. and Hazelton, J., 2010. Improving Water Information through Standardised Water Accounting: Australian Evidence. 9th CSEAR

(Centre for Social and Environmental Accounting Research) Australasian Conference, Albury Wodonga, Australia.

Miller, P., 1991. Accounting Innovation Beyond the Enterprise: Problematizing Investment Decisions and Programming Economic Growth in the UK in the 1960s, *Accounting, Organizations and Society* 16 (8): 733-762.

Miller, P., 1994. Accounting as Social and Institutional Practice: An Introduction. In Hopwood, A. G. and Miller, P. eds., *Accounting as a Social and Institutional Practice*. Cambridge: Cambridge University Press, 1-39.

Momblanch, A., Andreu, J., Paredes-Arquiola, J. et al., 2014. Adapting Water Accounting for Integrated Water resource Management. The Júcar Water Resource System (Spain). *Journal of Hydrology* 519: 3369-3385.

National Water Commission, 2007. Australian Water Resources 2005 - A Baseline Assessment of Water Resources for the National Water Initiative.

O' Dwyer, B., 2010. The Case of Sustainability Assurance: Constructing a New Assurance Service. *Contemporary Accounting Research* 28 (4): 1230-1266.

Power, M., 1991. Auditing and Environmental Expertise: Between Protest and Professionalisation. *Accounting, Auditing and Accountability Journal*, 4 (3): 30-42.

Power, M., 1994. Introduction: From the Science of Accounts to the Financial Accountability of Science. In Power, M. ed., *Accounting and Science: Natural Inquiry and Commercial Reason*. Cambridge: Cambridge University Press.

Qureshi, M. E., Shi, T., Qureshi, S. E., et al., 2009. Removing-Barriers to Facilitate Efficient Water Market in the Murray-Darling Basin of Australia. *Agricultural Water Management* 96 (11): 1642-1651.

Settre, C., and Wheeler, S. A., 2016. Environmental Water Governance in the Murray-Darling Basin of Australia: The Movement from Regulation and Engineering to Economic-based Instruments. In Ramiah, V. and Gregoriou, G. N. eds., *Handbook of Environmental and Sustainable Finance*. Pittsburgh: Academic Press, 67-91.

Shiklomanov, A. and Rodda, J. C., 2004. *World Water Resources at the*

Beginning of the Twenty-First Century. International Hydrology Series. Cambridge: Cambridge University Press.

Sinclair Knight Merz (SKM), 2006. Stocktake and Analysis of Australia' Water Accounting Practise. Department Agriculture, Forestry and Fisheries, Canberra.

Singleton, R. A. and Straits, B. C., 2005. *Approaches to Social Research*. New York: Oxford University Press.

Slattery, M., Chalmers, K. and Godfrey, J. M., 2012. Beyond the hydrographers' Legacy: Water Accounting in Australia. In Godfrey J, M. and Chalmers K. eds., *Water Accounting: International APProaches to Policy and Decision-making*. Cheltenham and Northamptin MA: Edward Elgar, 17-31.

Tello, E., Cummings, L. and Hazwlton, J., 2011. User Evaluation of Standardised Water Accounting Reports: An Accountability Perspective. http://www. researchonline. mq. edu. au/vital/access/manager/ Repository/mq: 18355.

Unerman, J., Bebbington, J. and O'Dwyer, B., 2007. *Sustainability Accounting and Accountability*. London: Routledge.

United Nations Educational, Scientific, Cultural Organization (UNESCO), 2012. The 4th Edition of the World Water Development Report (WWDR4). http://www. unesco. org/new/en/natural-sciences/.

United Nations Educational, Scientific, Cultural Organization (UNESCO), 2014. The United Nations World Water Development Report 2014. http://www. unesco. org/new/en/natural-sciences/.

United Nations Educational, Scientific, Cultural Organization (UNESCO), 2015. The United Nations World Water Development Report 2015. http://www. unesco. org/new/en/natural-sciences/.

United Nations Educational, Scientific, Cultural Organization (UNESCO). 2009. The 3rd edition of United Nations World Water Development Report: Water in a Changing World. http://www. unesco. org/new/en/ natural-sciences/.

United Nations （UN）, 2007. System of Environmental Economic Accounting for Water. http：//unstats. un. org/unsd/statcom/doc07/SEEAW_ SC2007. pdf.

United Nations （UN）, 2009. Global Assessment of Water Statistics and Water Accounting Background Document to the 40th Session on the UN Statistical Commission. http：//unstats. un. org/unsd/dtatcom/doc09/ BG-Water ACCounts. pdf.

United Nations, European Commission, Food and Agriculture Organization, International Monetary Fund, Organisation for Economic Cooperation and Development, The World Bank, 2012. System of Environmental-Economic Accounting Central Framework. https：//unstats. un. org/.

Ward, F. A. and Pulido-Velazquez, M. , 2009. Incentive Pricing and Cost Recovery at the Basin Scale. *Journal of Environmental Management* 90：293-313.

Water Accounting Standards Board （WASB） and Australia Bureau of Meteorology （ABM）, 2009. Water Accounting Conceptual Framework for the preparation and presentation of General Purpose Water Accounting Reports. http：//www. bom. gov. au/water/wasb.

Water Accounting Standards Board （WASB） and Australia Bureau of Meteorology （ABM）, 2012. Australian Water Accounting Standard 1 - Preparation and Presentation of General Purpose Water Accounting Reports. http：//www. bom. gov. au/water/standards/wasb.

Water Accounting Standards Board （WASB） and Australia Bureau of Meteorology （ABM）, 2012. Illustrative Water Accounting Reports for Australian Water Accounting Standard 1. http：//www. bom. gov. au/ water/standards/wasb.

Wolff, G. and Gleick, P. H. , 2002. The Soft Path for Water. P. H. Glei 2009. In Miller, R. W. ed. , *The World's Water*：*The Biennial Report on Freshwater Resources* 2002-2003. Washington DC：Island Press, 1-32.

Yin, R. K. , 2003. *Case Study Research*：*Design and Methods*. Thousand Oaks：Sage Publications.

Yin, R. K. , 2009. *Case Study Research*：*Design and Methods*, 4th ed. Thousand

Oaks: Sage Publications.

Young, J. J. , 1994. Outlining Regulatory Space: Agenda Issues and the FASB. *Accounting, Organizations and Society* 19 (1): 83-109.

Young, J. J. , 1996. Institutional Thinking: The Case of Financial Instruments. *Accounting, Organizations and Society* 21 (5): 487-512.

附录　英文首字母缩略词一览表

首字母缩略词	英文全称	中文全称
AAASB	Australian Auditing and Assurance Standards Board	澳大利亚审计和鉴证准则委员会
ABOM	Australian Bureau of Meteorology	澳大利亚气象局
AWAS 1	Australian Water Accounting Standard 1－Preparation and Presentation of General Purpose Water Accounting Reports	澳大利亚水核算准则第1号
AWAS 2	Australian Water Accounting Standard 2－Assurance Engagements on General Purpose Water Accounting Reports	澳大利亚水核算准则第2号
COAG	Council of Australian Governments	澳大利亚政府议会
EU	European Union	欧盟
GPFR	General Purpose Financial Reports	通用目的财务报告
GPWA	General Purpose Water Accounting	通用目的水会计
NWI	Intergovernmental Agreement on the National Water Initiative	澳大利亚国家水计划的政府间协议
OECD	Organization for Economic Co-operation and Development	经济合作与发展组织
SEEAW	System of Environmental-Economic Accounting for Water	水环境－经济核算体系
SWA	Standardized Water Accounting	标准化水核算
UNESCO	United Nations Educational, Scientific and Cultural Organization	联合国教科文组织
WACF	Water Accounting Conceptual Framework for the Preparation and Presentation of General Purpose Water Accounting Reports	澳大利亚水核算概念框架
WADC	Water Accounting Development Committee	澳大利亚水核算发展委员会
WASB	Water Accounting Standards Board	澳大利亚水核算准则委员会
WFA	Water Footprint Accounting	水足迹核算

后记一 我与水的缘分

当父亲给我取名"波"的时候，似乎就已隐隐暗示着我这一生与"水"的缘分。说来也巧，我们家三兄妹，大哥叫"江"，二姐叫"河"，而我叫"波"。我们从小在绿汁江边长大，找到的人生伴侣的家乡分别是云南陇川、四川成都和云南东川，都带着"川"。我先生的名字中有"川"，我女儿的名字中有"雨"。这些字的背后凑巧都蕴含"水"的含义。我以前对"水"并没有太多感觉，但自从2013年进入首都经济贸易大学读会计学专业的博士后，竟然把"会计"和"水"联系在一起，开始了长达十余年的水资源会计研究，直到今日，将十余年的研究成果凝聚在这本《水资源会计理论与实践》中，奉献给读者。

2013年，我已近不惑之年，为了解决两地分居问题，实现家庭团圆，我毅然放弃了在昆明一所高校任副教授的安稳工作，辞职考博。承蒙首都经济贸易大学副校长杨世忠教授的厚爱，在素不相识的情况下收我为徒，从此引领我进入研究自然资源和环境会计的世界。不久，我就从杨老师的挚友林志军教授那里获悉世界上水资源治理最高效发达的国家之一——澳大利亚第一个在全球颁布了《水会计概念框架》《水会计准则》《水鉴证准则》，如何用会计理论和方法来核算和披露水资源状况及其变动？这显然给我们提出了一个崭新的、前沿的研究选题和可供借鉴的他山之石。2013年11月，党的十八届三中全会通过的《中共中央关于全面深化改革若干重大问题的决定》，将水资源管理、水环境保护、水生态修复、水价改革、水权交易等纳入生态文明制度建设的重要内容，并首次提出了探索编制自然资源资产负债表和对领导干部实行自然资源资产离任审计。这为我们选择水资源会计研究提供了良好的机遇。

没想到，水资源会计研究竟让我沉迷其中。我不仅掌握了澳大利亚系列水会计准则的精髓和实施情况，以及国内外学者们对水会计研究的区别之处，而且积极开展了我国水资源管理实践的调查研究，并直接到水务局挂职锻炼。不知不觉，已过去十余年。在此期间，我走访过北京、山东、内蒙古、河北、山西、云南、四川、宁夏8个省份的20多个水资源管理单位，得到了各地水利厅、水务局、水科院、水权交易所、灌区、水库、河流管理部门、自来水公司、排水公司、高耗水单位的接待，进行了访谈，收集到很多宝贵的一手资料，不仅顺利完成了博士论文，而且屡有拙作发表于高水平期刊，并获得《中国人民大学复印报刊资料》转载，或者相关咨政建议得到政府智库的采纳，也最终形成了本书。这些成果的形成离不开杨世忠老师的指导和帮助，杨老师严谨的治学态度、渊博的学术知识、宽广的处世情怀和不断创新的学术精神感染并激励着我长期认真踏实地进行学术研究。在此对杨老师表示衷心感谢！

在研究过程中，北京大学王立彦教授、澳门科技大学林志军教授、中国会计学会周守华教授、中国人民大学耿建新教授、首都经济贸易大学崔也光教授、南京信息工程大学袁广达教授等给予我很多帮助，水资源管理专家黄诗峰、陈德清、甘泓、张春玲、秦长海、贾玲、王俊杰等多次和我讨论水资源管理的相关问题，在此一并表示感谢！另外，在水资源管理的实务部门，遇到了许多真诚且无私奉献的人，为我敞开了了解水资源管理实践的大门，如北京市海淀区水务局刘忠民局长、付艳阳、王世锋、刘晋秦等，北京市水务局任杰局长、戴育华处长、戴岚处长，北京水务投资集团齐京军、北京市密云水库管理处贾东明总工程师、北京自来水集团程丽珠处长、张志军处长，永定河流域（北京）企业运营管理有限公司总经理邓延利，中国水权交易所王寅高级工程师，内蒙古河套灌区水利发展中心苏晓飞处长，内蒙古水权收储转让中心赵清高级工程师，北运河管理处白文荣、孟悦、郭珊珊等，宁夏回族自治区水利厅水资源管理处暴路敏，还有许多在调研过程中给予我帮助的水利人，由于篇幅所限，不能一一提及，在此一并深表感谢！

此外，许多领导和同事在科研过程中给予我很多鼓励和帮助。感谢中国科学院周成虎院士、北京联合大学应用文理学院张宝秀院长在我成长过程中给予的帮助，感谢北京物资学院的刘艳荣书记、张军院长、王成林处长、郭茜处长、王美英副院长、陈娟副处长等提供真诚的关心和支持，感谢罗倩文、陈晓梅、朱丹、潘虹、鹿瑶、杨野、范少君、沈云等同事和朋友的帮助，感谢研究生曾佩鸣、贺金雪、陈麒滟等帮助校稿。

感谢我的家人。我挚爱的丈夫，在我忙于调研和书稿写作的时候，默默承担了教育和照顾孩子的重任。我亲爱的哥哥、姐姐和姐夫，长期以来对我追求学术研究给予了无声的支持和鼓励。我挚爱的父母，虽然他们已经逝世，但他们曾经不辞辛劳地养育了我们三兄妹，他们以不凡的见识和胸怀以及无私的爱给了我们最健康宽容的成长环境，对我的每个选择都给予了极大的支持，他们造就了我的品格，那是我前行的基础。

最后，感谢国家社科基金的资助！感谢审稿人为书稿提供宝贵的审稿意见！感谢社会科学文献出版社经济与管理分社副总编辑史晓琳在书稿编辑过程中付出的辛勤劳动！

上善若水！研究水已十余年，水的特性早已内化于心。生命就像一场厚赐，无论何时，我都将怀着感恩的心去帮助别人，回报社会。余生将继续与水为伴，做更好的水资源研究。

陈　波

2024 年 6 月 14 日

后记二 春蚕到死丝方尽 蜡炬成灰泪始干

——深切缅怀恩师杨世忠教授

2024 年 8 月 10 日，我国著名会计学者杨世忠教授因病逝世，享年 67 岁。中国会计学会在公众号上发文"沉痛悼念杨世忠教授"，称"杨世忠教授的逝世，是中国会计学术界的一大损失"。当时，会计界众多学术机构发文悼念杨世忠教授。时逢我国第 40 个教师节，导师逝世一个月，谨以此文纪念我的博士生导师杨世忠教授。

一、知遇之恩

2013 年，我已近不惑之年，为了解决家庭两地分居问题，我毅然辞掉了昆明一所大学的教职，决心报考首都经济贸易大学会计学博士。在与杨世忠教授素昧平生的情况下我报考了他的博士生。因为跨专业报考，除了参加笔试、面试，还加试了两门课，所幸终于收到了录取通知书。我欢天喜地地报到了。入学之后，听到传言，我面试时，有的老师建议杨老师不要收我，因为一方面我年龄较大，另一方面我是转专业考生，担心我学起来吃力。但杨老师力排众议，收下了我。后来我才从导师那儿知道，他认为虽然我硕士期间学的是历史，但本科是企业管理专业，已在高校从事会计教学近 10 年，而且主持资源环境会计方面的研究课题，与他的研究方向一致；另外，我还在北京大学做过一年的访问学者，有良好的研究基础，且北大王立彦教授推荐我，因此他招收了我。他笑称我的名字中有"波"字，在报考过程中一波三折。纵然我不是千里马，但对导师的知遇之恩没齿难忘。

其实，导师在招生过程中有容乃大并非仅体现在我一人身上。比如，我师弟段远刚在企业工作，一边做财务总监，一边考在职博士。导师也收了他。段远刚不仅在读博期间发表了高水平论文，顺利毕业，而且企业的工作也做得很好。事实证明，导师独具慧眼，培养有方。

二、导师似一座灯塔，指引和照亮学生前行的路

导师总是认真备课上课。我读博期间，导师身为首都经济贸易大学副校长，公务繁忙，但他依然坚持给博士生讲授《高级成本管理会计》，给硕士生讲授《管理会计》。导师非常热爱中国传统文化，在给博士生上课时，经常结合中国古代会计史，引经据典，旁征博引，逻辑清晰。在给硕士生讲授《管理会计》时，他让我担任助教。我每节课都去旁听他的课。我发现，导师虽然已讲授《管理会计》十余年了，而且出版过管理会计教材，在管理会计方面颇有研究，但每次上课前他仍会认真备课，大幅度修改完善PPT，使讲授的内容与时俱进。每周上课都会布置作业，让学生练习，巩固所学知识。他还组织研究生参加IMA校园管理会计案例大赛，并请IMA驻京办事处主任来给学生讲授案例分析方法，参与点评学生报告的案例分析。在听课、帮导师批改作业、帮着组织案例比赛的过程中，我不仅加深了对管理会计的学习，而且深深地感受到了导师对教学工作认真负责的态度、对学生和蔼可亲的精神风貌。

导师悉心培养博士生。每天早晨8点以前他就会到学校，8点半之后就可能参加各种会议或处理各种事务。我需要找导师讨论学术问题或办其他事情时，总是在8点钟去找，导师从未拒绝。那些在导师办公室与导师轻松自由愉快畅谈的场景，直到现在还时常浮现在我眼前，那是我读博期间最快乐的时光。

我刚开始读博士的时候，导师的挚友、当时在香港浸会大学任教的林志军教授介绍澳大利亚在全球首次颁布了水会计准则，建议我们研究水资源会计。于是我查阅了许多澳大利亚的水会计准则相关资料，兴致勃勃地开始研究，并把它作为我博士毕业论文的研究方向。不久，党的十八届三中全会召开，提出探索编制自然资源资产负债表，我们的研究方向恰好与之一致。但后来，我发现我国的水资源管理与澳大利亚有很多不同，水资源数据也难以获取，于是征求导师意见，想换研究方向，导师觉得可惜，但他尊重我的意见。我把与导师合作的阶段研究成果写成论文《会计理论和制度在自然资源管理中的系统应用——澳大利亚水会计准则研究及其对我国的启示》，准备投会计学权威期刊《会计研究》时，请导师做第一作者，我做第二作者，但他坚决不同意。他认为主要

部分是我写的，我以后还要评职称，他只肯做第二作者。这篇论文很快就在《会计研究》上刊登了，它坚定了我继续研究水资源会计的决心。同时，导师还介绍我去北京市水务局、北京市密云水库管理处、北京市自来水公司、北京排水集团等单位调研，带着我参加中国水权交易所组织的会员活动和中国会计学会环境资源会计专业委员会学术年会等。在此期间，我收集了水资源会计研究的第一手资料，最终顺利完成了博士学位论文。

在我读博士二年级时，导师申请国家社会科学基金重大项目"基于自然资源资产负债表系统的环境责任审计研究"，计划分为林业资源、国土资源、水资源、环境资源核算信息化、环境责任审计五个子课题，除了水资源，其他子课题都明确了负责人。导师认为我在水资源会计领域研究不错，在原来的工作单位是副教授、硕士生导师，本身具有承担子课题的能力，但由于我在读期间没有工作单位，所以需要重新找一位水资源核算方面的子课题负责人。导师让我推荐，因为我比较了解水资源核算研究方面的专家学者。我认为中国水利水电科学研究院水资源研究所的知名专家甘泓教授能担此重任，但导师和我都没见过甘教授。导师在多方面了解后，带着我登门拜访甘教授及其团队。大家畅谈之后，甘教授同意担任子课题负责人。导师的重大课题顺利申报成功，而且在导师的带领下课题取得了重大成果。他时常对我说我介绍的甘教授很好，我感觉很欣慰。

就这样，在导师的带领下，我认识了资源环境会计领域以及水资源管理方面的许多专家和实务工作者，并获得了很多帮助。毕业之后，我到北京物资学院工作，在水资源会计领域持续深耕，不断产出新的研究成果，而且成功申报了国家社会科学基金项目等。有一次，在做国家社科基金项目时，我邀请甘教授一同去内蒙古调研。甘教授那时已退休，但仍然不辞辛苦地陪我去了，我们顺利完成调研。我写了一篇以内蒙古河套灌区为案例的论文发表在《中国软科学》上。这篇论文标志着我在水利专家的协助下，对水资源会计的研究从微观视阈走向宏观视阈。

当我评上教授时，我发微信告诉导师，他立即回复"哇，值得庆贺"，并马上在我们师门微信群里报喜。隔着手机屏幕，我都能感受到导师发自内心的高兴与真诚祝福。我在心里说，导师就像一座灯塔，指引并照亮我前行的路。

会计专业的学者深入水资源管理研究是一件非常困难的事。但我有幸与水资源管理专家结成团队，进行跨学科研究，取得了一定的成果，甚至获得了水利界的认可，不时受邀参与水利部的课题评审或研究，这与导师积极牵线搭桥分不开。

三、导师积极帮助家乡发展

导师是云南普洱人，在北京工作 30 多年，时常惦记着家乡的发展。为了帮助家乡发展，他促成首都经济贸易大学和普洱学院共建。两校联合举办了两届"普洱绿色经济发展论坛"。从邀请专家、确定会议内容到日程安排，导师都亲力亲为，周到安排。比如，结合普洱"国家级绿色经济试验示范区"的特点，在召开"首届普洱绿色经济发展论坛"时，他组织了 4 个分论坛：绿色农业和区域经济发展论坛、绿色生物医药与产业化论坛、绿色服务贸易与生态旅游论坛、自然资源核算与考核评价论坛。来自全国 14 所高等院校和 4 个科研机构的专家学者，普洱市委、市人大、市政府、市政协的领导及全市所辖 9 县 1 区领导与相关部门领导，当地知名企业家和普洱学院师生代表参加了会议。两年之后，普洱市政府看到这个会议的巨大影响力，包揽了会议举办事宜。

四、导师总是事事帮助别人，唯独忽略自己

2023 年 10 月，听说导师生病了，我特意约了两个同学一起去看望。导师明显瘦了许多，身材显得不像以前那么魁梧。他只跟我们说背有些疼，不严重，仍然像以前一样关心我们的工作、生活。他第二天就得去住院，但坚持不让我们去医院看他。我时常通过微信、电话与他保持联系，关心着他的病情，他婉拒我去看他。当我邀请他为我的专著《水资源会计理论与实践》作序时，他欣然同意，并且在半个月内完成，给我了许多鼓励。5 月，我们电话联系时，导师听说我们在中国水权交易所的一个老朋友调到了永定河流域（北京）企业运营管理有限公司，便说要去看看他。但是，当我与他约时间时，他身体状况又变差了，说过一段时间再去。我本想 8 月初调研结束再约他去看老朋友，没想到还没有开口，就迎来了他逝世的噩耗！

导师在生病期间还亲自指导学生。2024 年毕业的博士生在师门群里发了博士论文答辩结束时的师生合影，当时导师戴着帽子，十分消瘦，看了令人心疼不已！师门博士后出站并留校工作的同学说，放暑假前还多次电话跟导师沟通工作和帮他整理资料，想去看他，但他不让。导师逝世后，师母告诉我们，导师不想麻烦别人，所以都不让说他的病情。

导师一生致力于会计理论研究、学科建设和人才培养，为中国会计教育和学术事业做出了重要贡献。他大公无私、乐于助人、兢兢业业工作的精神将永远激励着我前行。

陈　波

2024 年 9 月 10 日

（此文经删减，载于财政部委托中国财经报社主办的《中国会计报》2024 年 9 月 13 日）